DIVE INTO
KOTLIN

Kotlin
核心编程

水滴技术团队 ◎ 著

机械工业出版社
China Machine Press

图书在版编目（CIP）数据

Kotlin 核心编程 / 水滴技术团队著 . —北京：机械工业出版社，2019.4（2024.4 重印）

ISBN 978-7-111-62431-8

I. K⋯　II. 水⋯　III. JAVA 语言 – 程序设计　IV. TP312.8

中国版本图书馆 CIP 数据核字（2019）第 062053 号

Kotlin 核心编程

出版发行：机械工业出版社（北京市西城区百万庄大街 22 号　邮政编码：100037）

责任编辑：孙海亮　　　　　　　　　　　责任校对：殷　虹

印　　刷：北京建宏印刷有限公司　　　　版　　次：2024 年 4 月第 1 版第 9 次印刷

开　　本：186mm×240mm　1/16　　　　印　　张：23.25

书　　号：ISBN 978-7-111-62431-8　　　定　　价：89.00 元

客服电话：（010）88361066　68326294

为什么要写这本书

2017 年 5 月，Hadi Hariri（JetBrains 的首席布道师）在座无虚席的 Google I/O 大会上介绍 Kotlin 时，先开了一个玩笑："大概 4 年半之前，我们曾在一个容纳 900 人的会场做过同样的事情，但结果只来了 7 个人。"

他说的是事实，自从 Google 宣布 Kotlin 成为 Android 官方编程语言之后，Kotlin 这门默默无闻的语言一下子成为技术圈中的"明星"。随后，关于 Kotlin 的开源项目和学习资料也如雨后春笋般出现。

同一时刻，在我们位于杭州的办公室里，水滴的同事也在进行着一个用 Kotlin 研发的 Android 项目。作为一个采用 Scala 全栈开发的"非主流"技术团队，我们对 Kotlin 有天然的好感。一方面，它在某些地方非常像 Scala。相比 Java，它们都拥有更简洁的语法，以及更多的函数式特性（如高阶函数、更强的类型推导、不同程度上的模式匹配等）。另一方面，Kotlin 还有比 Scala 更快的编译速度，同时兼容 Java 6，这使得我们可以用它完美替代 Java 以更好地进行 Android 开发工作。

那么 Kotlin 到底是怎样一门编程语言呢？我们试图通过这本书来回答这个问题。

与其他 Kotlin 的书籍不同，本书在工具属性上会显得稍弱。如果你想快速索引 Kotlin 某个具体语法的使用，推荐你去阅读 Kotlin 的官方文档或者《Kotlin 极简教程》。但假使你有一颗好奇的心，渴望窥探 Kotlin 这门语言的设计哲学，那么本书可以提供一个浅薄的参考视角。本书会围绕 Kotlin 的设计理念，介绍其核心的语言特性，探索它在设计模式、函数式编程、并发等方面的具体应用。

越来越多的公司和团队开始加入 Kotlin 的阵营。除了 Android 之外，依靠 Kotlin Native 等项目，Kotlin 也开始在其他领域施展拳脚。在 Android 官方支持 Kotlin 之后的数月，Google 又推出了 Android 的 Kotlin 扩展库，在很大程度上提升了 Android 开发的体验。Spring 5 正式发布时，也将 Kotlin 作为其主打的新特性之一，使 Kotlin 再一次受到了很多 Web 开发者的关注。这一切都预示着这门语言将有无比广阔的前景。

值得注意的是，除了蓬勃发展的生态之外，Kotlin 语言本身也在不断迭代。截至本书完稿时，Kotlin 又发布了一些有趣的新特性（如 inline class），我们对 Kotlin 的未来充满了期待。

读者对象

- ❑ Kotlin 爱好者
- ❑ 想进阶的 Java 程序员
- ❑ 对函数式编程感兴趣的读者
- ❑ Android 开发者
- ❑ 开设 Java 相关课程的大专院校的学生

本书主要内容

本书分为 4 部分：

第 1 部分为热身篇——Kotlin 基础。介绍 Kotlin 设计哲学、生态及基础语法。

第 2 部分为下水篇——Kotlin 核心。涉及 Kotlin 的语言特性，包括面向对象、代数数据类型、模式匹配、类型系统、Lambda、集合、多态、扩展、元编程等方面的知识。其中"代数数据类型和模式匹配""多态和扩展"在同类书籍中没有过多深入，但笔者认为它们是Kotlin 语言中相当重要的特性和应用，故本书中进行了详细介绍探索。

第 3 部分为潜入篇——Kotlin 探索。该部分之所以命名为"探索"，是希望进一步探索Kotlin 的设计模式和编程范式，内容包含设计模式、函数式编程、异步和并发编程。其中"函数式编程"为超越 Kotlin 本身的内容，但可以为读者提供深入理解 Kotlin 语言特性的示范。

第 4 部分为遨游篇——Kotlin 实战。着重演示 Kotlin 在 Android 和 Web 平台中的应用，包含基于 Kotlin 的 Android 架构、开发响应式 Web 应用。

勘误和支持

由于作者的水平有限，编写时间仓促，书中难免会出现一些错误或者不准确的地方，恳请读者批评指正。如果你遇到任何问题，或有宝贵意见，欢迎发送邮件至邮箱 scala.cool@gmail.com，期待能够得到你们的真挚反馈。

此外，本书所有章节相关的源代码可以通过 https://github.com/DiveIntoKotlin 进行查看和下载。

致谢

首先感谢程凯先生，他第一时间跟进并审阅了本书大部分稿件，反馈了许多相当宝贵的改进意见。他所在的小余科技是由傅盛投资的创业公司，有着一支非常优秀的 Android 研发团队。

感谢淘宝飞猪旅行的陈静波先生、依图科技的邵子奇先生、麦多多的创始人古井好月（花名）、工行交易银行中心的季乔卡先生、图讯科技的邹苏启先生、浙江工业大学的蒋博文同学，他们对本书进行了审阅，对内容的纠错和调整提供了很大的帮助。

感谢机械工业出版社的杨福川老师、孙海亮老师，他们参与了本书的创作，为书籍的策划及写作细节提供了专业的指导，使得本书可充分面向读者、面向市场。

最后，要感谢水滴团队所有参与本书创作的小伙伴们，是大家认真的态度和强大的执行能力促成了本书的出版，他们分别是章建良、单鑫鑫、泮关森、肖宇、汤俞龙、袁国浩。

谨以此书献给所有关注我们 ScalaCool 团队博客的朋友们，以及众多热爱 Kotlin 的开发者！

水滴技术团队

目　录 *Contents*

热身篇

Kotlin 基础

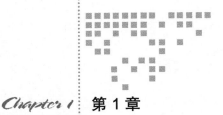

认识 Kotlin

在 Java 之后，JVM 平台上出现了其他的编程语言，Scala 和 Kotlin 可以算是其中的佼佼者。Scala 已成为大数据领域的明星，而 Kotlin 在 2017 年 Google I/O 大会之后，也成为安卓平台上潜力巨大的官方支持语言。它们都因被冠以"更好的 Java"而为人称道，然而它们采用的却是两种不同的设计理念。

本章我们通过对比 Java、Scala、Kotlin 这 3 种编程语言各自的发展路线，来认识 Kotlin 的设计哲学。

1.1 Java 的发展

不得不说，Java 是当今最成功的编程语言之一。自 1996 年问世，Java 就始终占据着编程语言生态中很大的份额。它的优势主要体现在：

❑ **多平台与强大的社区支持**。无论是用于 Web 开发还是用于移动设备，Java 都是主流的编程语言之一。

❑ **尊重标准**。它有着严格的语言规范及向后兼容性，因此非常适合开发团队之间的协作，即使组织变动，新人同样可以在相同的规范下快速参与项目开发。

然而，随着计算平台的快速发展，平台和业务本身对编程语言提出了更大的挑战。Java 的发展也受到环境变化所带来的影响。一方面，多核时代与大数据的到来，使得古老的函数式编程又重新变得"时髦"，Scala、Clojure 这种多范式的编程语言开始受到越来越多开发人员的关注和喜爱；另一方面，Java 的严格规范也常常引发抱怨。

因此，Java 必须开始改变。

1.1.1　Java 8 的探索

如果说 Java 5 引入泛型是 Java 发展历史上重大的进步，那么 Java 8 的发布也同样意义深远，它是 Java 对其未来发展的一次崭新探索。Java 8 引入了很多全新的语言特性，如：

- ❏ 高阶函数和 Lambda。首次突破了只有类作为"头等公民"的设计，支持将函数作为参数来进行传递，同时结合 Lambda 语法，改变了现有的程序设计模式。
- ❏ Stream API。流的引入简化了日常开发中的集合操作，赋予了 Java 更强大的业务表达能力，并增强了代码的可读性。
- ❏ Optional 类。它为消除 null 引用所带来的 NullPointerException 问题，在类型层面提供了一种解决思路。

这一次的发布在 Java 社区引起了不同寻常的反响，因为 Java 程序员开始感受到另外一种编程范式所带来的全新体验，也就是所谓的函数式编程。拥抱函数式也为 Java 的发展指出了一个很好的方向。

1.1.2　Java 未来的样子

2016 年 11 月，在欧洲最大的 Java 峰会上，Oracle 的 Java 语言架构师 Brian Goetz 分享了关于 Java 这门语言未来发展的演讲。本次会议最大的收获就是探索了未来 Java 可能支持的语言特性，它们包含：

- ❏ 数据类。
- ❏ 值类。
- ❏ 泛型特化。
- ❏ 更强大的类型推导。
- ❏ 模式匹配。

以上的语言特性对于初尝函数式编程甜头的 Java 开发者而言，是十分值得期待的。它们可以进一步解放 Java，让开发工作变得更加高效和灵活。比如，一旦 Java 支持了数据类，我们就可以用非常简短的语法来表示一个常见的数据对象类，如下所示：

```
public class User(String firstName, String lastName, DateTime birthday)
```

而若用如今的 JavaBean，则意味着好几倍的代码量，这一切都让人迫不及待。与此同时，或许早有 Java 程序员开始了 JVM 平台上另一种语言的研究。这门语言已支持了所有这些新的特性，并在设计之初就集成了面向对象和函数式两大特征，它就是 Scala。

1.2　Scala 的百宝箱

Scala 是洛桑联邦理工大学的马丁（Martin Odersky）教授创造的一门语言。他也参与了 Java 语言的发展研究工作，在 Java 5 中引入的泛型就是他的杰作。事实上，在 Java 刚发布的时候，马丁教授就开始了 Java 的改良工作——他在 JVM 平台探索函数式编程，并发布了一个名为 Pizza 的语言，那时就支持了泛型、高阶函数和模式匹配。

然而，在随后的探索过程中，他渐渐发现 Java 是一门具有硬性约束的语言，在某些时候不能采用最优的方式来实施设计方案。因此，马丁教授和他的研究伙伴决定重新创造一门语言，既在学术上合理，同时也具备实用价值。这就是开发 Scala 的初衷。

1.2.1　学术和工业的平衡

Scala 是一门非常强大的编程语言，正如它名字（Scalable，可拓展）本身一样，用 Scala 编程就像拥有了哆啦 A 梦的口袋，里面装满了各种编程语言特性，如面向对象、函数式、宏。

Scala 不仅在面向对象方面进行了诸多的改良，而且彻底拥抱了函数式。因此 Scala 也吸引了函数式编程社区很多厉害的程序员，他们将函数式编程的思想注入 Scala 社区，如此将使用 Scala 进行函数式编程提高到了新的高度。

由于 Scala 设计者学院派的背景，以及 Scala 某些看似"不同寻常"的语法，使它在发展早期（甚至现在）经常被描述为"过于学院派"，以至于马丁教授在某次 Scala 大会的演讲时，自嘲"Scala 真正的作用是将人引向了 Haskell"。

然而，真实的 Scala 却是在不断地探索学术和实用价值两方面的平衡。不可否认的是：

❏ Scala 已经成为大数据领域的热门语言，明星项目 Spark 就是用 Scala 开发的，还有很多其他知名的项目，如 Akka、Kafka 等。

❏ 越来越多的商业公司，如 Twitter、PayPal、Salesforce 都在大量使用这门语言。

另外，Scala 也确实是一门有着较陡的学习曲线的语言，因为它强大且灵活，正如马丁教授所言，Scala 相信程序员的聪明才智，开发人员可以用它来灵活选择语言特性。但学术和工业的平衡始终是一个难题，与 Java 严格标准相比，Scala 的多重选择也常常因复杂而被人吐槽。

1.2.2　复合但不复杂

那么，Scala 真的复杂吗？我们不知听了多少次类似这样的抱怨。在搞明白这个问题之前，我们需要先弄清楚到底什么是"复杂"。在英文中，复杂一词可以联想到两个单词：complex 和 complicated。实际上它们的含义截然不同，更准确地说，complex 更好的翻译是"具有复合性"。

Nicolas Perony 曾在 Ted 上发表过一次关于"复合性理论"的演讲。

什么是复合性？复合并不是复杂。一件复杂的事物是由很多小部分组成的，每一部分都各不相同，而且每一部分都在这个体系中有其自身的确切作用。与之相反，一个复合的系统是由很多类似的部分所组成的，而且（就是因为）它们之间的相互影响形成了一种宏观上一致的行为。复合系统含有很多互动的元素，它们根据简单的、个体的规则行动，如此导致新特征的出现。

马丁教授曾发表过一篇名为《简单还是复杂》的文章，表达过类似的观点。如果对搭积木这件事情进行思考，摩比世界提供了固定的方案，而乐高则提供了无穷的选择。然而，前者的零件种类和数量都比后者要多得的。类似的道理，编程语言可以依靠功能累加来构建所谓的语法，同样也可以通过简单完备的理论来发展语言特性。在马丁教授看来，Scala 显然属于后者，它并不复杂，而且非常简单。

1.2.3　简单却不容易

事实上，函数式编程最明显的特征就是具备复合性。函数式开发做得最多的事情就是对需要处理的事物进行组合。如果说面向对象是归纳法，侧重于对事物特征的提取及概括，那么函数式中的组合思想则更像是演绎法，近似于数学中的推导。

"简单"的哲学也带来了相应的代价：

❑ 这是一种更加抽象的编程范式，诸如高阶类型、Typeclass 等高级的函数式特性虽然提供了无比强大的抽象能力，但学习成本更高。

❑ 它建立了另一种与采用 Java 面向对象编程截然不同的思维模式。这种思维方式上的巨大差异显然是一个极高的门槛，同时也是造成 Scala 令人望而却步的原因之一。

Scala 在选择彻底拥抱函数式的同时，也意味着它不是一门容易的语言，它无法成为一门像 Java 那样主流的编程语言。事实上，即使很多人采用 Scala 来进行开发，也还是采用类似 Java 的思维模式来编程。换句话说，Scala 依旧是被当作更好的 Java 来使用的，但这确实是当今主流编程界最大的诉求。

在这种背景下，Kotlin 作为一门 JVM 平台上新兴的编程语言，悄悄打开了一扇同样广阔的大门。

1.3　Kotlin——改良的 Java

2010 年，JetBrains 产生创造 Kotlin 的想法。关于大名鼎鼎的 JetBrains，想必在业内是人尽皆知，知名的 IntelliJ IDEA 就是他们的产品之一。拥有为各种语言构建开发工具经验的 JetBrains，自然是对编程语言设计领域最熟悉的一群人。当时，一方面他们看到了 C# 在 .NET 平台上大放异彩；另一方面，Java 相比新语言在某种程度上的滞后，让他们意识到改良 Java 这门主流语言的必要性。

JetBrains 团队设计 Kotlin 所要面临的第一个问题，就是必须兼容他们所拥有的数百万行 Java 代码库，这也代表了 Kotlin 基于整个 Java 社区所承载的使命之一，即需要与现有的 Java 代码完全兼容。这个背景也决定了 Kotlin 的核心目标——为 Java 程序员提供一门更好的编程语言。

1.3.1　Kotlin 的实用主义

Kotlin 常常被认为是一门近似于 Scala 的语言。的确，它们的诞生都源于对 Java 语言的改良，同时都在面向对象和函数式之间建立起了多范式的桥梁。不可否认的是，Kotlin 确实从 Scala 身上借鉴了许多，就连它的创作团队也表示过："如果你用 Scala 感到很开心，那么你并不需要 Kotlin。"

然而，Kotlin 与 Scala 的设计哲学又十分不同。Kotlin 并没有像 Scala 那样热衷于编程语言本身的研究和探索。相反，它在解放 Java 的同时，又在语言特性的选择上表现得相当克制。

我们说过，Scala 旨在成为一门程序员梦想中的语言，它包含了所有你想拥有的语言特性。而 Kotlin 更加立足现实，它现阶段仍没有宏，也拒绝了很多所谓的高级函数式语言特性。但它在 Java 的基础上发展出很多改善生产力的语言特性，如数据类、when 表达式（一定程度上的模式匹配）、扩展函数（和属性）、可空类型等，而且它似乎偏好语法糖，比如 Smart Casts，因为这可以让编程人员的工程开发变得更加容易。

可以看出，Kotlin 的自我定位非常清晰，它的目标就是在计算机应用领域成为一门实用且高效的编程语言。如果说 Scala 的设计理念是 more than Java（不仅仅是 Java），那么 Kotlin 才是一门真正意义上的 better Java（更好的 Java）。

1.3.2　更好的 Java

如果你用 Kotlin 开发过业务，很快就会意识到它相较于 Java 的语法更加简洁、高效。比如 Kotlin 做了这些改良：

- ❑ 在很大程度上实现了类型推导，而 Java 在 SE 10 才支持了局部变量的推导。
- ❑ 放弃了 static 关键字，但又引入了 object，可以直接用它来声明一个单例。而作为比较，Java 则必须依靠构建所谓的"单例模式"才能等效表达。
- ❑ 引入了一些在 Java 中没有的"特殊类"，比如 Data Classes(数据类)、Sealed Classes(密封类)，我们可以构建更深程度上的代数数据类型，结合 when 表达式来使用。

但可能你会问，以上 Kotlin 的特性，Scala 也有，能否可以说前者只是后者的一个子集呢？这种表述其实是不恰当的。其实，Kotlin 在致力于成为更好的 Java 的道路上，不仅仅依靠这些新增的语言特性，它在兼容 Java 方面做了大量的工作，比 Scala 走得更远。

首先，从语言命名上就可以看出 Kotlin 在严格遵循 Java 的传统，它们都采用了岛屿的名字。

Java 的名字来源于印度尼西亚瓜哇岛的英文名称，而 Kotlin 是俄罗斯圣彼得堡附近的一个岛屿的名字。

其次，虽然都是兼容 Java，Scala（最近的几个版本）必须要求 Java 8，而 Kotlin 则可以与 Java 6 一起工作，这也是后者在 Android 上更加流行的原因之一。

另外，Kotlin 并没有像 Scala 那样在语法的探索上表现得"随心所欲"，Java 程序员在学习 Kotlin 新语法特性的同时，依旧可以保留更多原有的习惯。举个例子，在 Scala 中，一切皆有类型。所以在大部分时间里，我们都用等号来定义一个 Scala 的函数。函数体最后一个表达式的值就是这个函数的返回类型。

```
def foo(x: Int) = {
    val y = x + 2
    x + y
}
```

没错，Scala 舍弃了 return 关键字。在 Kotlin 中，它也引入了使用单行表达式来定义函数的语法，不需要用 return 来返回结果值。

```
fun foo(x: Int) = x * 2 + 2
```

然而，大部分情况下，我们还是可以采用类似 Java 的方式来定义一个函数，如：

```
fun foo(x: Int): Int {
    val y = x * 2
    return y + 2
}
```

由于 Kotlin 比 Scala 更加兼容 Java 的生态和语法，Java 程序员可以更加容易地掌握它。同时，Kotlin 非常注重语法的简洁表达。如果你了解 Scala 中的 implicit，可能曾被这个 Scala 的语法惊吓到，因为它非常强大。然而，正如我们提到的，"简单灵活"的另一面意味着抽象和晦涩。Kotlin 注重的是工程的实用性，所以它创造了扩展的语法，虽然相比 implicit 在功能上有损失，但显得更加具体直观，且依旧非常强大，可满足日常开发中绝大多数的需求。值得一提的是，Android 则依靠这个 Java 所没有的特性，推出了扩展库 android-ktx，我们在第 7 章将专门介绍这种强大的特性。

此外，Kotlin 还新增了一些 Java、Scala 中没有的语法糖。如果你从事 Android 开发，那么肯定少不了在工程中写过如下的 Java 代码：

```
if(parentView instanceof ViewGroup){
    ((ViewGroup) parentView).addView(childView);
}
```

为了类型安全，我们不得不写两遍 ViewGroup。然而在 Kotlin 中我们却可以直接这么写：

```
if(parentView is ViewGroup){
    parentView.addView(childView)
}
```

这依靠的是 Kotlin 中的 Smart Casts 特性。我们不评价这种语法糖是好是坏，但它可以在一定程度上改善我们在工程开发中的体验。

总体而言，Kotlin 旨在成为一门提升 Java 生产力的更好的编程语言，它拥有简洁的表达能力、强大的工具支持，同时至今仍然保持着非常快速的编译能力。相较而言，用 Scala

开发则常常受到编译过慢带来的困扰。

1.3.3　强大的生态

现在，我们已经了解了 Kotlin 整体的设计哲学，以及它相较 Java、Scala 的魅力所在。当然，本章似乎并没有涉及任何语法细节，我们会在后续的内容中深入介绍 Kotlin 的语言特性，并且探索它具体的高级应用。

关于 Kotlin，还有一个问题需要解答：我们究竟可以用它来做什么？大概率上你是因为 Kotlin 成为 Android 官方支持语言的新闻而知晓它的。事实上，Kotlin 不仅支持 Android，它还是一门通用语言，如果用一句话来总结，那就是"Targeting JVM / JavaScript and Native"。现阶段，我们至少可以用 Kotlin 做以下的事情。

（1）Android 开发

我们不仅可以用 Kotlin 调用现成的 Java 库，而且还有 Google 提供的 Kotlin 扩展库。Kotlin 的语法非常适合 Android 工程开发，例如我们提到过的 Smart Casts。用它还可以改善 findViewById 的语法调用。

（2）服务端开发

这是 JVM 语言最大的一个应用领域，自然也是 Kotlin 发挥的舞台。在 Android 支持 Kotlin 之后，Spring Framework 5 也对它敞开了怀抱。基于 Kotlin 更自然的函数式特性，用 Spring 进行 Web 开发会在某些方面拥有比 Java 更好的开发体验。

（3）前端开发

Kotlin 还有两个强大的特性：dynamic 类型及类型安全的构建器。前者实现其与 JavaScript 互通，后者可以帮助开发者构建可靠的 HTML 页面。你可以尝试使用 Kotlin 来构建 UI。

（4）原生环境开发

因为 Kotlin Native 这个项目，Kotlin 终于告别了 Java，离开了 JVM，直接编译成机器码供系统环境运行。虽然 Kotlin Native 尚处于早期阶段，但后续的发展非常值得期待。如果你家里有一个树莓派，不妨可以用它来试一试。

如你所见，Kotlin 还是一门非常开放、具有强大生态的编程语言。如果说与 Java 兼容能让它运行在所有支持 Java 的地方，那么它的革命创新使得它超越了 Java，进入了更加广阔的世界。

1.4　本章小结

本书中每章都会有个小结，但第 1 章比较特别，我们打算用一个比喻来结尾。这个生动形象的说法来自于 Lutz Hühnken 的博客，他把 Java、Scala、Kotlin 比作滑雪运动中的不同种类。

如果说 JVM 平台是一个滑雪世界，那么最早的 Java 语言就是大家熟知的滑雪方式——双脚各踏一个滑雪板来进行滑雪。Scala 则更像将两只脚都站在一块板上来滑行的滑雪方式。那些用滑雪单板的高水平运动员非常令人羡慕，因为他们可以用更优雅的姿势获得更快的速度，而且最重要的是他们可以做"深粉雪"滑行，这也就是所谓的函数式编程。

然而，对于用双板滑雪的运动员而言，尝试用单板来滑雪，就像是学习一种新的运动，会经常摔跤。其实，大部分人还是更乐意用双板来进行滑雪。这时，刻滑板出现了，使用它，运动员完全可以保留原有双板的滑雪习惯，但同时依旧可以做某个程度上的深粉雪滑行。你猜得没错，它就是 Kotlin。

对于滑雪这项运动而言，别忘了，还有一个世界性的赛事——Android 开发，它暂时并没有对单板开放，但对刻滑板则已经敞开了怀抱。

所以，如果你想要寻找一种更好的 Java 语言的话，欢迎来到 Kotlin 的"滑雪"世界！

第 2 章

基础语法

在明白 Kotlin 的设计哲学之后，你可能迫不及待地想要了解它的具体语言特性了。本章我们会介绍 Kotlin 中最基础的语法和特点，包括：

❑ 程序中最基本的操作，如声明变量、定义函数以及字符串操作；
❑ 高阶函数的概念，以及函数作为参数和返回值的作用；
❑ Lambda 表达式语法，以及用它来简化程序表达；
❑ 表达式在 Kotlin 中的特殊设计，以及 if、when、try 等表达式的用法。

由于这是一门旨在成为更好的 Java 而被设计出来的语言，我们会在介绍它的某些特性的同时，与 Java 中相似的语法进行对比，这样可以让你更好地认识 Kotlin。好了，我们现在就开始吧。

2.1 不一样的类型声明

当你学习 Kotlin 时，可能第一个感到与众不同的语法就是声明变量了。在 Java 中，我们会把类型名放在变量名的前面，如此来声明一个变量。

```
String a = "I am Java";
```

Kotlin 采用的则是不同的做法，与 Java 相反，类型名通常在变量名的后面。

```
val a: String = "I am Kotlin"
```

为什么要采用这种风格呢？以下是 Kotlin 官方 FAQ 的回答：

我们相信这样可以使得代码的可读性更好。同时，这也有利于使用一些良好的语法特性，比如省略类型声明。Scala 的经验表明，这不是一个错误的选择。

很好，我们发现 Kotlin 确实在简洁、优雅的语法表达这一目标上表现得言行一致。同时你也可能注意到了关于"省略类型声明"的描述，这是什么意思呢？

2.1.1 增强的类型推导

类型推导是 Kotlin 在 Java 基础上增强的语言特性之一。通俗地理解，编译器可以在不显式声明类型的情况下，自动推导出它所需要的类型。我们来写几个例子：

```
val string = "I am Kotlin"
val int = 1314
val long = 1314L
val float = 13.14f
val double = 13.34
val double2 = 10.1e6
```

然后在 REPL 中打印以上变量的类型，如 println(string.javaClass.name)，获得的结果如下：

```
java.lang.String
int
long
float
double
double
```

类型推导在很大程度上提高了 Kotlin 这种静态类型语言的开发效率。虽然静态类型的语言有很多的优点，然而在编码过程中却需要书写大量的类型。类型推导则可帮助 Kotlin 改善这一情况。当我们用 Kotlin 编写代码时，IDE 还会基于类型推导提供更多的提醒信息。

在本书接下来展示的 Kotlin 代码中，你会经常感受到类型推导的魅力。

2.1.2 声明函数返回值类型

虽然 Kotlin 在很大程度上支持了类型推导，但这并不意味着我们就可以不声明函数返回值类型了。先来看看 Kotlin 如何用 fun 关键字定义一个函数：

```
fun sum(x: Int, y: Int): Int { return x + y }
```

与声明变量一样，类型信息放在函数名的后面。现在我们把返回类型声明去掉试试：

```
>>> fun sum(x: Int, y: Int) { return x + y }
error: type mismatch: inferred type is Int but Unit was expected
```

在以上的例子中，因为没有声明返回值的类型，函数会默认被当成返回 Unit 类型，然而实际上返回的是 Int，所以编译就会报错。这种情况下我们必须显式声明返回值类型。

由于一些语言如 Java 没有 Unit 类型，你可能不是很熟悉。不要紧，当前你可以暂时把它当作类似 Java 中的 void。不过它们显然是不同的，Unit 是一个类型，而 void 只是一个关键字，我们会在 2.4.2 节进一步比较两者。

也许你会说，Kotlin 看起来并没有比 Java 强多少嘛，Java 也支持某种程度上的类型推导，比如 Java 7 开始已经支持泛型上的类型推导，Java 10 则进一步支持了"局部变量"的类型推导。

其实，Kotlin 进一步增强了函数的语法，我们可以把 {} 去掉，用等号来定义一个函数。

```
fun sum(x: Int, y: Int) = x + y // 省略了{}
>>> sum(1, 2)
3
```

Kotlin 支持这种用单行表达式与等号的语法来定义函数，叫作**表达式函数体**，作为区分，普通的函数声明则可叫作**代码块函数体**。如你所见，在使用表达式函数体的情况下我们可以不声明返回值类型，这进一步简化了语法。但别高兴得太早，再来一段递归程序试试看：

```
>>> fun foo(n: Int) = if (n == 0) 1 else n * foo(n - 1)
error: type checking has run into a recursive problem. Easiest workaround:
    specify types of your declarations explicitly
```

你可能觉察到了 if 在这里不同寻常的用法——没有 return 关键字。在 Kotlin 中，if 是一个表达式，它的返回值类型是各个逻辑分支的相同类型或公共父类型。

表达式在 Kotlin 中占据了非常重要的地位，我们会在 2.4 节重点介绍这一特性。

我们发现，当前编译器并不能针对递归函数的情况推导类型。由于像 Kotlin、Scala 这类语言支持子类型和继承，这导致类型系统很难做到所谓的**全局类型推导**。

关于全局类型推导（global type inference），纯函数语言 Haskell 是一个典型的代表，它可以在以上的情况下依旧推导出类型。

所以，在一些诸如递归的复杂情况下，即使用表达式定义函数，我们也必须显式声明类型，才能让程序正常工作。

```
fun foo(n: Int): Int = if (n == 0) 1 else n * foo(n - 1) // 需显式声明返回类型
>>> foo(2)
2
```

此外，如果这是一个表达式定义的接口方法，显式声明类型虽然不是必需的，但可以在很大程度上提升代码的可读性。

总结

我们可以根据以下问题的提示，来判断是否需要显式声明类型：

❑ 如果它是一个函数的参数？

  必须使用。

❑ 如果它是一个非表达式定义的函数？

除了返回 Unit，其他情况必须使用。

❑ 如果它是一个递归的函数？

必须使用。

❑ 如果它是一个公有方法的返回值？

为了更好的代码可读性及输出类型的可控性，建议使用。

除上述情况之外，你可以尽量尝试不显式声明类型，直到你遇到下一个特殊情况。

2.2 val 和 var 的使用规则

与 Java 另一点不同在于，Kotlin 声明变量时，引入了 val 和 var 的概念。var 很容易理解，JavaScript 等其他语言也通过该关键字来声明变量，它对应的就是 Java 中的变量。那么 val 又代表什么呢？

如果说 var 代表了 varible（变量），那么 val 可看成 value（值）的缩写。但也有人觉得这样并不直观或准确，而是把 val 解释成 varible+final，即通过 val 声明的变量具有 Java 中的 final 关键字的效果，也就是引用不可变。

 提示 我们可以在 IntelliJ IDEA 或 Android Studio 中查看 val 语法反编译后转化的 Java 代码，从中可以很清楚地发现它是用 final 实现这一特性的。

2.2.1 val 的含义：引用不可变

val 的含义虽然简单，但依然会有人迷惑。部分原因在于，不同语言跟 val 相关的语言特性存在差异，从而容易导致误解。

我们先用 val 声明一个指向数组的变量，然后尝试对其进行修改。

```
>>> val x = intArrayOf(1, 2, 3)
>>> x = intArrayOf(2, 3, 4)
error: val cannot be reassigned
>>> x[0] = 2
>>> println(x[0])
2
```

因为引用不可变，所以 x 不能指向另一个数组，但我们可以修改 x 指向数组的值。

如果你熟悉 Swift，自然还会联想到 let，于是我们再把上面的代码翻译成 Swift 的版本。

```
let x = [1, 2, 3]
x = [2, 3, 4]
Swift:: Error: cannot assign to value: 'x' is a 'let' constant
x[0] = 2
Swift:: Error: cannot assign through subscript: 'x' is a 'let' constant
```

这下连引用数组的值都不能修改了，这是为什么呢？

其实根本原因在于两种语言对数组采取了不同的设计。在 Swift 中，数组可以看成一个**值类型**，它与变量 x 的引用一样，存放在栈内存上，是不可变的。而 Kotlin 这种语言的设计思路，更多考虑数组这种大数据结构的拷贝成本，所以存储在堆内存中。

因此，val 声明的变量是只读变量，它的引用不可更改，但并不代表其引用对象也不可变。事实上，我们依然可以修改引用对象的可变成员。如果把数组换成一个 Book 类的对象，如下编写方式会变得更加直观：

```kotlin
class Book(var name: String) {   // 用var声明的参数name引用可被改变
    fun printName() {
        println(this.name)
    }
}

fun main(args: Array<String>) {
    val book = Book("Thinking in Java") // 用val声明的book对象的引用不可变
    book.name = "Diving into Kotlin"
    book.printName() // Diving into Kotlin
}
```

首先，这里展示了 Kotlin 中的类不同于 Java 的构造方法，我们会在第 3 章中介绍关于它具体的语法。其次，我们发现 var 和 val 还可以用来声明一个类的属性，这也是 Kotlin 中一种非常有个性且有用的语法，你还会在后续的数据类中再次接触到它的应用。

2.2.2　优先使用 val 来避免副作用

在很多 Kotlin 的学习资料中，都会传递一个原则：优先使用 val 来声明变量。这相当正确，但更好的理解可以是：**尽可能采用 val、不可变对象及纯函数来设计程序**。关于纯函数的概念，其实就是没有副作用的函数，具备引用透明性，我们会在第 10 章专门探讨这些概念。由于后续的内容我们会经常使用副作用来描述程序的设计，所以我们先大概了解一下什么是副作用。

简单来说，副作用就是修改了某处的某些东西，比方说：

❑ 修改了外部变量的值。

❑ IO 操作，如写数据到磁盘。

❑ UI 操作，如修改了一个按钮的可操作状态。

来看个实际的例子：我们先用 var 来声明一个变量 a，然后在 count 函数内部对其进行自增操作。

```kotlin
var a = 1
fun count(x: Int) {
    a = a + 1
    println(x + a)
```

```
}
>>> count(1)
3
>>> count(1)
4
```

在以上代码中，我们会发现多次调用 count(1) 得到的结果并不相同，显然这是受到了外部变量 a 的影响，这个就是典型的副作用。如果我们把 var 换成 val，然后再执行类似的操作，编译就会报错。

```
val a = 1
>>> a = a + 1
error: val cannot be ressigned
```

这就有效避免了之前的情况。当然，这并不意味着用 val 声明变量后就不能再对该变量进行赋值，事实上，Kotlin 也支持我们在一开始不定义 val 变量的取值，随后再进行赋值。然而，因为引用不可变，val 声明的变量只能被赋值一次，且在声明时不能省略变量类型，如下所示：

```
fun main(args: Array<String>) {
    val a: Int
    a = 1
    println(a) // 运行结果为 1
}
```

不难发现副作用的产生往往与**可变数据**及**共享状态**有关，有时候它会使得结果变得难以预测。比如，我们在采用多线程处理高并发的场景，"并发访问"就是一个明显的例子。然而，在 Kotlin 编程中，我们推荐优先使用 val 来声明一个本身不可变的变量，这在大部分情况下更具有优势：

❑ 这是一种防御性的编码思维模式，更加安全和可靠，因为变量的值永远不会在其他地方被修改（一些框架采用反射技术的情况除外）；

❑ 不可变的变量意味着更加容易推理，越是复杂的业务逻辑，它的优势就越大。

回到在 Java 中进行多线程开发的例子，由于 Java 的变量默认都是可变的，状态共享使得开发工作很容易出错，不可变性则可以在很大程度上避免这一点。当然，我们说过，val 只能确保变量引用的不可变，那如何保证引用对象的不可变性？你会在第 6 章关于只读集合的介绍中发现一种思路。

2.2.3　var 的适用场景

一个可能被提及的问题是：既然 val 这么好，那么为什么 Kotlin 还要保留 var 呢？

事实上，从 Kotlin 诞生的那一刻就决定了必须拥抱 var，因为它兼容 Java。除此之外，在某些场景使用 var 确实会起到不错的效果。举个例子，假设我们现在有一个整数列表，然后遍历元素操作后获得计算结果，如下：

```
fun cal(list: List<Int>): Int {
    var res = 0
    for (el in list) {
        res *= el
        res += el
    }
    return res
}
```

这是我们非常熟悉的做法，以上代码中的 res 是个局部的可变变量，它与外界没有任何交互，非常安全可控。我们再来尝试用 val 实现：

```
fun cal(list: List<Int>): Int {
    fun recurse(listr: List<Int>, res: Int): Int {
        if (listr.size > 0) {
            val el = listr.first()
            return recurse(listr.drop(1), res * el + el)
        } else {
            return res
        }
    }
    return recurse(list, 0)
}
```

这就有点尴尬了，必须利用递归才能实现，原本非常简单的逻辑现在变得非常不直观。当然，熟悉 Kotlin 的朋友可能知道 List 有一个 fold 方法，可以实现一个更加精简的版本。

```
fun cal(list: List<Int>): Int {
    return list.fold(0) { res, el -> res * el + el }
}
```

函数式 API 果然拥有极强的表达能力。

可见，在诸如以上的场合下，用 var 声明一个局部变量可以让程序的表达显得直接、易于理解。这种例子很多，即使是 Kotlin 的源码实现，尤其集合类遍历的实现方法，也大量使用了 var。之所以采用这种命令式风格，而不是更简洁的函数式实现，一个很大的原因是因为 var 的方案有更好的性能，占用内存更少。所以，尤其针对数据结构，可能在业务中需要存储大量的数据，所以显然采用 var 是其更加适合的实现方案。

2.3 高阶函数和 Lambda

通过 2.1 节的介绍，我们发现 Kotlin 中的函数定义要更加简洁、灵活。这一节我们会介绍关于函数更加高级的特性——高阶函数和 Lambda。由于在后续的内容中你要经常跟它们打交道，因此在开始不久我们就要充分地了解它们。

我们说过，Kotlin 天然支持了部分函数式特性。函数式语言一个典型的特征就在于**函数是头等公民**——我们不仅可以像类一样在顶层直接定义一个函数，也可以在一个函数内部定义一个局部函数，如下所示：

```
fun foo(x: Int) {
    fun double(y: Int): Int {
        return y * 2
    }
    println(double(x))
}
>>> foo(1)
2
```

此外，我们还可以直接将函数像普通变量一样传递给另一个函数，或在其他函数内被返回。如何理解这个特性呢？

2.3.1 抽象和高阶函数

《计算机程序的构造和解释》这本经典的书籍的开篇，有一段关于抽象这个概念的描述：

> 心智的活动，除了尽力产生各种简单的认识外，主要表现在如下 3 个方面：
>
> 1）将若干简单的认识组合为一个复合认识，由此产生出各种复杂的认识；
>
> 2）将两个认识放在一起对照，不管它们如何简单或者复杂，在这样做时并不将它们合二为一；由此得到有关它们的相互关系的认识；
>
> 3）将有关认识与那些在实际中和它们同在的所有其他认识隔离开，这就是抽象，所有具有普遍性的认识都是这样得到的。

简单地理解，我们会善于对熟悉或重复的事物进行抽象，比如 2 岁左右的小孩就会开始认知数字 1、2、3……之后，我们总结出了一些公共的行为，如对数字做加减、求立方，这被称为过程，它接收的数字是一种数据，然后也可能产生另一种数据。过程也是一种抽象，几乎我们所熟悉的所有高级语言都包含了定义过程的能力，也就是函数。

然而，在我们以往熟悉的编程中，过程限制为只能接收数据为参数，这个无疑限制了进一步抽象的能力。由于我们经常会遇到一些同样的程序设计模式能够用于不同的过程，比如一个包含了正整数的列表，需要对它的元素进行各种转换操作，例如对所有元素都乘以 3，或者都除以 2。我们就需要提供一种模式，同时接收这个列表及不同的元素操作过程，最终返回一个新的列表。

为了把这种类似的模式描述为相应的概念，我们就需要构造出一种更加高级的过程，表现为：接收一个或多个过程为参数；或者以一个过程作为返回结果。

这个就是所谓的**高阶函数**，你可以把它理解成"以其他函数作为参数或返回值的函数"。高阶函数是一种更加高级的抽象机制，它极大地增强了语言的表达能力。

2.3.2 实例：函数作为参数的需求

以上关于高阶函数的阐述可能让你对它建立了初步的印象，然而依旧不够清晰。接下来，我们具体看下函数作为参数到底有什么用。需要注意的是，《Java 8 实战》通过一个实现 filter 方法的例子，很好地展现了函数参数化的作用，我们会采用类似的思路，用实际例子来探讨函数作为参数的需求，以及 Kotlin 相关的语法特性。

Shaw 因为旅游喜欢上了地理，然后他建了一个所有国家的数据库。作为一名程序员，他设计了一个 CountryApp 类对国家数据进行操作。Shaw 偏好欧洲的国家，于是他设计了一个程序来获取欧洲的所有国家。

```kotlin
data class Country(
    val name: String,
    val continient: String,
    val population: Int)

class CountryApp {
    fun filterCountries(countries: List<Country>): List<Country> {
        val res = mutableListOf<Country>()
        for (c in countries) {
            if (c.continient == "EU") { // EU代表欧洲
                res.add(c)
            }
        }
        return res
    }
}
```

以上我们用 data class 声明了一个 Country 数据类，当前也许你会感觉陌生，我们会在下一章详细介绍这种语法。

后来，Shaw 对非洲也产生了兴趣，于是他又改进了上述方法的实现，支持根据具体的洲来筛选国家。

```kotlin
fun filterCountries(countries: List<Country>, continient: String): List<Country> {
    val res = mutableListOf<Country>()
    for (c in countries) {
        if (c.continient == continient) {
            res.add(c)
        }
    }
    return res
}
```

以上的程序具备了一定的复用性。然而，Shaw 的地理知识越来越丰富了，他想对国家的特点做进一步的研究，比如筛选具有一定人口规模的国家，于是代码又变成下面这个样子：

```kotlin
fun filterCountries(countries: List<Country>, continient: String, population:
    Int): List<Country> {
    val res = mutableListOf<Country>()
    for (c in countries) {
        if (c.continient == continient && c.population > population) {
            res.add(c)
```

```
        }
    }
    return res
}
```

新增了一个 population 的参数来代表人口（单位：万）。Shaw 开始感觉到不对劲，如果按照现有的设计，更多的筛选条件会作为方法参数而不断累加，而且业务逻辑也高度耦合。

解决问题的核心在于对 filterCountries 方法进行解耦，我们能否把所有的筛选逻辑行为都抽象成一个参数呢？传入一个类对象是一种解决方法，我们可以根据不同的筛选需求创建不同的子类，它们都各自实现了一个校验方法。然而，Shaw 了解到 Kotlin 是支持高阶函数的，理论上我们同样可以把筛选的逻辑变成一个方法来传入，这种思路更加简单。

他想要进一步了解这种高级的特性，所以很快就写了一个新的测试类，如代码清单 2-1 所示。

代码清单　2-1

```
class CountryTest {
    fun isBigEuropeanCountry(country: Country): Boolean {
        return country.continient == "EU" && country.population > 10000
    }
}
```

调用 isBigEuropeanCountry 方法就能够判断一个国家是否是一个人口超过 1 亿的欧洲国家。然而，怎样才能把这个方法变成 filterCountries 方法的一个参数呢？要实现这一点似乎要先解决以下两个问题：

❏ 方法作为参数传入，必须像其他参数一样具备具体的类型信息。

❏ 需要把 isBigEuropeanCountry 的方法引用当作参数传递给 filterCountries。

接下来，我们先来研究第 1 个问题，即 Kotlin 中的函数类型是怎样的。

2.3.3　函数的类型

在 Kotlin 中，函数类型的格式非常简单，举个例子：

```
(Int) -> Unit
```

从中我们发现，Kotlin 中的函数类型声明需遵循以下几点：

❏ 通过 -> 符号来组织参数类型和返回值类型，左边是参数类型，右边是返回值类型；

❏ 必须用一个括号来包裹参数类型；

❏ 返回值类型即使是 Unit，也必须显式声明。

如果是一个没有参数的函数类型，参数类型部分就用 () 来表示。

```
() -> Unit
```

如果是多个参数的情况，那么我们就需要用逗号来进行分隔，如：

```
(Int, String) -> Unit
```

此外，Kotlin 还支持为声明参数指定名字，如下所示：

```
(errCode: Int, errMsg: String) -> Unit
```

在本书的第 5 章中我们还会介绍 Kotlin 中的可空类型，它将支持用一个 "？" 来表示类似 Java 8 中 Optional 类的效果。如果 errMsg 在某种情况下可空，那么就可以如此声明类型：

```
(errCode: Int, errMsg: String?) -> Unit
```

如果该函数类型的变量也是可选的话，我们还可以把整个函数类型变成可选：

```
((errCode: Int, errMsg: String?) -> Unit)?
```

这种组合是不是非常有意思？还没完，我们说过，高阶函数还支持返回另一个函数，所以还可以这么做：

```
(Int) -> ((Int) -> Unit)
```

这表示传入一个类型为 Int 的参数，然后返回另一个类型为 (Int) -> Unit 的函数。简化它的表达，我们可以把后半部分的括号给省略：

```
(Int) -> Int -> Unit
```

需要注意的是，以下的函数类型则不同，它表示的是传入一个函数类型的参数，再返回一个 Unit。

```
((Int) -> Int) -> Unit
```

好了，在学习了 Kotlin 函数类型知识之后，Shaw 便重新定义了 filterCountries 方法的参数声明。

```
fun filterCountries(
    countries: List<Country>,
    test: (Country) -> Boolean): List<Country> // 增加了一个函数类型的参数test
{
    val res = mutableListOf<Country>()
    for (c in countries) {
        if (test(c)) { // 直接调用test来进行筛选
            res.add(c)
        }
    }
    return res
}
```

那么，下一个问题来了。我们如何才能把代码清单 2-1 中的 isBigEuropeanCountry 方法传递给 filterCountries 呢？直接把 isBigEuropeanCountry 当参数肯定不行，因为函数名并不是一个表达式，不具有类型信息，它在带上括号、被执行后才存在值。可以看出，我们需要的是一个单纯的**方法引用表达式**，用它在 filterCountries 内部来调用参数。下一节我们会具体介绍如何使用这种语法。

2.3.4 方法和成员引用

Kotlin 存在一种特殊的语法，通过两个冒号来实现对于某个类的方法进行引用。以上面的代码为例，假如我们有一个 CountryTest 类的对象实例 countryTest，如果要引用它的 isBigEuropeanCountry 方法，就可以这么写：

```
countryTest::isBigEuropeanCountry
```

为什么使用双冒号的语法？

如果你了解 C#，会知道它也有类似的方法引用特性，只是语法上不同，是通过点号来实现的。然而，C# 的这种方式存在二义性，容易让人混淆方法引用表达式与成员表达式，所以 Kotlin 采用 ::（沿袭了 Java 8 的习惯），能够让我们更加清晰地认识这种语法。

此外，我们还可以直接通过这种语法，来定义一个类的构造方法引用变量。

```
class Book(val name: String)

fun main(args: Array<String>) {
    val getBook = ::Book
    println(getBook("Dive into Kotlin").name)
}
```

可以发现，getBook 的类型为 (name: String) -> Book。类似的道理，如果我们要引用某个类中的成员变量，如 Book 类中的 name，就可以这样引用：

```
Book::name
```

以上创建的 Book::name 的类型为 (Book) -> String。当我们在对 Book 类对象的集合应用一些函数式 API 的时候，这会显得格外有用，比如：

```
fun main(args: Array<String>) {
    val bookNames = listOf(
        Book("Thinking in Java"),
        Book("Dive into Kotlin")
    ).map(Book::name)

    println(bookNames)
}
```

我们会在 6.2 节再次提到这种应用。

于是，Shaw 便使用了方法引用来传递参数，以下的调用果真奏效了。

```
val countryApp = CountryApp()
val countryTest = CountryTest()
```

```
val countries = ……
countryApp.filterCountries(countries, countryTest::isBigEuropeanCountry)
```

经过重构后的程序显然比之前要优雅许多，程序可以根据任意的筛选需求，调用同一个 filterCountries 方法来获取国家数据。

2.3.5 匿名函数

再来思考下代码清单 2-1 的 CountryTest 类，这仍算不上一种很好的方案。因为每增加一个需求，我们都需要在类中专门写一个新增的筛选方法。然而 Shaw 的需求很多都是临时性的，不需要被复用。Shaw 觉得这样还是比较麻烦，他打算用匿名函数对程序做进一步的优化。

Kotlin 支持在缺省函数名的情况下，直接定义一个函数。所以 isBigEuropeanCountry 方法我们可以直接定义为：

```
fun(country: Country): Boolean { // 没有函数名字
    return country.continient == "EU" && country.population > 10000
}
```

于是，Shaw 直接调用 filterCountries，如代码清单 2-2 所示。

代码清单　2-2

```
countryApp.filterCountries(countries, fun(country: Country): Boolean {
    return country.continient == "EU" && country.population > 10000
})
```

这一次我们甚至都不需要 CountryTest 这个类了，代码的简洁性又上了一层楼。Shaw 开始意识到 Kotlin 这门语言的魅力，很快他发现还有一种语法可以让代码更简单，这就是 Lambda 表达式。

2.3.6 Lambda 是语法糖

提到 **Lambda 表达式**，也许你听说过所谓的 **Lambda 演算**。其实这是两个不同的概念，Lambda 演算和图灵机一样，是一种支持理论上完备的形式系统，也是理解函数式编程的理论基础。古老的 Lisp 语言就是基于 Lambda 演算系统而来的，在 Lisp 中，匿名函数是重要的组成部分，它也被叫作 Lambda 表达式，这就是 Lambda 表达式名字的由来。所以，相较 Lambda 演算而言，Lambda 表达式是更加简单的概念。你可以把它理解成简化表达后的匿名函数，实质上它就是一种语法糖。

我们先来分析下代码清单 2-2 中的 filterCountries 方法的匿名函数，会发现：

- ❏ fun(country:Country) 显得比较啰唆，因为编译器会推导类型，所以只需要一个代表变量的 country 就行了；
- ❏ return 关键字也可以省略，这里返回的是一个有值的表达式；
- ❏ 模仿函数类型的语法，我们可以用 -> 把参数和返回值连接在一起。

因此，简化后的表达就变成了这个样子：

```
countryApp.filterCountries(countries, {
    country ->
    country.continient == "EU" && country.population > 10000
})
```

是不是非常简洁？这个就是 Lambda 表达式，它与匿名函数一样，是一种函数字面量。我们再来讲解下 Lambda 具体的语法。现在用 Lambda 的形式来定义一个加法操作：

```
val sum: (Int, Int) -> Int = { x: Int, y: Int -> x + y }
```

由于支持类型推导，我们可以采用两种方式进行简化：

```
val sum = { x: Int, y: Int -> x + y }
```

或者是：

```
val sum: (Int, Int) -> Int = { x, y -> x + y }
```

现在来总结下 Lambda 的语法：

❑ 一个 Lambda 表达式必须通过 {} 来包裹；

❑ 如果 Lambda 声明了参数部分的类型，且返回值类型支持类型推导，那么 Lambda 变量就可以省略函数类型声明；

❑ 如果 Lambda 变量声明了函数类型，那么 Lambda 的参数部分的类型就可以省略。

此外，如果 Lambda 表达式返回的不是 Unit，那么默认最后一行表达式的值类型就是返回值类型，如：

```
val foo = { x: Int ->
    val y = x + 1
    y // 返回值是 y
}
>>> foo(1)
2
```

Lambda 看起来似乎很简单。那么再思考一个场景，如果用 fun 关键字来声明 Lambda 表达式又会怎么样？如代码清单 2-3 所示。

代码清单   2-3

```
fun foo(int: Int) = {
    print(int)
}
>>> listOf(1, 2, 3).forEach { foo(it) } // 对一个整数列表的元素遍历调用foo，猜猜结果是什么
```

1. 单个参数的隐式名称

首先，也许你在 it 这个关键字上停留了好几秒，然后依旧不明其意。其实它也是 Kotlin 简化 Lambda 表达的一种语法糖，叫作**单个参数的隐式名称**，代表了这个 Lambda 所

接收的单个参数。这里的调用等价于：

```
listOf(1, 2, 3).forEach { item -> foo(item) }
```

默认情况下，我们可以直接用 it 来代表 item，而不需要用 item-> 进行声明。

其次，这行代码的结果可能出乎了你的意料，执行后你会发现什么也没有。为什么会这样？这一次，我们必须要借助 IDE 的帮助了，以下是把 foo 函数用 IDE 转化后的 Java 代码：

```
@JvmStatic
@NotNull
public static final Function0 foo(final int var0) {
    return (Function0)(new Function0 () {
        // $FF: synthetic method
        // $FF: bridge method
        public Object invoke() {
            this.invoke();
            return Unit.INSTANCE;
        }

        public final void invoke () {
            int var1 = var0;
            System.out.print(var1);
        }
    });
}
```

以上是字节码反编译的 Java 代码，从中我们可以发现 Kotlin 实现 Lambda 表达式的机理。

2. Function 类型

Kotlin 在 JVM 层设计了 Function 类型（Function0、Function1……Function22）来兼容 Java 的 Lambda 表达式，其中的后缀数字代表了 Lambda 参数的数量，如以上的 foo 函数构建的其实是一个无参 Lambda，所以对应的接口是 Function0，如果有一个参数那么对应的就是 Function1。它在源码中是如下定义的：

```
package kotlin.jvm.functions

interface Function1<in P1, out R> : kotlin.Function<R> {
    fun invoke(p1: P1): R
}
```

可见每个 Function 类型都有一个 invoke 方法，稍后会详细介绍这个方法。

设计 Function 类型的主要目的之一就是要兼容 Java，实现在 Kotlin 中也能调用 Java 的 Lambda。在 Java 中，实际上并不支持把函数作为参数，而是通过函数式接口来实现这一特性。所以如果我们要把 Java 的 Lambda 传给 Kotlin，那么它们就必须实现 Kotlin 的 Function 接口，在 Kotlin 中我们则不需要跟它们打交道。在第 6 章我们会介绍如何在 Kotlin 中调用 Java 的函数式接口。

神奇的数字—22

也许你会问一个问题：为什么这里 Function 类型最大的是 Function22？如果 Lambda 的参数超过了 22 个，那该怎么办呢？

虽然 22 个参数已经够多了，然而现实中也许我们真的需要超过 22 个参数。其实，在 Scala 的设计中也遵循了 22 个数字的设计，这似乎已经成了业界的一种惯例。然而，这个 22 的设计也给 Scala 开发者带来了不少麻烦。所以，Kotlin 在设计的时候便考虑到了这种情况，除了 23 个常用的 Function 类型外，还有一个 FunctionN。在参数真的超过 22 个的时候，我们就可以依靠它来解决问题。更多细节可以参考 https://github.com/JetBrains/kotlin/blob/master/spec-docs/function-types.md。

---

3. invoke 方法

代码清单 2-3 中的 foo 函数的返回类型是 Function0。这也意味着，如果我们调用了 foo(n)，那么实质上仅仅是构造了一个 Function0 对象。这个对象并不等价于我们要调用的过程本身。通过源码可以发现，需要调用 Function0 的 invoke 方法才能执行 println 方法。所以，我们的疑惑也迎刃而解，上述的例子必须如下修改，才能够最终打印出我们想要的结果：

```
fun foo(int: Int) = {
    print(int)
}
>>> listOf(1, 2, 3).forEach { foo(it).invoke() } // 增加了invoke调用
 123
```

也许你觉得 invoke 这种语法显得丑陋，不符合 Kotlin 简洁表达的设计理念。确实如此，所以我们还可以用熟悉的括号调用来替代 invoke，如下所示：

```
>>> listOf(1, 2, 3).forEach { foo(it)() }
123
```

2.3.7 函数、Lambda 和闭包

在你不熟悉 Kotlin 语法的情况下，很容易对 fun 声明函数、Lambda 表达式的语法产生混淆，因为它们都可以存在花括号。现在我们已经了解了它们具体的语法，可通过以下的总结来更好地区分：

❏ fun 在没有等号、只有花括号的情况下，是我们最常见的代码块函数体，如果返回非 Unit 值，必须带 return。

```
fun foo(x: Int) { print(x) }
fun foo(x: Int, y: Int): Int { return x * y }
```

❏ fun 带有等号，是单表达式函数体。该情况下可以省略 return。

```
fun foo(x: Int, y: Int) = x + y
```

不管是用 val 还是 fun，如果是等号加花括号的语法，那么构建的就是一个 Lambda 表达式，Lambda 的参数在花括号内部声明。所以，如果左侧是 fun，那么就是 Lambda 表达式函数体，也必须通过 () 或 invoke 来调用 Lambda，如：

```
val foo = { x: Int, y: Int -> x + y } // foo.invoke(1, 2)或foo(1, 2)
fun foo(x: Int) = { y: Int -> x + y } // foo(1).invoke(2)或foo(1)(2)
```

在 Kotlin 中，你会发现匿名函数体、Lambda（以及局部函数、object 表达式）在语法上都存在 "{}"，由这对花括号包裹的代码块如果访问了外部环境变量则被称为一个**闭包**。一个闭包可以被当作参数传递或者直接使用，它可以简单地看成 **"访问外部环境变量的函数"**。Lambda 是 Kotlin 中最常见的闭包形式。

与 Java 不一样的地方在于，Kotlin 中的闭包不仅可以访问外部变量，还能够对其进行修改，就像这样子：

```
var sum = 0
listOf(1,2,3).filter { it > 0 }.forEach {
    sum += it
}
>>> println(sum)
6
```

此外，Kotlin 还支持一种自运行的 Lambda 语法：

```
>>> { x: Int -> println(x) }(1)
1
```

执行以上代码，结果会打印 1。

2.3.8 "柯里化" 风格、扩展函数

我们已经知道，函数参数化是一种十分强大的特性，结合 Lambda 表达式，能在很大程度上提高语言的抽象和表达能力。接下来，我们再来了解下高阶函数在 Kotlin 中另一方面的表现，即一个函数返回另一个函数作为结果。

通过之前的介绍，相信你已经能很容易地理解什么是返回一个函数。还记得我们上面使用过的例子吗？

```
fun foo(x: Int) = { y: Int -> x + y }
```

表达上非常简洁，其实它也可以等价于：

```
fun foo(x: Int): (Int) -> Int {
    return { y: Int -> x + y }
}
```

现在有了函数类型信息之后，可以很清晰地发现，执行 foo 函数之后，会返回另一个类型为 (Int) -> Int 的函数。

如果你看过一些介绍函数式编程的文章，可能听说过一种叫作 "柯里化（Currying）"

的语法，其实它就是函数作为返回值的一种典型的应用。

简单来说，柯里化指的是把接收多个参数的函数变换成一系列仅接收单一参数函数的过程，在返回最终结果值之前，前面的函数依次接收单个参数，然后返回下一个新的函数。

拿我们最熟悉的加法举例子，以下是多参数的版本：

```
fun sum(x: Int, y: Int, z: Int) = x + y + z
sum(1, 2, 3)
```

如果我们把它按照柯里化的思路重新设计，那么最终就可以实现链式调用：

```
fun sum(x: Int) = { y: Int ->
    { z: Int -> x + y + z }
}
sum(1)(2)(3)
```

你会发现，柯里化非常类似"击鼓传花"的游戏，游戏开始时有个暗号，第 1 个人将暗号进行演绎，紧接着第 2 个人演绎，依次类推，经过一系列加工之后，最后一个人揭晓谜底。在这个过程中：

❏ 开始的暗号就是第 1 个参数；
❏ 下个环节的演绎就是返回的函数；
❏ 谜底就是柯里化后最终执行获得的结果。

可见柯里化是一个比较容易理解的概念，那么为什么会有柯里化呢？

柯里化与 Lambda 演算

我们说过，Lambda 演算是函数式语言的理论基础。在严格遵守这套理论的设计中，所有的函数都只能接收最多一个参数。为了解决多参数的问题，Haskell Curry 引入了柯里化这种方法。值得一提的是，这种技术也是根据他的名字来命名的——Currying，后续其他语言也以此来称呼它。

说到底，柯里化是为了简化 Lambda 演算理论中函数接收多参数而出现的，它简化了理论，将多元函数变成了一元。然而，在实际工程中，Kotlin 等语言并不存在这种问题，因为它们的函数都可以接收多个参数进行计算。那么，这是否意味着柯里化对我们而言，仅仅只有理论上的研究价值呢？虽然柯里化在工程中并没有大规模的应用，然而在某些情况下确实起到了某种奇效。

在我们之前介绍过的 Lambda 表达式中，还存在一种特殊的语法。如果一个函数只有一个参数，且该参数为函数类型，那么在调用该函数时，外面的括号就可以省略，就像这样子：

```
fun omitParentheses(block: () -> Unit) {
    block()
}
omitParentheses {
    println("parentheses is omitted")
}
```

此外，如果参数不止一个，且最后一个参数为函数类型时，就可以采用类似柯里化风格的调用：

```
fun curryingLike(content: String, block: (String) -> Unit) {
    block(content)
}
curryingLike("looks like currying style") {
    content ->
    println(content)
}
// 运行结果
looks like currying style
```

它等价于以下的的调用方式：

```
curryingLike("looks like currying style", {
    content ->
    println(content)
})
```

实际上，在 Scala 中我们就是通过柯里化的技术，实现以上简化语法的表达效果的。Kotlin 则直接在语言层面提供了这种语法糖，这个确实非常方便。然而需要注意的是，通过柯里化实现的方案，我们还可以分步调用参数，返回值是一个新的函数。

```
curryingLike("looks like currying style")
// 运行报错
No value passed for parameter 'block'
```

然而，以上实现的 **curryingLike** 函数并不支持这样做，因为它终究只是 Kotlin 中的一种语法糖而已。它在函数调用形式上近似柯里化的效果，但却并不是柯里化。Kotlin 这样设计的目的是让我们采用最直观熟悉的套路，来替代柯里化实现这种简洁的语法。

Scala 中的 **corresponds** 方法是另一个典型的柯里化应用，用它可以比较两个序列是否在某个比对条件下相同。现在我们依靠 Kotlin 上面这种特殊的类柯里化语法特性，再来实现一个 Kotlin 版本。

首先，我们先穿插下 Kotlin 的另一项新特性——扩展函数，这是 Kotlin 中十分强大的功能，我们会在第 7 章中重点介绍。当前我们先简单了解下它的使用，因为 corresponds 方法需要借助它来实现。

简单来说，Kotlin 中的扩展函数允许我们在不修改已有类的前提下，给它增加新的方法。如代码清单 2-4 所示。

代码清单 2-4

```
fun View.invisible() {
    this.visibility = View.INVISIBLE
}
```

在这个例子中，类型 View 被称为**接收者类型**，this 对应的是这个类型所创建的**接收者**

对象。this 可以被省略，就像这样子：

```
fun View.invisible() {
    visibility = View.INVISIBLE
}
```

我们给 Android 中的 View 类定义了一个 invisible 方法，之后 View 对象就可以直接调用该方法来隐藏视图。

```
views.forEach { it.invisible() }
```

回到我们的 corresponds 方法，基于扩展函数的语法，我们就可以对 Array<T> 类型增加这个方法。由于 Kotlin 的特殊语法支持，我们还是采用了定义普通多参数函数的形式。

```
fun <A, B> Array<A>.corresponds(that: Array<B>, p: (A, B) -> Boolean): Boolean {
    val i = this.iterator()
    val j = that.iterator()
    while (i.hasNext() && j.hasNext()) {
        if (!p(i.next(), j.next())) {
            return false
        }
    }
    return !i.hasNext() && !j.hasNext()
}
```

然后再用柯里化的风格进行调用，就显得非常直观：

```
val a = arrayOf(1, 2, 3)
val b = arrayOf(2, 3, 4)

a.corresponds(b) { x, y -> x+1 == y } // true
a.corresponds(b) { x, y -> x+2 == y } // false
```

虽然本节讲述的是函数作为返回值的应用，然而由于 Kotlin 的特殊语法，我们可以在大部分场景下用它来替代柯里化的方案，显得更加方便。

2.4　面向表达式编程

在本章之前的几节中，我们已经好几次与一个关键字打过交道，这就是"表达式"。现在罗列下我们已经提及的表达式概念：

- ❑ if 表达式
- ❑ 函数体表达式
- ❑ Lambda 表达式
- ❑ 函数引用表达式

显然，表达式在 Kotlin 这门语言中处于一个相当重要的地位，这一节我们会着重介绍在 Kotlin 中如何利用各种表达式来增强程序表达、流程控制的能力。与 Java 等语言稍显不同的是，Kotlin 中的流程控制不再是清一色的普通语句，它们可以返回值，是一些崭新的表达式语句，如 if 表达式、when 表达式、try 表达式等。这样的设计自然与表达式自身的特质相关。在了解具体的语法之前，我们先来探究下表达式和普通语句之间的区别。

表达式（expressions）和**语句**（statements）虽然是很基本的概念，但也经常被混淆和误解。语句很容易理解，我们在一开始学习命令式编程的时候，程序往往是由一个个语句组成的。比如以下这个例子：

```
fun main(args: Array<String>) {
    var a = 1
    while (a < 10) {
        println(a)
        a++
    }
}
```

可以看到，该程序依次进行了赋值、循环控制、打印等操作，这些都可以被称为语句。我们再来看看什么是表达式：

表达式可以是一个值、常量、变量、操作符、函数，或它们之间的组合，编程语言对其进行解释和计算，以求产生另一个值。

通俗地理解，表达式就是可以返回值的语句。我们来写几个表达式的例子：

```
1 // 单纯的字面量表达式，值为1
-1 // 增加前缀操作符，值为-1
1 + 1 // 加法操作符，返回2
listOf(1, 2, 3) //列表表达式
"kotlin".length // 值为6
```

这些都是非常明显的表达式。以下是 Kotlin 中更复杂的表达式例子：

```
{ x: Int -> x + 1  }          // Lambda表达式，类型为(Int) -> Int
fun(x: Int) { println(x) } // 匿名函数表达式，类型为(Int) -> Unit
if ( x > 1) x else 1          // if-else表达式，类型为Int，假设x已赋值
```

正如我们所言，一些在其他语言中的普通语句，在 Kotlin 中也可以是表达式。这样设计到底有什么好处呢？

2.4.1　表达式比语句更安全

我们先来写一段 Java 代码。刚开始我们还是采用熟悉的 if 语句用法：

```
void ifStatement(Boolean flag) {
    String a = null;
    if (flag) {
        a = "dive into kotlin";
    }
```

```
System.out.println(a.toUpperCase());
}
```

非常简单的代码，由于 if 在这里不是一个表达式，所以我们只能够在外部对变量 a 进行声明。仔细思考一下，这段代码存在潜在的问题：

- a 必须在 if 语句外部声明，它被初始化为 null。这里的 if 语句的作用就是对 a 进行赋值，这是一个副作用。在这个例子中，我们忽略了 else 分支，如果 flag 的条件判断永远为 true，那么程序运行并不会出错；否则，将会出现"java.lang.NullPointerException"的错误，即使程序依旧会编译通过。因此，这种通过语句创建副作用的方式很容易引发 bug。
- 继续思考，现在的逻辑虽然简单，然而如果变量 a 来自上下文其他更远的地方，那么这种危险会更加容易被忽视。典型的例子就是一段并发控制的程序，业务开发会变得非常不安全。

接下来，我们再来创建一个 Kotlin 的版本，现在 if 会被作为表达式来使用：

```
fun ifExpression(flag: Boolean) {
    val a = if (flag) "dive into Kotlin" else ""
    println(a.toUpperCase())
}
```

下面分析 Kotlin 的版本：

- 表达式让代码变得更加紧凑了。我们可以把赋值语句与 if 表达式混合使用，就不存在变量 a 没有初始值的情况。
- 在 if 作为表达式时，else 分支也必须被考虑，这很容易理解，因为表达式具备类型信息，最终它的类型就是 if、else 多个分支类型的相同类型或公共父类型。

可以看出，基于表达式的方案彻底消除了副作用，让程序变得更加安全。当然，这并不是说表达式不会有副作用，实际上我们当然可以用表达式写出带有副作用的语句，就像这样子：

```
var a = 1
fun foo() = if (a > 0) {
    a = 2 // 副作用，a的值变化了
    a
} else 0
```

然而从设计角度而言，语句的作用就是服务于创建副作用的，相比较表达式的目的则是为了创造新值。在函数式编程中，原则上表达式是不允许包含副作用的。

一切皆表达式

撇开 Haskell 不谈，在一些极力支持函数式编程的语言中，比如 Scala 和 F#，即使它们不是纯函数式语言，也都实现了一个特性，即一切皆表达式。一切皆表达式的设计让开发者在设计业务时，促进了避免创造副作用的逻辑设计，从而让程序变得更加安全。

由于把百分之百兼容 Java 作为设计目标，Kotlin 并没有采纳一切皆表达式的设计，然而它在 Java 的基础上也在很大程度上增强了这一点。正如另一个接下来要提及的例子，就是 Kotlin 中的函数。与 Java 的函数不同，Kotlin 中所有的函数调用也都是表达式。

2.4.2　Unit 类型：让函数调用皆为表达式

之所以不能说 Java 中的函数调用皆是表达式，是因为存在特例 void。众所周知，在 Java 中如果声明的函数没有返回值，那么它就需要用 void 来修饰。如：

```
void foo () {
    System.out.println("return nothing");
}
```

所以 foo() 就不具有值和类型信息，它就不能算作一个表达式。同时，这与函数式语言中的函数概念也存在冲突，在 Kotlin、Scala 这些语言中，函数在所有的情况下都具有返回类型，所以它们引入了 Unit 来替代 Java 中的 void 关键字。

---

void 与 Void

当你在描述 void 的时候，需要注意首字母的大小写，因为 Java 在语言层设计一个 Void 类。java.lang.Void 类似 java.lang.Integer，Integer 是为了对基本类型 int 的实例进行装箱操作，Void 的设计则是为了对应 void。由于 void 表示没有返回值，所以 Void 并不能具有实例，它继承自 Object。

如何理解 Unit？其实它与 int 一样，都是一种类型，然而它不代表任何信息，用面向对象的术语来描述就是一个单例，它的实例只有一个，可写为 ()。

那么，Kotlin 为什么要引入 Unit 呢？一个很大的原因是函数式编程侧重于组合，尤其是很多高阶函数，在源码实现的时候都是采用泛型来实现的。然而 void 在涉及泛型的情况下会存在问题。

我们先来看个例子，Java 这门语言并不天然支持函数是头等公民，我们现在来尝试模拟出一种函数类型：

```
interface Function<Arg, Return> {
    Return apply(Arg arg);
}
Function<String, Integer> stringLength = new Function<String, Integer>() {
    public Integer apply(String arg) {
        return arg.length();
    }
};
int result = stringLength.apply("hello");
// 运行结果
5
```

看上去似乎没什么问题。我们再来改造下，这一次希望重新实现一个 print 方法。于是，难题出现了，Return 的类型用什么来表示呢？可能你会想到 void，但 Java 中是不能这么干的。无奈之下，我们只能把 Return 换成 Void，即 Function<String, Void>，由于 Void 没有实例，则返回一个 null。这种做法严格意义上讲，相当丑陋。

Java 8 实际解决办法是通过引入 Action<T> 这种函数式接口来解决问题，比如：

- ❑ Consumer<T>，接收一个输入参数并且无返回的操作。
- ❑ BiConsumer<T,U>，接收两个输入参数的操作，并且不返回任何结果。
- ❑ ObjDoubleConsumer<T>，接收一个 object 类型和一个 double 类型的输入参数，无返回值。
- ❑ ObjIntConsumer<T>，接收一个 object 类型和一个 int 类型的输入参数，无返回值。
- ❑ ObjLongConsumer<T>，接收一个 object 类型和一个 long 类型的输入参数，无返回值。
- ❑ ……

虽然解决了问题，但这种方案不可避免地创造了大量的重复劳动，所以，最好的解决办法就是引入一个单例类型 Unit，除了不代表任何意义的以外，它与其他常规类型并没有什么差别。

2.4.3 复合表达式：更好的表达力

相比语句而言，表达式更倾向于自成一块，避免与上下文共享状态，互相依赖，因此我们可以说它具备更好的**隔离性**。隔离性意味着杜绝了副作用，因此我们用表达式描述逻辑可以更加安全。此外，表达式通常也具有更好的表达能力。

典型的一个例子就是表达式更容易进行组合。由于每个表达式都具有值，并且也可以将另一个表达式作为组成其自身的一部分，所以我们可以写出一个复合的表达式。举个例子：

```
val res: Int? = try {
    if (result.success) {
        jsonDecode(result.response)
    } else null
} catch (e: JsonDecodeException) {
    null
}
```

这个程序描述了获取一个 HTTP 响应结果，然后进行 json 解码，最终赋值给 res 变量的过程。它向我们展示了 Kotlin 如何利用多个表达式组合表达的能力：

- ❑ try 在 Kotlin 中也是一个表达式，try/catch/finally 语法的返回值类型由 try 或 catch 部分决定，finally 不会产生影响；
- ❑ 在 Kotlin 中，if-else 很大程度上代替了传统三元运算符的做法，虽然增加了语法词数量，但是减少了概念，同时更利于阅读；
- ❑ if-else 的返回值即 try 部分的返回值，最终 res 的值由 try 或 catch 部分决定。

Kotlin 中的 "?:"

虽然 Kotlin 没有采用三元运算符，然而它存在一个很像的语法 "?:"。注意，这里的问号和冒号必须放在一起使用，它被叫作 Elvis 运算符，或者 null 合并运算符。由于 Kotlin 可以用 "?" 来表示一种类型的可空性，我们可以用 "?:" 来给一种可空类型的变量指定为空情况下的值，它有点类似 Scala 中的 getOrElse 方法。你可以通过以下的例子理解 Elvis 运算符：

```
val maybeInt: Int? = null
>>> maybeInt ?: 1
1
```

是不是觉得相当优雅？接下来，我们再来介绍 Kotlin 中 when 表达式，它比我们熟悉的 switch 语句要强大得多。

2.4.4 枚举类和 when 表达式

本节主要介绍 Kotlin 中另一种非常强大的表达式——when 表达式。在了解它之前，我们先来看看在 Kotlin 中如何定义枚举结构，然后再使用 when 结合枚举更好地来设计业务，并介绍 when 表达式的具体语法。

1. 枚举是类

在 Kotlin 中，枚举是通过一个枚举类来实现的。先来实现一个很简单的例子：

```
enum class Day {
    MON,
    TUE,
    WEN,
    THU,
    FRI,
    SAT,
    SUN
}
```

与 Java 中的 enum 语法大体相似，无非多了一个 class 关键词，表示它是一个枚举类。不过 Kotlin 中的枚举类当然没那么简单，由于它是一种类，我们可以猜测它自然应该可以拥有构造参数，以及定义额外的属性和方法。

```
enum class DayOfWeek(val day: Int) {
    MON(1),
    TUE(2),
    WEN(3),
    THU(4),
    FRI(5),
    SAT(6),
    SUN(7)
```

```
    ;   // 如果以下有额外的方法或属性定义，则必须强制加上分号

    fun getDayNumber(): Int {
        return day
    }
}
```

需要注意的是，当在枚举类中存在额外的方法或属性定义，则必须强制加上分号，虽然你很可能不会喜欢这个语法。

枚举类"分号"语法的由来

早期枚举类的语法并没有逗号，然而却有点烦琐：

```
enum class DayOfWeek(val day: Int) {
    MON: DayOfWeek(1)
    TUE: DayOfWeek(2)
    WEN: DayOfWeek(3)
    THU: DayOfWeek(4)
    FRI: DayOfWeek(5)
    SAT: DayOfWeek(6)
    SUN: DayOfWeek(7)
}
```

每个枚举值都需要通过 DayOfWeek(n) 来构造，这确实显得多余。理想的情况是我们只需调用 MON(1) 来表示即可。然而，简化语法后也带来了一些技术上的问题，比如在枚举类源码实现上很难把具体的枚举值与类方法进行区分。解决这个问题有好几种思路，第一种办法就是把每个方法都加上一个注解前缀，例如：

```
@inject fun getDayNumber(): Int {
    return day
}
```

但是这样子就与其他的类在语法上显得不一样，破坏了语法的一致性。好吧，那么能不能反过来，给每个枚举类弄个关键词前缀来区分，比如：

```
entry MON(1)
```

显然，这样也不好。因为枚举值的数量无法控制，如果数量较多，会显得啰唆。Kotlin 最终采用了引入逗号和分号的语法，即通过逗号对每个枚举值进行分隔，这样就可以最终采用一个分号来对额外定义的属性和方法进行隔离。

这确实是相对更合理的设计方案，尤其是加上逗号之后，Kotlin 中的枚举类语法跟 Java 的枚举更相似了，这符合 Kotlin 的设计原则。

---

2. 用 when 来代替 if-else

在了解如何声明一个枚举类后，我们再来用它设计一个业务逻辑。比如，Shaw 给新一周的几天计划了不同的活动，安排如下：

❑ 周六打篮球

❑ 周日钓鱼

❑ 星期五晚上约会

❑ 平日里如果天晴就去图书馆看书，不然就在寝室学习

他设计了一段代码，利用一个函数结合本节最开头的枚举类 Day 来进行表示：

```kotlin
fun schedule(day: Day, sunny: Boolean) = {
    if (day == Day.SAT) {
        basketball()
    } else if (day == Day.SUN) {
        fishing()
    } else if (day == Day.FRI) {
        appointment()
    } else {
        if (sunny) {
            library()
        } else {
            study()
        }
    }
}
```

因为存在不少 if-else 分支，代码显得不够优雅。对 Kotlin 日渐熟悉的 Shaw 开始意识到，更好的改进方法就是用 when 表达式来优化。现在我们来看看修改后的版本：

```kotlin
fun schedule(sunny: Boolean, day: Day) = when (day) {
    Day.SAT -> basketball()
    Day.SUN -> fishing()
    Day.FRI -> appointment()
    else -> when {
        sunny -> library()
        else -> study()
    }
}
```

整个函数一下子"瘦身"了很多，由于少了很多语法关键字干扰，代码的可读性也更上了一层楼。

3. when 表达式具体语法

我们根据上述这段代码来分析下 when 表达式的具体语法：

1）一个完整的 when 表达式类似 switch 语句，由 when 关键字开始，用花括号包含多个逻辑分支，每个分支由 -> 连接，不再需要 switch 的 break（这真是一个恼人的关键字），由上到下匹配，一直匹配完为止，否则执行 else 分支的逻辑，类似 switch 的 default；

2）每个逻辑分支具有返回值，最终整个 when 表达式的返回类型就是所有分支相同的返回类型，或公共的父类型。在上面的例子中，假设所有活动函数的返回值为 Unit，那么编译器就会自动推导出 when 表达式的类型，即 Unit。以下是一个非 Unit 的例子：

```
fun foo(a: Int) = when (a) {
    1 -> 1
    2 -> 2
    else -> 0
}
>>> foo(1)
1
```

3）when 关键字的参数可以省略，如上述的子 when 表达式可改成：

```
when {
    sunny -> library()
    else -> study()
}
```

该情况下，分支 -> 的左侧部分需返回布尔值，否则编译会报错，如：

```
>>> when { 1 -> 1 }
error: condition must be of type kotlin.Boolean, but is of type kotlin.Int
```

4）表达式可以组合，所以这是一个典型的 when 表达式组合的例子。你在 Java 中很少见过这么长的表达式，但是这在 Kotlin 中很常见。如果你足够仔细，还会看出这还是一个我们之前提到过的表达式函数体。

可能你会说，这样嵌套子 when 表达式，层次依旧比较深。要知道 when 表达式是很灵活的，我们很容易通过如下修改来解决这个问题：

```
fun schedule(sunny: Boolean, day: Day) = when {
    day == Day.SAT -> basketball()
    day == Day.SUN -> fishing()
    day == Day.FRI -> appointment()
    sunny -> library()
    else -> study()
}
```

是不是很优雅？其实 when 表达式的威力远不止于此。关于它更多的语法细节，我们会在第 4 章进一步介绍。同时你也将了解到如何利用 when 表达式结合代数数据类型，来对业务进行更好的抽象。

2.4.5　for 循环和范围表达式

在了解了 Kotlin 中的流程控制表达式之后，接下来就是我们熟悉的语句 while 和 for。while 和 do-while 的语法与在 Java 中并没有大多的差异，所以我们重点来看下 Kotlin 中的 for 循环的语法和应用。

1. for 循环
在 Java 中，我们经常在 for 加上一个分号语句块来构建一个循环体，如：

```
for (int i = 0; i < 10; i++) {
```

```
    System.out.println(i);
}
```

在 Kotlin 中，表达上要更加简洁，可以将上述的代码等价表达为：

```
for (i in 1..10) println(i)
```

如果把上述的例子带上花括号和变量 i 的类型声明，也是支持的：

```
for (i: Int in 1..10) {
    println(i)
}
```

2. 范围表达式

你可能对 "1..10" 这种语法比较陌生，实际上这是在 Kotlin 中我们没有提过的**范围表达式**（range）。我们来看看它在 Kotlin 官网的文档介绍：

Range 表达式是通过 rangeTo 函数实现的，通过 ".." 操作符与某种类型的对象组成，除了整型的基本类型之外，该类型需实现 java.lang.Comparable 接口。

举个例子，由于 String 类实现了 Comparable 接口，字符串值之间可以比较大小，所以我们就可以创建一个字符串区间，如：

```
"abc".."xyz"
```

字符串的大小根据首字母在字母表中的排序进行比较，如果首字母相同，则从左往右获取下一个字母，以此类推。

另外，当对整数进行 for 循环时，Kotlin 还提供了一个 step 函数来定义迭代的步长：

```
>>> for (i in 1..10 step 2) print(i)
13579
```

如果是倒序呢？也没有问题，可以用 downTo 方法来实现：

```
>>> for (i in 10 downTo 1 step 2) print(i) // 通过downTo，而不是10..1
108642
```

此外，还有一个 until 函数来实现一个半开区间：

```
>>> for (i in 1 until 10) { print(i) }
123456789 // 并不包含10
```

3. 用 in 来检查成员关系

另外一点需要了解的就是 in 关键字，在 Kotlin 中我们可以用它来对检查一个元素是否是一个区间或集合中的成员。举几个例子：

```
>>> "a" in listOf("b", "c")
false
```

如果我们在 in 前面加上感叹号，那么就是相反的判断结果：

```
>>> "a" !in listOf("b", "c")
true
```

除了等和不等，in 还可以结合范围表达式来表示更多的含义：

```
>>> "kot" in "abc".."xyz"
true
```

以上的代码等价于：

```
"kot" >= "abc" && "kot" <= "xyz"
```

事实上，任何提供迭代器（iterator）的结构都可以用 for 语句进行迭代，如：

```
>>> for (c in array) {
    println(c)
}
```

此外，我们还可以通过调用一个 withIndex 方法，提供一个键值元组：

```
for ((index, value) in array.withIndex()) {
    println("the element at $index is $value")
}
```

2.4.6 中缀表达式

本节中，我们已经见识了不少 Kotlin 中奇特的方法，如 in、step、downTo、until，它们可以不通过点号，而是通过**中缀表达式**来被调用，从而让语法变得更加简洁直观。那么，这是如何实现的呢？

先来看看 Kotlin 标准库中另一个类似的方法 to 的设计，这是一个通过泛型实现的方法，可以返回一个 Pair。

```
infix fun <A, B> A.to(that: B): Pair<A, B>
```

在 Kotlin 中，to 这种形式定义的函数被称为**中缀函数**。一个中缀函数的表达形式非常简单，我们可以理解成这样：

```
A 中缀方法 B
```

不难发现，如果我们要定义一个中缀函数，它必须需满足以下条件：

❑ 该中缀函数必须是某个类型的扩展函数或者成员方法；
❑ 该中缀函数只能有一个参数；
❑ 虽然 Kotlin 的函数参数支持默认值，但中缀函数的参数不能有默认值，否则以上形式的 B 会缺失，从而对中缀表达式的语义造成破坏；
❑ 同样，该参数也不能是**可变参数**，因为我们需要保持参数数量始终为 1 个。

函数可变参数

Kotlin 通过 varargs 关键字来定义函数中的可变参数，类似 Java 中的 "…" 的效果。需要注意的是，Java 中的可变参数必须是最后一个参数，Kotlin 中没有这个限制，但两者都可以在函数体中以数组的方式来使用可变参数变量，正如以下例子：

```kotlin
fun printLetters(vararg letters: String, count: Int): Unit {
    print("${count} letters are ")
    for (letter in letters) print(letter)
}
>>> printLetters("a", "b", "c", count = 3)
3 letters are abc
```

此外，我们可以使用 *（星号）来传入外部的变量作为可变参数的变量，改写如下：

```kotlin
val letters = arrayOf("a", "b", "c")
>>> printLetters(*letters, count = 3)
3 letters are abc
```

由于 to 会返回 Pair 这种键值对的结构数据，因此我们经常会把它与 map 结合在一起使用。如以下例子：

```kotlin
mapOf(
    1 to "one",
    2 to "two",
    3 to "three"
)
```

可以发现，中缀表达式的方式非常自然。接下来，我们再来自定义一个中缀函数，它是类 Person 中的一个成员方法：

```kotlin
class Person {
    infix fun called(name: String) {
        println("My name is ${name}.")
    }
}
```

因为 called 方法用 infix 进行了修饰，所以我们可以这样调用它：

```kotlin
fun main(args: Array<String>) {
    val p = Person()
    p called "Shaw"
}
// 运行结果
My name is Shaw.
```

需要注意的是，Kotlin 仍然支持使用普通方法的语法习惯来调用一个中缀函数。如这样来执行 called 方法：

```kotlin
p.called("Shaw")
```

然而，由于中缀表达式在形式上更像自然语言，所以之前的语法要显得更加的优雅。

2.5 字符串的定义和操作

我们似乎破坏了一个传统。根据惯例，每本编程语言的技术书开头，似乎都会以打印一段"hello world!"的方式来宣告自己的到来。现在，我们决定秉承传统，来完成这一任务。当然，此举实际上不是为了宣扬某种仪式，而是因为本节的内容是关于 Kotlin 中又一项基础的语法知识，也就是字符串操作。

Kotlin 中的字符串并没有什么与众不同，与 Java 一样，我们通过双引号来定义一个字符串，它是不可变的对象。

```
val str = "hello world!"
```

然后，我们可以对其进行各种熟悉的操作：

```
str.length // 12
str.substring(0,5) // hello
str + " hello Kotlin!" // hello world! hello Kotlin!
str.replace("world", "Kotlin") // hello Kotlin!
```

由于 String 是一个字符序列，所以我们可以对其进行遍历：

```
>>> for (i in str.toUpperCase()) { print(i) }
HELLO WORLD!
```

还可以访问这个字符序列的成员：

```
str[0] // h
str.first() // h
str.last() // !
str[str.length - 1] // !
```

此外，Kotlin 的字符串还有各种丰富的 API，如：

```
// 判断是否为空字符串
"".isEmpty() // true
" ".isEmpty() // false
" ".isBlank() // true
"abcdefg".filter { c -> c in 'a'..'d' } // abcd
```

更多字符串类方法可以查阅 Kotlin API 文档：https://kotlinlang.org/api/latest/jvm/stdlib/kotlin/-string/index.html

2.5.1 定义原生字符串

Java 在 JEP 326 改进计划中提议，增加原生字符串的语法支持，因为目前它只能通过转义字符的迂回办法来支持，非常麻烦。而在 Kotlin 中，已经支持了这种语法，我们来定义一个多行的**原生字符串**体验一下：

```
val rawString = """
    \n Kotlin is awesome.
    \n Kotlin is a better Java."""
>>> println(rawString)

\n Kotlin is awesome.
\n Kotlin is a better Java.
```

简而言之，用这种 3 个引号定义的字符串，最终的打印格式与在代码中所呈现的格式一致，而不会解释转化转义字符（正如上述例子中的 \n），以及 Unicode 的转义字符（如 \uXXXX）。

比如，我们用字符串来描述一段 HTML 代码，用普通字符串定义时必须是这样子：

```
val html = "<html>\n" +
    "    <body>\n" +
    "        <p>Hello World.</p>\n" +
    "    </body>\n" +
    "</html>\n"
```

采用原生字符串的格式，会非常方便。如下：

```
val html = """<html>
            <body>
                <p>Hello World.</p>
            </body>
        </html>
    """
```

2.5.2　字符串模板

我们再来举一个很常见的字符串字面量与变量拼接的例子：

```
fun message(name: String, lang: String) = "Hi " + name + ", welcome to " + lang + "!"
>>> message("Shaw", "Java")
Hi Shaw, welcome to Java!
```

上述代码描述了一个消息模板函数，通过传入消息字段变量，最终返回消息字符串。然而，简简单单的一句话，竟然使用了 4 个加号，可见相当地不简洁。在 Java 中，这是我们经常会做的事情。

Kotlin 引入了字符串模板来改善这一情况，它支持将变量植入字符串。我们通过它来修改上面的 message 函数。

```
fun message(name: String, lang: String) = "Hi ${name}, welcome to ${lang}!"
>>> message("Shaw", "Kotlin")
Hi Shaw, welcome to Kotlin!
```

这与声明一个普通的字符串在形式上没什么区别，唯一要做的就是把变量如姓名，通过 ${name} 的格式传入字符串。通过对比我们可以明显看出，字符串模板大大提升了代码的紧凑性和可读性。

此外，除了变量我们当然也可以把表达式通过同样的方式插入字符串中，并且在 ${expression} 中使用双引号。如：

```
>>> "Kotlin has ${if ("Kotlin".length > 0) "Kotlin".length else "no"} letters."
Kotlin has 6 letters.
```

2.5.3　字符串判等

Kotlin 中的判等性主要有两种类型：

- ❑ **结构相等**。通过操作符 == 来判断两个对象的内容是否相等。
- ❑ **引用相等**。通过操作符 === 来判断两个对象的引用是否一样，与之相反的判断操作符是 !==。如果比较的是在运行时的原始类型，比如 Int，那么 === 判断的效果也等价于 ==。

我们通过具体的例子来检测下字符串两种类型的相等性：

```
var a = "Java"
var b = "Java"
var c = "Kotlin"
var d = "Kot"
var e = "lin"
var f = d + e

>>> a == b
true
>>> a === b
true
>>> c == f
true
>>> c === f
false
```

2.6　本章小结

（1）类型推导

Kotlin 拥有比 Java 更加强大的类型推导功能，这避免了静态类型语言在编码时需要书写大量类型的弊端。但它不是万能的，在使用代码块函数体时，必须显式声明返回值类型。此外，一些复杂情况如递归，返回值类型声明也不能省略。

（2）变量声明

我们通过 val 和 var 在 Kotlin 中声明变量，以及一些类的成员属性，代表它们的引用可变性。在函数式开发中，我们优先推荐使用 val 和不可变对象来减少代码中的副作用，提升程序的可靠性和可组合性。在一些个别情况下，尤其是强调性能的代码中，用 var 定义局部变量会更加适合。

（3）函数声明

在 Kotlin 中，一个普通的函数可分为代码块体和表达式体，前者类似于 Java 中我们定义函数的习惯，后者因为是一个表达式，所以可以省略 return 关键字。

（4）高阶函数

因为拥抱函数式的设计，在 Kotlin 中函数是头等公民，这不仅可以让我们在程序中到处定义函数，同时也意味着函数可以作为值进行传递，以及作为另一个函数的返回值。在函数作为参数的时候，我们需要使用函数引用表达式来进行传值。柯里化是函数作为返回值的一种应用，然而在 Kotlin 中，由于特殊语法糖的存在，我们很少会使用柯里化技术。

（5）Lambda 表达式

Lambda 是 Kotlin 中非常重要的语法特性，我们可以把它当作另一种匿名函数。Lambda 简洁的语法以及 Kotlin 语言深度的支持，使得它在我们用 Kotlin 编程时得到极大程度的应用。

（6）表达式和流程控制

表达式在 Kotlin 中有着相当重要的地位，这与表达式本身相较于普通语句所带来的优势有关。与后者相比，表达式显得更加安全，更有利于组合，且拥有更强的表达能力。在 Kotlin 中，流程控制不像 Java 是清一色的普通语句，利用 if、when、try、range、中缀等表达式我们能够写出更加强大的代码。与此同时，Kotlin 中的 for 语句也要更加精简。

（7）字符串操作

Kotlin 的字符串跟 Java 一样，定义的都是不可变对象。除了提供更多丰富的字符串 API 之外，Kotlin 还支持原生字符串、字符串模板这些 Java 当前并没有支持的特性。

下水篇

Kotlin 核心

面 向 对 象

通过对上一章的阅读，相信你对 Kotlin 的基础语法已经有了一定的了解，本章我们会开启 Kotlin 中面向对象的大门。在 Java 中，也许你已经厌烦了重载多个构造方法去初始化一个类，或者又因设计了错误的继承关系而导致结构混乱。另外，你也肯定见识过 Java 中各种模板化的代码，这让程序变得臃肿。

很庆幸，在 Kotlin 中你将没有这些烦恼，它用合理的语言设计帮我们处理了可能会遇到的麻烦，比如方法默认参数、更严格的限制修饰符等。最后，你还将接触到 Kotlin 中编译器生成的更多样化的密封类、数据类，这为 Kotlin 从面向对象到函数式架起了另一条桥梁。我们会在下一章中进一步介绍它们的高级应用。

3.1 类和构造方法

Java 是一门假设只用面向对象进行程序设计的编程语言，在 Kotlin 中对象思想同样非常重要（虽然它是多范式语言）。本节我们会从对象这个概念入手，结合一个鸟的例子，来学习在 Kotlin 中如何简洁地声明一个类和接口。

3.1.1 Kotlin 中的类及接口

对象是什么？我们肯定再熟悉不过了，任何可以描述的事物都可以看作对象。我们以鸟为例，来分析它的组成。

- ❑ **状态**：形状、颜色等部件可以看作鸟的静态属性，大小、年龄等可以看作鸟的动态属性，对象的状态就是由这些属性来表现的。
- ❑ **行为**：飞行、进食、鸣叫等动作可以看作鸟的行为。

1. Kotlin 中的类

对象是由状态和行为组成的,我们可以通过它们描述一个事物。下面我们就用 Kotlin 来抽象一个 Bird 类:

```
// Kotlin中的一个类
class Bird {
    val weight: Double = 500.0
    val color: String = "blue"
    val age: Int = 1
    fun fly() {} // 全局可见
}
```

是不是一点也不陌生?我们依然可以使用熟悉的 class 结构体来声明一个类。但是,Kotlin 中的类显然也存在很多不同。作为对照,我们把上述代码反编译成 Java 的版本,然后分析它们具体的差异。

```
public final class Bird {
    private final double weight = 500.0D;
    @NotNull
    private final String color = "blue";
    private final int age = 1;

    public final double getWeight() {
        return this.weight;
    }

    @NotNull
    public final String getColor() {
        return this.color;
    }

    public final int getAge() {
        return this.age;
    }

    public final void fly() {}
}
```

可以看出,虽然 Kotlin 中类声明的语法非常近似 Java,但也存在很多不同:

1)**不可变属性成员**。正如我们在第 2 章介绍过,Kotlin 支持用 val 在类中声明引用不可变的属性成员,这是利用 Java 中的 final 修饰符来实现的,使用 var 声明的属性则反之引用可变。

2)**属性默认值**。因为 Java 的属性都有默认值,比如 int 类型的默认值为 0,引用类型的默认值为 null,所以在声明属性的时候我们不需要指定默认值。而在 Kotlin 中,除非显式地声明延迟初始化,不然就需要指定属性的默认值。

3)**不同的可访问修饰符**。Kotlin 类中的成员默认是全局可见,而 Java 的默认可见域是包作用域，因此在 Java 版本中，我们必须采用 public 修饰才能达相同的效果。我们会在下一节讲解 Kotlin 中不同的访问控制。

2. 可带有属性和默认方法的接口

在看过类对比之后，我们继续来看看 Kotlin 和 Java 中接口的差异。这一次，我们先来看一个 Java 8 版本的接口：

```java
// Java 8中的接口
public interface Flyer {
    public String kind();

    default public void fly() {
        System.out.println("I can fly");
    }
}
```

众所周知，Java 8 引入了一个新特性——**接口方法支持默认实现**。这使得我们在向接口中新增方法时候，之前继承过该接口的类则可以不需要实现这个新方法。接下来再来看看在 Kotlin 中如何声明一个接口：

```kotlin
// Kotlin中的接口
interface Flyer {
    val speed: Int
    fun kind()
    fun fly() {
        println("I can fly")
    }
}
```

同样，我们也可以用 Kotlin 定义一个带有方法实现的接口。同时，它还**支持抽象属性**（如上面的 speed）。然而，你可能知道，Kotlin 是基于 Java 6 的，那么它是如何支持这种行为的呢？我们将上面 Kotlin 声明的接口转换为 Java 代码，提取其中关键的代码：

```java
public interface Flyer {
    int getSpeed();

    void kind();

    void fly();

    public static final class DefaultImpls {
        public static void fly(Flyer $this) {
            String var1 = "I can fly";
            System.out.println(var1);
        }
    }
}
```

我们发现 Kotlin 编译器是通过定义了一个静态内部类 DefaultImpls 来提供 fly 方法的默

认实现的。同时，虽然 Kotlin 接口支持属性声明，然而它在 Java 源码中是通过一个 get 方法来实现的。在接口中的属性并不能像 Java 接口那样，被直接赋值一个常量。如以下这样做是错误的：

```
interface Flyer {
    val height = 1000 //error Property initializers are not allowed in interfaces
}
```

Kotlin 提供了另外一种方式来实现这种效果：

```
interface Flyer {
    val height
        get() = 1000
}
```

可能你会对这种语法感到不习惯，但这与 Kotlin 实现该机制的背景有关。我们说过，Kotlin 接口中的属性背后其实是用方法来实现的，所以说如果我们要为变量赋值常量，那么就需要编译器原生就支持方法默认实现。但 Kotlin 是基于 Java 6 的，当时并不支持这种特性，所以我们并不能像 Java 那样给一个接口的属性直接赋值一个常量。我们再来回味下在 Kotlin 接口中如何定义一个普通属性：

```
interface Flyer {
    val height: Long
}
```

它同方法一样，若没有指定默认行为，则在实现该接口的类中必须对该属性进行初始化。

总的来说，Kotlin 的类与接口的声明和 Java 很相似，但它的语法整体上要显得更加简洁。好了，现在我们定义好了 Bird 类，接下来再来看看如何用它创建一个对象吧。

3.1.2　更简洁地构造类的对象

需要注意的是，Kotlin 中并没有我们熟悉的 new 关键字。你可以这样来直接声明一个类的对象：

```
val bird = Bird()
```

当前我们并没有给 Bird 类传入任何参数。现实中，你很可能因为需要传入不同的参数组合，而在类中创建多个构造方法，在 Java 中这是利用构造方法重载来实现的。

```
class Bird {
    private double weight;
    private int age;
    private String color;

    public Bird(double weight, int age, String color) {
        this.weight = weight;
        this.age = age;
        this.color = color;
```

```
    }

    public Bird(int age, String color) {
        this.age = age;
        this.color = color;
    }

    public Bird(double weight) {
        this.weight = weight;
    }
    ...
}
```

我们发现 Java 中的这种方式存在两个缺点：

❑ 如果要支持任意参数组合来创建对象，那么需要实现的构造方法将会非常多。

❑ 每个构造方法中的代码会存在冗余，如前两个构造方法都对 age 和 color 进行了相同的赋值操作。

Kotlin 通过引入新的构造语法来解决这些问题，我们来看看它具体是如何做的。

1. 构造方法默认参数

要解决构造方法过多的问题，似乎也很简单。在 Kotlin 中你可以给构造方法的参数指定默认值，从而避免不必要的方法重载。我们现在用 Kotlin 来改写上述的例子：

```
class Bird(val weight: Double = 0.00, val age: Int = 0, val color: String = "blue")
// 可以省略{}
```

竟然用一行代码就搞定了。我们可以实现与 Java 版本等价的效果：

```
val bird1 = Bird(color = "black")
val bird2 = Bird(weight = 1000.00, color = "black")
```

需要注意的是，由于参数默认值的存在，我们在创建一个类对象时，最好指定参数的名称，否则必须按照实际参数的顺序进行赋值。比如，以下最后一个例子在 Kotlin 中是不允许的：

```
>>> val bird1 = Bird(1000.00)
>>> bird2 = Bird(1000.00, 1, "black")
>>> val bird3 = Bird(1000.00, "black")
error: type mismatch: inferred type is kotlin.String but kotlin.Int was expected
```

如之前所言，我们在 Bird 类中可以用 val 或者 var 来声明构造方法的参数。这一方面代表了参数的引用可变性，另一方面它也使得我们在构造类的语法上得到了简化。

为什么这么说呢？事实上，构造方法的参数名前当然可以没有 val 和 var，然而带上它们之后就等价于在 Bird 类内部声明了一个同名的属性，我们可以用 this 来进行调用。比如我们前面定义的 Bird 类就类似于以下的实现：

```
class Bird(
```

```
            weight: Double = 0.00, // 参数名前没有val
            age: Int = 0,
            color: String = "blue") {

        val weight: Double
        val age: Int
        val color: String

        init {
            this.weight = weight // 构造方法参数可以在init语句块被调用
            this.age = age
            this.color = color
        }
    }
```

2. init 语句块

Kotlin 引入了一种叫作 init 语句块的语法，它属于上述构造方法的一部分，两者在表现形式上却是分离的。Bird 类的构造方法在类的外部，它只能对参数进行赋值。如果我们需要在初始化时进行其他的额外操作，那么我们就可以使用 init 语句块来执行。比如：

```
class Bird(weight: Double, age: Int, color: String) {
    init {
        println("do some other things")
        println("the weight is ${weight}")
    }
}
```

如你所见，当没有 val 或 var 的时候，构造方法的参数可以在 init 语句块被直接调用。其实它们还可以用于初始化类内部的属性成员的情况。如：

```
class Bird(weight: Double = 0.00, age: Int = 0, color: String = "blue") {
    val weight: Double = weight //在初始化属性成员时调用weight
    val age: Int = age
    val color: String = color
}
```

除此之外，我们并不能在其他地方使用。以下是一个错误的用法：

```
class Bird(weight: Double, age: Int, color: String) {
    fun printWeight() {
        print(weight) // Unresolved reference: weight
    }
}
```

事实上，我们的构造方法还可以拥有多个 init，它们会在对象被创建时按照类中从上到下的顺序先后执行。看看以下代码的执行结果：

```
class Bird(weight: Double, age: Int, color: String) {
    val weight: Double
    val age: Int
```

```
    val color: String

    init {
        this.weight = weight
        println("The bird's weight is ${this.weight}.")
        this.age = age
        println("The bird's age is ${this.age}.")
    }

    init {
        this.color = color
        println("The bird's color is ${this.color}.")
    }
}

fun main(args: Array<String>) {
    val bird = Bird(1000.0, 2, "bule")
}
// 运行结果
The bird's weight is 1000.0.
The bird's age is 2.
The bird's color is bule.
```

可以发现，多个 init 语句块有利于我们进一步对初始化的操作进行职能分离，这在复杂的业务开发（如 Android）中显得特别有用。

再来思考一种场景，现实中我们在创建一个类对象时，很可能不需要对所有属性都进行传值。其中存在一些特殊的属性，比如鸟的性别，我们可以根据它的颜色来进行区分，所以它并不需要出现在构造方法的参数列表中。

有了 init 语句块的语法支持，我们很容易实现这一点。假设黄色的鸟儿都是雌性，剩余的都是雄鸟，我们就可以如此设计：

```
class Bird(val weight: Double, val age: Int, val color: String) {
    val sex: String

    init {
        this.sex = if (this.color == "yellow") "male" else "female"
    }
}
```

我们再来修改下需求。这一次我们并不想在 init 语句块中对 sex 直接赋值，而是调用一个专门的 printSex 方法来进行，如：

```
class Bird(val weight: Double, val age: Int, val color: String) {
    val sex: String

    fun printSex() {
        this.sex = if (this.color == "yellow") "male" else "female"
        println(this.sex)
```

```
    }
}

fun main(args: Array<String>) {
    val bird = Bird(1000.0, 2, "bule")
    bird.printSex()
}
// 运行结果
Error:(2, 1) Property must be initialized or be abstract
Error:(5, 8) Val cannot be reassigned
```

结果报错了，主要由以下两个原因导致：

❑ 正常情况下，Kotlin 规定类中的所有非抽象属性成员都必须在对象创建时被初始化值。

❑ 由于 sex 必须被初始化值，上述的 printSex 方法中，sex 会被视为二次赋值，这对 val 声明的变量来说也是不允许的。

第 2 个问题比较容易解决，我们把 sex 变成用 var 声明，它就可以被重复修改。关于第 1 个问题，最直观的方法是指定 sex 的默认值，但这可能是一种错误的性别含义；另一种办法是引入可空类型（我们会在第 5 章具体介绍），即把 sex 声明为 "String?" 类型，则它的默认值为 null。这可以让程序正确运行，然而实际上也许我们又不想让 sex 具有可空性，而只是想稍后再进行赋值，所以这种方案也有局限性。

3. 延迟初始化：by lazy 和 lateinit

更好的做法是让 sex 能够延迟初始化，即它可以不用在类对象初始化的时候就必须有值。在 Kotlin 中，我们主要使用 lateinit 和 by lazy 这两种语法来实现延迟初始化的效果。下面来看看如何使用它们。

如果这是一个用 val 声明的变量，我们可以用 by lazy 来修饰：

```
class Bird(val weight: Double, val age: Int, val color: String) {
    val sex: String by lazy {
        if (color == "yellow") "male" else "female"
    }
}
```

总结 by lazy 语法的特点如下：

❑ 该变量必须是引用不可变的，而不能通过 var 来声明。

❑ 在被首次调用时，才会进行赋值操作。一旦被赋值，后续它将不能被更改。

lazy 的背后是接受一个 lambda 并返回一个 Lazy <T> 实例的函数，第一次访问该属性时，会执行 lazy 对应的 Lambda 表达式并记录结果，后续访问该属性时只是返回记录的结果。

另外系统会给 lazy 属性默认加上同步锁，也就是 LazyThreadSafetyMode.SYNCHRON IZED，它在同一时刻只允许一个线程对 lazy 属性进行初始化，所以它是线程安全的。但若你能确认该属性可以并行执行，没有线程安全问题，那么可以给 lazy 传递

LazyThreadSafetyMode.PUBLICATION 参数。你还可以给 lazy 传递 LazyThreadSafetyMode. NONE 参数，这将不会有任何线程方面的开销，当然也不会有任何线程安全的保证。比如：

```
val sex: String by lazy(LazyThreadSafetyMode.PUBLICATION) {
    //并行模式
    if (color == "yellow") "male" else "female"
}
val sex: String by lazy(LazyThreadSafetyMode.NONE) {
    //不做任何线程保证也不会有任何线程开销
    if (color == "yellow") "male" else "female"
}
```

与 lazy 不同，lateinit 主要用于 var 声明的变量，然而它不能用于基本数据类型，如 Int、Long 等，我们需要用 Integer 这种包装类作为替代。相信你已经猜到了，利用 lateinit 我们就可以解决之前的问题，就像这样子：

```
class Bird(val weight: Double, val age: Int, val color: String) {
    lateinit var sex: String // sex 可以延迟初始化

    fun printSex() {
        this.sex = if (this.color == "yellow") "male" else "female"
        println(this.sex)
    }
}

fun main(args: Array<String>) {
    val bird = Bird(1000.0, 2, "bule")
    bird.printSex()
}
// 运行结果
female
```

Delegates.notNull<T>

你可能比较好奇，如何让用 var 声明的基本数据类型变量也具有延迟初始化的效果，一种可参考的解决方案是通过 Delegates.notNull<T>，这是利用 Kotlin 中委托的语法来实现的。我们会在后续介绍它的具体用法，当前你可以通过一个例子来认识这种神奇的效果：

```
var test by Delegates.notNull<Int>()
fun doSomething() {
    test = 1
    println("test value is ${test}")
    test = 2
}
```

总而言之，Kotlin 并不主张用 Java 中的构造方法重载，来解决多个构造参数组合调用的问题。取而代之的方案是利用构造参数默认值及用 val、var 来声明构造参数的语法，以更简洁地构造一个类对象。那么，这是否可以说明在 Kotlin 中真的只需要一个构造方法呢？

3.1.3 主从构造方法

我们似乎遗漏了另一些常见的情况。有些时候，我们可能需要从一个特殊的数据中来获取构造类的参数值，这时候如果可以定义一个额外的构造方法，接收一个自定义的参数会显得特别方便。

同样以鸟为例，先把之前的 Bird 类简化为：

```
class Bird(age: Int) {
    val age: Int

    init {
        this.age = age
    }
}
```

假设当前我们知道鸟的生日，希望可以通过生日来得到鸟的年龄，然后创建一个 Bird 类对象。如何实现？

第 1 种方案是在别处定义一个工厂方法，如：

```
import org.joda.time.DateTime

fun Bird(birth: DateTime) = Bird(getAgeByBirth(birth))
```

应该在哪里声明这个工厂方法呢？这种方式的缺点在于，Bird 方法与 Bird 类在代码层面的分离显得不够直观。

一种改进方案是在 Bird 类的伴生对象中定义 Bird 方法。我们会在后续的节中介绍这种技术。

显然我们可以像 Java 那样新增一个构造方法来解决这个问题。其实 Kotlin 也支持多构造方法的语法，然而与 Java 的区别在于，它在多构造方法之间建立了"主从"的关系。现在我们来用 Kotlin 中的多构造方法实现这个例子：

```
import org.joda.time.DateTime

class Bird(age: Int) {
    val age: Int

    init {
        this.age = age
    }

    constructor(birth: DateTime) : this(getAgeByBirth(birth)) {
        ...
    }
}
```

来看看这个新的构造方法是如何运作的：

❑ 通过 constructor 方法定义了一个新的构造方法，它被称为**从构造方法**。相应地，我
们熟悉的在类外部定义的构造方法被称为**主构造方法**。每个类可最多存在一个主构
造方法和多个从构造方法，如果主构造方法存在注解或可见性修饰符，也必须像从
构造方法一样加上 constructor 关键字，如：

```
internal class Bird @inject constructor(age: Int) { ... }
```

❑ 每个从构造方法由两部分组成。一部分是对其他构造方法的委托，另一部分是由花
括号包裹的代码块。执行顺序上会先执行委托的方法，然后执行自身代码块的逻辑。

通过 this 关键字来调用要委托的构造方法。如果一个类存在主构造方法，那么每个从
构造方法都要直接或间接地委托给它。比如，可以把从构造方法 A 委托给从构造方法 B，
再将从构造方法 B 委托给主构造方法。举个例子：

```
import org.joda.time.DateTime import org.joda.time.Years
class Bird(age: Int) { val age: Int init { this.age = age } constructor(timestamp:
Long): this(DateTime(timestamp)) //构造函数A constructor(birth: DateTime):
this(getAgeByBirth(birth)) //构造函数B }
    fun getAgeByBirth(birth: DateTime): Int { return Years.yearsBetween(birth,
DateTime.now()).years }
```

现在你应该对 Kotlin 中的主从构造方法有了一定的了解了。其实，从构造方法的设计
除了解决我们以上的场景之外，还有一个很大的作用就是可以对某些 Java 的类库进行更
好地扩展，因为我们经常要基于第三方 Java 库中的类，扩展自定义的构造方法。如果你
从事过 Android 开发肯定了解，典型的例子就是定制业务中特殊的 View 类。比如以下的
代码：

```
class KotlinView : View {
    constructor(context: Context) : this(context, null)
    constructor(context: Context, attrs: AttributeSet?) : this(context, attrs, 0)
    constructor(context: Context, attrs: AttributeSet?, defStyleAttr: Int) :
        super(context, attrs, defStyleAttr) {
        ...
    }
}
```

可以看出，利用从构造方法，我们就能使用不同参数来初始化第三方类库中的类了。

3.2　不同的访问控制原则

在构造完一个类的对象之后，你需要开始思考它的访问控制了。在 Java 中，如果我
们不希望一个类被别人继承或修改，那么就可以用 final 来修饰它。同时，我们还可以用
public、private、protected 等修饰符来描述一个类、方法或属性的可见性。对于 Java 的这
些修饰符，你可能已经非常熟悉，其实在 Kotlin 中与其大同小异。最大的不同是，Kotlin
在默认修饰符的设计上采用了与 Java 不同的思路。通过本节的内容你会发现，Kotlin 相比

Java，对一个类、方法或属性有着不一样的访问控制原则。

3.2.1　限制修饰符

当你想要指定一个类、方法或属性的修改或者重写权限时，你就需要用到限制修饰符。我们知道，继承是面向对象的基本特征之一，继承虽然灵活，但如果被滥用就会引起一些问题。还是拿之前的 Bird 类举个例子。Shaw 觉得企鹅也是一种鸟类，于是他声明了一个 Penguin 类来继承 Bird。

```kotlin
open class Bird {
    open fun fly() {
        println("I can fly.")
    }
}

class Penguin : Bird() {
    override fun fly() {
        println("I can't fly actually.")
    }
}
```

首先，我们来说明两个 Kotlin 相比 Java 不一样的语法特性：

❑ Kotlin 中没有采用 Java 中的 extends 和 implements 关键词，而是使用 "：" 来代替类的继承和接口实现；

❑ 由于 Kotlin 中类和方法默认是不可被继承或重写的，所以必须加上 open 修饰符。

其次，你肯定注意到了 Penguin 类重写了父类中的 fly 方法，因为虽然企鹅也是鸟类，但实际上它却不会飞。这个其实是一种比较危险的做法，比如我们修改了 Bird 类的 fly 方法，增加了一个代表每天能够飞行的英里数的参数：miles。

```kotlin
open class Bird {
    open fun fly(miles: Int) {
        println("I can fly ${miles} miles daily.")
    }
}
```

现在如果我们再次调用 Penguin 的 fly 方法，那么就会出错，错误信息提示 fly 重写了一个不存在的方法。

```
Error:(8, 4) 'fly' overrides nothing
```

事实上，这是我们日常开发中错误设计继承的典型案例。因为 Bird 类代表的并不是生物学中的鸟类，而是会飞行的鸟。由于没有仔细思考，我们设计了错误的继承关系，导致了上述的问题。子类应该尽量避免重写父类的非抽象方法，因为一旦父类变更方法，子类的方法调用很可能会出错，而且重写父类非抽象方法违背了面向对象设计原则中的"**里氏替换原则**"。

什么是里氏替换原则?

对里氏替换原则通俗的理解是:子类可以扩展父类的功能,但不能改变父类原有的功能。它包含以下 4 个设计原则:

❑ 子类可以实现父类的抽象方法,但不能覆盖父类的非抽象方法;

❑ 子类可以增加自己特有的方法;

❑ 当子类的方法实现父类的方法时,方法的前置条件(即方法的形参)要比父类方法的输入参数更宽松;

❑ 当子类的方法实现父类的抽象方法时,方法的后置条件(即方法的返回值)要比父类更严格。

然而,实际业务开发中我们常常很容易违背里氏替换原则,导致设计中出问题的概率大大增加。其根本原因,就是我们一开始并没有仔细思考一个类的继承关系。所以《 Effective Java 》也提出了一个原则:"要么为继承做好设计并且提供文档,否则就禁止这样做"。

1. 类的默认修饰符:final

Kotlin 站在前人肩膀上,吸取了它们的教训,认为类默认开放继承并不是一个好的选择。所以在 Kotlin 中的类或方法默认是不允许被继承或重写的。还是以 Bird 类为例:

```
class Bird {
    val weight: Double = 500.0
    val color: String = "blue"
    val age: Int = 1
    fun fly() {}
}
```

这是一个简单的类。现在我们把它编译后转换为 Java 代码:

```
public final class Bird {
    private final double weight = 500.0D;
    private final String color = "blue";
    private final int age = 1;

    public final double getWeight() {
        return this.weight;
    }

    public final String getColor() {
        return this.color;
    }

    public final int getAge() {
        return this.age;
    }
```

```
    public final void fly() {}
}
```

我们可以发现，转换后的 Java 代码中的类，方法及属性前面多了一个 final 修饰符，由它修饰的内容将不允许被继承或修改。我们经常使用的 String 类就是用 final 修饰的，它不可以被继承。在 Java 中，类默认是可以被继承的，除非你主动加 final 修饰符。而在 Kotlin 中恰好相反，默认是不可被继承的，除非你主动加可以继承的修饰符，那便是之前例子中的 open。

现在，我们给 Bird 类加上 open 修饰符：

```
open class Bird {
    val weight: Double = 500.0
    val color: String = "red"
    val age: Int = 1
    fun fly() {}
}
```

大家可以想象一下，这个类被编译成 Java 代码应该是怎么样的呢？其实就是我们最普通定义 Java 类的代码：

```
public class Bird {
    ...
}
```

此外，也正如我们所见，如果我们想让一个方法可以被重写，那么也必须在方法前面加上 open 修饰符。这一切似乎都是与 Java 相反着的。那么，这种默认 final 的设计真的就那么好吗？

2. 类默认 final 真的好吗

一种批评的声音来自 Kotlin 官方论坛，不少人诟病默认 final 的设计会给实际开发带来不便。具体表现在：

❑ **与某些框架的实现存在冲突**。如 Spring 会利用注解私自对类进行增强，由于 Kotlin 中的类默认不能被继承，这可能导致框架的某些原始功能出现问题。

❑ **更多的麻烦还来自于对第三方 Kotlin 库进行扩展**。就统计层面讨论，Kotlin 类库肯定会比 Java 类库更倾向于不开放一个类的继承，因为人总是偷懒的，Kotlin 默认 final 可能会阻挠我们对这些类库的类进行继承，然后扩展功能。

Kotlin 论坛甚至举行了一个关于类默认 final 的喜好投票，略超半数的人更倾向于把 open 当作默认情况。相关帖子参见：https://discuss.kotlinlang.org/t/classes-final-by-default/166。

以上的反对观点很有道理。下面我们再基于 Kotlin 的自身定位和语言特性重新反思一下这些观点。

1）Kotlin 当前是一门以 Android 平台为主的开发语言。在工程开发时，我们很少会频繁地继承一个类，默认 final 会让它变得更加安全。如果一个类默认 open 而在必要的时候忘记了标记 final，可能会带来麻烦。反之，如果一个默认 final 的类，在我们需要扩展它的时候，即使没有标记 open，编译器也会提醒我们，这个就不存在问题。此外，Android 也不存在类似 Spring 因框架本身而产生的冲突。

2）虽然 Kotlin 非常类似于 Java，然而它对一个类库扩展的手段要更加丰富。典型的案例就是 Android 的 Kotlin 扩展库 android-ktx。Google 官方主要通过 Kotlin 中的扩展语法对 Android 标准库进行了扩展，而不是通过继承原始类的手段。这也揭示了一点，以往在 Java 中因为没有类似的扩展语法，往往采用继承去对扩展一个类库，某些场景不一定合理。相较而言，在 Kotlin 中由于这种增强的多态性支持，类默认为 final 也许可以督促我们思考更正确的扩展手段。

除了扩展这种新特性之外，Kotlin 中的其他新特性，比如 Smart Casts 结合 class 的 final 属性也可以发挥更大的作用。

Kotlin 除了可以利用 final 来限制一个类的继承以外，还可以通过**密封类**的语法来限制一个类的继承。比如我们可以这么做：

```
sealed class Bird {
    open fun fly() = "I can fly"
    class Eagle : Bird()
}
```

Kotlin 通过 **sealed** 关键字来修饰一个类为密封类，若要继承则需要将子类定义在同一个文件中，其他文件中的类将无法继承这个类。但这种方式有一定的局限性，即密封类不能被初始化，因为它背后是基于一个抽象类实现的。这一点我们从它转换后的 Java 代码中可以看出：

```java
public abstract class Bird {
    @NotNull
    public String fly() {
        return "I can fly";
    }

    private Bird() {
    }

    // $FF: synthetic method
    public Bird(DefaultConstructorMarker $constructor_marker) {
        this();
    }

    public static final class Eagle extends Bird {
        public Eagle() {
            super((DefaultConstructorMarker) null);
        }
    }
}
```

密封类的使用场景有限，它其实可以看成一种功能更强大的枚举，所以它在模式匹配中可以起到很大的作用。有关模式匹配的内容将会在下一章讲解。

总的来说，我们需要辩证地看待 Kotlin 中类默认 final 的原则，它让我们的程序变得更加安全，但也会在其他场合带来一定的不便。最后，关于限制修饰符，还有一个 abstract。abstract 大家也不陌生，它若修饰在类前面说明这个类是抽象类，修饰在方法前面说明这个方法是一个抽象方法。Kotlin 中的 abstract 和 Java 中的完全一样，这里就不过多阐述了。Kotlin 与 Java 的限制修饰符比较如表 3-1 所示。

表 3-1　Kotlin 与 Java 的限制修饰符比较

修 饰 符	含 义	与 Java 比较
open	允许被继承或重写	相当于 Java 类与方法的默认情况
abstract	抽象类或抽象方法	与 Java 一致
final	不允许被继承或重写（默认情况）	与 Java 主动指定 final 的效果一致

3.2.2　可见性修饰符

除了限制类修饰符之外，还有一种修饰符就是可见性修饰符。下面我们就来看看 Kotlin 中的可见性修饰符。

若你想要指定类、方法及属性的可见性，那么就需要可见性修饰符。Kotlin 中的可见性修饰符也与 Java 中的很类似。但也有不一样的地方，主要有以下几点：

1）Kotlin 与 Java 的默认修饰符不同，Kotlin 中是 public，而 Java 中是 default。

2）Kotlin 中有一个独特的修饰符 internal。

3）Kotlin 可以在一个文件内单独声明方法及常量，同样支持可见性修饰符。

4）Java 中除了内部类可以用 private 修饰以外，其他类都不允许 private 修饰，而 Kotlin 可以。

5）Kotlin 和 Java 中的 protected 的访问范围不同，Java 中是包、类及子类可访问，而 Kotlin 只允许类及子类。

我们首先来看默认修饰符。很多时候，你在写类或者方法的时候都会省略它的修饰符，当然，在 Java 中我们很自然地会给类加上 public 修饰符，因为大多数类都可能需要在全局访问。而 Java 的默认修饰符是 default，它只允许包内访问，但是我们很多时候厌烦了每次都要加 public，虽然通常编辑器会自动帮我们加上，但是总觉得这是一个多余的声明。所以，Kotlin 可能考虑了这方面因素，将可见修饰符默认指定为 public，而不需要显式声明。

上面说到了 Java 中默认修饰符是 default，它的作用域是包内可访问。那么 Kotlin 中有类似的修饰符吗？

Kotlin 中有一个独特的修饰符 internal，和 default 有点像但也有所区别。internal 在 Kotlin 中的作用域可以被称作"**模块内访问**"。那么到底什么算是模块呢？以下几种情况可以算作一个模块：

- ❑ 一个 Eclipse 项目
- ❑ 一个 Intellij IDEA 项目
- ❑ 一个 Maven 项目
- ❑ 一个 Grandle 项目
- ❑ 一组由一次 Ant 任务执行编译的代码

总的来说，一个模块可以看作一起编译的 Kotlin 文件组成的集合。那么，Kotlin 中为什么要诞生这么一种新的修饰符呢？Java 的包内访问不好吗？

Java 的包内访问中确实存在一些问题。举个例子，假如你在 Java 项目中定义了一个类，使用了默认修饰符，那么现在这个类是包私有，其他地方将无法访问它。然后，你把它打包成一个类库，并提供给其他项目使用，这时候如果有个开发者想使用这个类，除了 copy 源代码以外，还有一个方式就是在程序中创建一个与该类相同名字的包，那么这个包下面的其他类就可以直接使用我们前面的定义的类。伪代码如下：

```
package com.dripower

/**
定义的第三方类库代码
 */
class TestDefault {
    ...
}
```

该类默认只允许 com.dripower 的包内可见，但是我们在项目中可以这么做：

```
package com.dripower

/**
自身工程创建com.dripower
 */
class Test {
    TestDefault td = new TestDefault();
    ...
}
```

这样我们便可以直接访问该类了。

而 Kotlin 默认并没有采用这种包内可见的作用域，而是使用了模块内可见，模块内可见指的是该类只对一起编译的其他 Kotlin 文件可见。开发工程与第三方类库不属于同一个模块，这时如果还想使用该类的话只有复制源码一种方式了。这便是 Kotlin 中 internal 修饰符的一个作用体现。

在 Java 程序中，我们很少见到用 private 修饰的类，因为 Java 中的类或方法没有单独属于某个文件的概念。比如，我们创建了 Rectangle.java 这个文件，那么它里面的类要么是 public，要么是包私有，而没有只属于这个文件的概念。若要用 private 修饰，那么这个只能是其他类的内部类。而 Kotlin 中则可以用 private 给单独的类修饰，它的作用域就是当前这个 Kotlin 文件。比如：

```
package com.dripower.car

class BMWCar(val name: String) {
    private val bMWEngine = Engine("BMW")
    fun getEngine(): String {
        return bMWEngine.engineType()//error:Cannot access'enging Type': it is
            Protected in Engine
    }
}

private class Engine(val type: String) {
    protected fun engineType(): String {
        return "the engine type is $type"
    }
}
```

除了 private 修饰符的差别，Kotlin 中的 protected 修饰符也与 Java 有所不同。Java 中的 protected 修饰的内容作用域是包内、类及子类可访问，而在 Kotlin 中，由于没有包作用域的概念，所以 protected 修饰符在 Kotlin 中的作用域只有类及子类。我们对上面的代码稍加修改：

```
package com.dripower.car

class BMWCar(val name: String) {
    private val bMWEngine = Engine("BMW")
    fun getEngine(): String {
        return bMWEngine.engineType()//error:Cannot access'enging Type'it is Protected
            in Engine
    }
}

private open class Engine(val type: String) {
    protected open fun engineType(): String {
        return "the engine type is $type"
    }
}

private class BZEngine(type: String) : Engine(type) {
    override fun engineType(): String {
        return super.engineType()
    }
}
```

我们可以发现同一包下的其他类不能访问 protected 修饰的内容了，而在子类中可以。

总结一下，可见性修饰符在 Kotlin 与 Java 中大致相似，但也有自己的很多特殊之处。这些可见性修饰符比较如表 3-2 所示。

表 3-2 Kotlin 与 Java 的可见性修饰符比较

修 饰 符	含 义	与 Java 比较
public	Kotlin 中默认修饰符，全局可见	与 Java 中 public 效果相同
protected	受保护修饰符，类及子类可见	含义一致，但作用域除了类及子类外，包内也可见
private	私有修饰符，类内修饰只有本类可见，类外修饰文件内可见	私有修饰符，只有类内可见
internal	模块内可见	无

在了解了 Kotlin 中的可见修饰符后，我们来思考一个问题：前面已经讲解了为什么要诞生 internal 这个修饰符，那么为什么 Kotlin 中默认的可见性修饰符是 public，而不是 internal 呢？

关于这一点，Kotlin 的开发人员在官方论坛进行了说明，这里我做一个总结：Kotlin 通过分析以往的大众开发的代码，发现使用 public 修饰的内容比其他修饰符的内容多得多，所以 Kotlin 为了保持语言的简洁性，考虑多数情况，最终决定将 public 当作默认修饰符。

3.3 解决多继承问题

上面我们讨论了很多关于继承的问题，下面我们来看一个更有意思的问题：多继承。

继承与实现是面向对象程序设计中不变的主题。众所周知，Java 是不支持类的多继承的，Kotlin 亦是如此。为什么它们要这样设计呢？现实中，其实多继承的需求经常会出现，然而类的多继承方式会导致继承关系上语义的混淆。本节我们会展示多继承问题的所在，以及如何通过 Kotlin 的语法来设计多种不同的多继承解决方案，从而进一步了解 Kotlin 的语言特性。

3.3.1 骡子的多继承困惑

如果你了解 C++，应该知道 C++ 中的类是支持多重继承机制的。然而，C++ 中存在一个经典的**钻石问题**——骡子的多继承困惑。我们假设 Java 的类也支持多继承，然后模仿 C++ 中类似的语法，来看看它到底会导致什么问题。

```java
abstract class Animal {
    abstract public void run();
}

class Horse extends Animal {  //马
    @Override
    public void run() {
        System.out.println("I can run very fast");
    }
}

class Donkey extends Animal { //驴
```

```
    @Override
    public void run() {
        System.out.println("I am run very slow");
    }
}

class Mule extends Horse, Donkey { //骡子
    ...
}
```

这是一段伪代码，我们来分析下这段代码具体的含义：

❑ 马和驴都继承了 Animal 类，并实现了 Animal 中的 run 抽象方法；

❑ 骡子是马和驴的杂交产物，它拥有两者的特性，于是 Mule 利用多继承同时继承了 Horse 和 Donkey。

目前看起来没有问题，然而当我们打算在 Mule 中实现 run 方法的时候，问题就产生了：Mule 到底是继承 Horse 的 run 方法，还是 Donkey 的 run 方法呢？这个就是经典的钻石问题。你可以通过继承关系图来更好地认识这个问题，如图 3-1 所示。

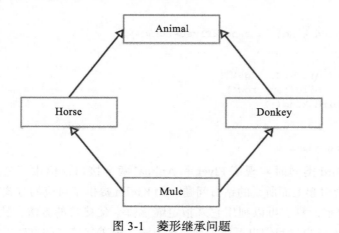

图 3-1　菱形继承问题

所以钻石问题也被称为**菱形继承问题**。可以发现，类的多重继承如果使用不当，就会在继承关系上产生歧义。而且，多重继承还会给代码维护带来很多的困扰：一来代码的耦合度会很高，二来各种类之间的关系令人眼花缭乱。

于是，Kotlin 跟 Java 一样只支持类的单继承。那么，面对多重继承的需求，我们在 Kotlin 中该如何解决这个问题呢？

3.3.2　接口实现多继承

一个类实现多个接口相信你肯定不会陌生，这是 Java 经常干的事情。Kotlin 中的接口与 Java 很相似，但它除了可以定义带默认实现的方法之外，还可以声明抽象的属性。我们

的第 1 个方案，就来看看如何用 Kotlin 中的接口来实现多继承。

```kotlin
interface Flyer {
    fun fly()
    fun kind() = "[Flyer] flying animals"
}

interface Animal {
    val name: String
    fun eat()
    fun kind() = "[Animal] flying animals"
}

class Bird(override val name: String) : Flyer, Animal {
    override fun eat() {
        println("I can eat")
    }

    override fun fly() {
        println("I can fly")
    }

    override fun kind() = super<Flyer>.kind()
}

fun main(args: Array<String>) {
    val bird = Bird("sparrow")
    println(bird.kind())
}
// 运行结果
[Flyer] flying animals
```

如你所见，Bird 类同时实现了 Flyer 和 Animal 两个接口，但由于它们都拥有默认的 kind 方法，同样会引起上面所说的钻石问题。而 Kotlin 提供了对应的方式来解决这个问题，那就是 super 关键字，我们可以利用它来指定继承哪个父接口的方法，比如上面代码中的 super<Flyer>.kind()。当然我们也可以主动实现方法，覆盖父接口的方法。如：

```kotlin
override fun kind() = "a flying ${this.name}"
```

那么最终的执行结果就是：

```
a flying sparrow
```

通过这个例子，我们再来分析下实现接口的相关语法：

1）在 Kotlin 中实现一个接口时，需要实现接口中没有默认实现的方法及未初始化的属性，若同时实现多个接口，而接口间又有相同方法名的默认实现时，则需要主动指定使用哪个接口的方法或者重写方法；

2）如果是默认的接口方法，你可以在实现类中通过 " super<T>" 这种方式调用它，其中 T 为拥有该方法的接口名；

3）在实现接口的属性和方法时，都必须带上 override 关键字，不能省略。

除此之外，你应该还注意到了，我们通过主构造方法参数的方式来实现 Animal 接口中的 name 属性。我们之前说过，通过 val 声明的构造方法参数，其实是在类内部定义了一个同名的属性，所以我们当然还可以把 name 的定义放在 Bird 类内部。

```
class Bird(name: String) : Flyer, Animal {
    override val name: String // override不要忘记

    init {
        this.name = name
    }
}
```

name 的赋值方式其实无关紧要。比如我们还可以用一个 getter 对它进行赋值。

```
class Bird(chineseName: String) : Flyer, Animal {
    override val name: String
        get() = translate2EnglishName(chineseName)
}
```

---

getter 和 setter

对于 getter 和 setter 相信很多 Java 程序员再熟悉不过了，在 Java 中通过这种方式来对一个类的私有字段进行取值和赋值的操作，通常用 IDE 来帮我们自动生成这些方法。但是在很多时候你会发现这种语法真是不堪入目。而 Kotlin 类不存在字段，只有属性，它同样需要为每个属性生成 getter 和 setter 方法。但 Kotlin 的原则是简洁明了的，既然都要做，那么为何我不幕后就帮你做好了呢？所以你在声明一个类的属性时，要知道背后 Kotlin 编译器也帮你生成了 getter 和 setter 方法。当然你也可以主动声明这两个方法来实现一些特殊的逻辑。还有以下两点需要注意：

1）用 val 声明的属性将只有 getter 方法，因为它不可修改；而用 var 修饰的属性将同时拥有 getter 和 setter 方法。

2）用 private 修饰的属性编译器将会省略 getter 和 setter 方法，因为在类外部已经无法访问它了，这两个方法的存在也就没有意义了。

总的来说，用接口模拟实现多继承是我们最常用的方式。但它有时在语义上依旧并不是很明确。下面我们就来看一种更灵活的方式，它能更完整地解决多继承问题。

3.3.3 内部类解决多继承问题的方案

我们要探讨的第 2 种方式就是用内部类模拟多继承的效果。我们知道，在 Java 中可以将一个类的定义放在另一个类的定义内部，这就是**内部类**。由于内部类可以继承一个与外部类无关的类，所以这保证了内部类的独立性，我们可以用它的这个特性来尝试解决多继承的问题。

在探讨这个问题之前，我们有必要来了解一下 Kotlin 中内部类的语法。如你所知，Java 的内部类定义非常直观，我们只要在一个类内部再定义一个类，那么这个类就是内部类了，如：

```java
public class OuterJava {
    private String name = "This is Java's inner class syntax.";

    class InnerJava {   //内部类
        public void printName(){
            System.out.println(name);
        }
    }
}
```

现在我们尝试用类似的 Kotlin 代码来改写这段代码，看看有没有类似的效果。

```kotlin
class OuterKotlin {
    val name = "This is not Kotlin's inner class syntax."

    class ErrorInnerKotlin { // 其实是嵌套类
        fun printName() {
            print("the name is $name") //error
        }
    }
}
// 运行结果
Error:(5, 32) Unresolved reference: name
```

怎么回事，这段代码竟然报错了？其实这里闹了乌龙，当前我们声明的并不是 Kotlin 中的内部类，而是**嵌套类**的语法。如果要在 Kotlin 中声明一个内部类，我们必须在这个类前面加一个 inner 关键字，就像这样子：

```kotlin
class OuterKotlin {
    val name = "This is truely Kotlin's inner class syntax."

    inner class InnerKotlin {
        fun printName() {
            print("the name is $name")
        }
    }
}
```

内部类 vs 嵌套类

众所周知，在 Java 中，我们通过在内部类的语法上增加一个 static 关键词，把它变成一个嵌套类。然而，Kotlin 则是相反的思路，默认是一个嵌套类，必须加上 inner 关键字才是一个内部类，也就是说可以把静态的内部类看成嵌套类。

内部类和嵌套类有明显的差别，具体体现在：内部类包含着对其外部类实例的引用，在内部类中我们可以使用外部类中的属性，比如上面例子中的 name 属性；而嵌套类不包含对其外部类实例的引用，所以它无法调用其外部类的属性。

好了，在熟悉了内部类的语法之后，我们就回到之前的骡子的例子，然后用内部类来改写它。

```
open class Horse { //马
    fun runFast() {
        println("I can run fast")
    }
}

open class Donkey { //驴
    fun doLongTimeThing() {
        println("I can do some thing long time")
    }
}

class Mule {  //骡子
    fun runFast() {
        HorseC().runFast()
    }

    fun doLongTimeThing() {
        DonkeyC().doLongTimeThing()
    }

    private inner class HorseC : Horse()
    private inner class DonkeyC : Donkey()
}
```

通过这个修改后的例子可以发现：

1）我们可以在一个类内部定义多个内部类，每个内部类的实例都有自己的独立状态，它们与外部对象的信息相互独立；

2）通过让内部类 HorseC、DonkeyC 分别继承 Horse 和 Donkey 这两个外部类，我们就可以在 Mule 类中定义它们的实例对象，从而获得了 Horse 和 Donkey 两者不同的状态和行为；

3）我们可以利用 private 修饰内部类，使得其他类都不能访问内部类，具有非常良好的封装性。

因此，可以说在某些场合下，内部类确实是一种解决多继承非常好的思路。

3.3.4　使用委托代替多继承

在看完与 Java 类似的多继承解决思路后，我们再来看一种 Kotlin 中新引入的语法——**委托**。通过它我们也可以代替多继承来解决类似的问题。

关于委托，可能你会很熟悉。比如你非常了解委托模式，或者你是一名 C# 开发者，熟悉其中的 delegate 关键字。简单来说，委托是一种特殊的类型，用于方法事件委托，比如你调用 A 类的 methodA 方法，其实背后是 B 类的 methodA 去执行。

印象中，要实现委托并不是一件非常自然直观的事情。但庆幸的是，Kotlin 简化了这种语法，我们只需通过 by 关键字就可以实现委托的效果。比如我们之前提过的 by lazy 语法，其实就是利用委托实现的延迟初始化语法。我们再来重新回顾一下它的使用：

```
val laziness: String by lazy {
    // 用by lazy实现延迟初始化效果
    println("I will have a value")
    "I am a lazy-initialized string"
}
```

委托除了延迟属性这种内置行为外，还提供了一种可观察属性的行为，这与我们平常所说的观察者模式很类似。观察者模式在 Android 开发中应用很广，我们会利用委托在第 9 章中介绍它如何改善 Android 中的观察者模式。

接下来，我们来看看如何通过委托来代替多继承实现需求。请看下面的例子：

```
interface CanFly {
    fun fly()
}

interface CanEat {
    fun eat()
}

open class Flyer : CanFly {
    override fun fly() {
        println("I can fly")
    }
}

open class Animal : CanEat {
    override fun eat() {
        println("I can eat")
    }
}

class Bird(flyer: Flyer, animal: Animal) : CanFly by flyer, CanEat by animal {}

fun main(args: Array<String>) {
    val flyer = Flyer()
    val animal = Animal()
    val b = Bird(flyer, animal)
    b.fly()
    b.eat()
}
```

　　有人可能会有疑问：首先，委托方式怎么跟接口实现多继承如此相似，而且好像也并没有简单多少；其次，这种方式好像跟组合也很像，那么它到底有什么优势呢？主要有以下两点：

　　1）前面说到接口是无状态的，所以即使它提供了默认方法实现也是很简单的，不能实现复杂的逻辑，也不推荐在接口中实现复杂的方法逻辑。我们可以利用上面委托的这种方式，虽然它也是接口委托，但它是用一个具体的类去实现方法逻辑，可以拥有更强大的能力。

　　2）假设我们需要继承的类是 A，委托对象是 B、C、我们在具体调用的时候并不是像组合一样 A.B.method，而是可以直接调用 A.method，这更能表达 A 拥有该 method 的能力，更加直观，虽然背后也是通过委托对象来执行具体的方法逻辑的。

3.4　真正的数据类

　　通过前面的内容我们发现，Kotlin 在解决多继承问题上非常灵活。但是有时候，我们并不想要那么强大的类，也许我们只是想要单纯地使用类来封装数据，类似于 Java 中的 DTO（Data Transfer Object）的概念。但我们知道在 Java 中显得烦琐，因为通常情况下我们会声明一个 JavaBean，然后定义一堆 getter 和 setter。虽然 IDE 能帮我们自动生成这些代码，但是你很可能已经厌烦了这些冗长的代码了。下面就来看看 Kotlin 是如何改进这个问题的吧。

3.4.1　烦琐的 JavaBean

　　首先我们先来回顾一下熟悉的 JavaBean。当我们要定义一个数据模型类时，就需要为其中的每一个属性定义 getter、setter 方法。如果要支持对象值的比较，我们甚至还要重写 hashcode、equals 等方法。比如下面的例子：

```
public class Bird {
    private double weight;
    private int age;
    private String color;

    public void fly() {}

    public Bird(double weight, int age, String color) {
        this.weight = weight;
        this.age = age;
        this.color = color;
    }

    public double getWeight() {
        return weight;
```

```java
    }

    public void setWeight(double weight) {
        this.weight = weight;
    }

    public int getAge() {
        return age;
    }

    public void setAge(int age) {
        this.age = age;
    }

    public String getColor() {
        return color;
    }

    public void setColor(String color) {
        this.color = color;
    }

    @Override
    public boolean equals(Object o) {
        if (this == o)
            return true;
        if (!(o instanceof Bird))
            return false;

        Bird bird = (Bird) o;

        if (Double.compare(bird.getWeight(), getWeight()) != 0)
            return false;
        if (getAge() != bird.getAge())
            return false;
        return getColor().equals(bird.getColor());
    }

    @Override
    public int hashCode() {
        int result;
        long temp;
        temp = Double.doubleToLongBits(getWeight());
        result = (int) (temp ^ (temp > > > 32));
        result = 31 * result + getAge();
        result = 31 * result + getColor().hashCode();
        return result;
    }

    @Override
    public String toString() {
```

```
        return "Bird{" +
                "weight=" + weight +
                ", age=" + age +
                ", color='" + color + '\'' +
                '}';
    }
}
```

这是一个只有 3 个属性的 JavaBean，但代码量竟然足有 60 多行。可想而知，若是你想要更多的属性，那么一个 JavaBean 将会有多少代码量，而你的初衷无非就是想要有一个单纯封装数据的类而已，最后却变成了一堆样板式的代码。幸运的是，在 Kotlin 中我们将不再面对这个问题，它引入了 data class 的语法来改善这一情况。让我们来看看它到底是一个什么东西。

3.4.2 用 data class 创建数据类

data class 顾名思义就是**数据类**，当然这不是 Kotlin 的首创的概念，在很多其他语言中也有相应的设计，比如 Scala 中的 case class。为了搞明白数据类是什么，我们先把上面那段 Java 代码用 Kotlin 的 data class 来表示：

```
data class Bird(var weight: Double, var age: Int, var color: String)
```

第一眼看到代码是不是难以置信，这么一行代码就能表示上面 60 多行的 Java 代码吗？是的，是不是突然感觉 Kotlin 简直太人性化了，这一切无非只是添加了一个 data 关键字而已。事实上，在这个关键字后面，Kotlin 编译器帮我们做了很多事情。我们来看看这个类反编译后的 Java 代码：

```
public final class Bird {
    private double weight;
    private int age;
    @NotNull
    private String color;

    public final double getWeight() {
        return this.weight;
    }

    public final void setWeight(double var1) {
        this.weight = var1;
    }

    public final int getAge() {
        return this.age;
    }

    public final void setAge(int var1) {
        this.age = var1;
```

```java
    }

    @NotNull
    public final String getColor() {
        return this.color;
    }

    public final void setColor(@NotNull String var1) {
        Intrinsics.checkParameterIsNotNull(var1, "<set-?>");
        this.color = var1;
    }

    public Bird(double weight, int age, @NotNull String color) {
        Intrinsics.checkParameterIsNotNull(color, "color");
        super();
        this.weight = weight;
        this.age = age;
        this.color = color;
    }

    public final double component1() { //Java中没有
        return this.weight;
    }

    public final int component2() { //Java中没有
        return this.age;
    }

    @NotNull
    public final String component3() { //Java中没有
        return this.color;
    }

    @NotNull
    public final Bird copy(double weight, int age, @NotNull String color) { //Java中没有
        Intrinsics.checkParameterIsNotNull(color, "color");
        return new Bird(weight, age, color);
    }

    // $FF: synthetic method
    // $FF: bridge method
    @NotNull
    public static Bird copy$default(Bird var0, double var1, int var3, String
        var4, int var5, Object var6) {
        if ((var5 & 1) != 0) {
            var1 = var0.weight;
        }
        if ((var5 & 2) != 0) {
            var3 = var0.age;
        }
        if ((var5 & 4) != 0) {
```

```
            var4 = var0.color;
        }
        return var0.copy(var1, var3, var4);
    }

    public String toString() {
        ...
    }

    public int hashCode() {
        ...
    }

    public boolean equals(Object var1) {
        ...
    }
}
```

这段代码是不是和 JavaBean 代码很相似，同样有 getter/setter、equals、hashcode、构造函数等方法，其中的 equals 和 hashcode 使得一个数据类对象可以像普通类型的实例一样进行判等，我们甚至可以像基本数据类型一样用 == 来判断两个对象相等，如下：

```
val b1 = Bird(weight = 1000.0, age = 1, color = "blue")
val b2 = Bird(weight = 1000.0, age = 1, color = "blue")
>>> b1.equals(b2)
true
>>> b1 == b2
true
```

与此同时，我们还发现两个特别的方法：copy 与 componentN。对于这两个方法，很多人比较陌生，接下来我们来详细介绍它们。

3.4.3 copy、componentN 与解构

我们继续来看上面代码中的一段：

```
public final Bird copy(double weight, int age, @NotNull String color) {
    Intrinsics.checkParameterIsNotNull(color, "color");
    return new Bird (weight, age, color);
}

public static Bird copy$default(Bird var0, double var1, int var3, String var4,
    int var5, Object var6) { //var0代表被copy的对象
    if ((var5 & 1) != 0) {
        var1 = var0.weight;    //copy时若未指定具体属性的值，则使用被copy对象的属性值
    }
    if ((var5 & 2) != 0) {
        var3 = var0.age;
    }
    if ((var5 & 4) != 0) {
```

```
          var4 = var0.color;
       }
       return var0.copy(var1, var3, var4);
    }
```

这段代码中的 copy 方法的主要作用就是帮我们从已有的数据类对象中拷贝一个新的数据类对象。当然你可以传入相应参数来生成不同的对象。但同时我们发现，在 copy 的执行过程中，若你未指定具体属性的值，那么新生成的对象的属性值将使用被 copy 对象的属性值，这便是我们平常所说的浅拷贝。我们来看下面这个例子：

```
Bird b1 = new Bird(20.0,1,"blue");
Bird b2 = b1;
b2.setColor("red");
System.out.println(b1.getColor()); //red
```

类似这样的代码很多人都写过，但这种方式会带来一个问题，明明是对一个新的对象 b2 做了修改，为什么还会影响老的对象 b1 呢？其实这只是一种表象而已。实际上，除了基本数据类型的属性，其他属性还是引用同一个对象，这便是浅拷贝的特点。

实际上 copy 更像是一种语法糖，假如我们的类是不可变的，属性不可以修改，那么我们只能通过 copy 来帮我们基于原有对象生成一个新的对象。比如下面的两个例子：

```
//声明的Bird属性可变
val b1 = Bird(20.0, 1, "blue")
val b2 = b1
b2.age = 2

//声明的Bird属性不可变
val b1 = Bird(20.0, 1, "blue")
val b2 = b1.copy(age = 2)   //只能通过copy
```

copy 更像提供了一种简洁的方式帮我们复制一个对象，但它是一种浅拷贝的方式。所以在使用 copy 的时候要注意使用场景，因为数据类的属性可以被修饰为 var，这便不能保证不会出现引用修改问题。

接下来我们来看看 componentN 方法。简单来说，componentN 可以理解为类属性的值，其中 N 代表属性的顺序，比如 component1 代表第 1 个属性的值，component3 代表第 3 个属性的值。那么，这样设计到底有什么用呢？我们来思考一个问题，我们或多或少地知道怎么将属性绑定到类上，但是对如何将类的属性绑定到相应变量上却不是很熟悉。比如：

```
val b1 = Bird(20.0, 1, "blue")
//通常方式
val weight = b1.weight
val age = b1.age
val color = b1.color
//kotlin进阶
val (weight, age, color) = b1
```

看到 Kotlin 的语法相信你一定会感到兴奋，因为你可能写过类似下面的代码：

```
String birdInfo = "20.0,1,bule";
String[] temps = birdInfo.split(",");
double weight = Double.valueOf(temps[0]);
int age = Integer.valueOf(temps[1]);
String color = temps[2];
```

这样代码有时真的很烦琐，我们明明知道值的情况，却要分好几步来给变量赋值。很幸运，Kotlin 提供了更优雅的做法：

```
val (weight, age, color) = birdInfo.split(",");
```

这个语法很简洁也很直观。那么这到底是一种什么魔法呢？其实原理也很简单，就是**解构**，通过编译器的约定实现解构。

当然 Kotlin 对于数组的解构也有一定限制，在数组中它默认最多允许赋值 5 个变量，因为若是变量过多，效果反而会适得其反，因为到后期你都搞不清楚哪个值要赋给哪个变量了。所以一定要合理使用这一特性。

在数据类中，你除了可以利用编译器帮你自动生成 componentN 方法以外，甚至还可以自己实现对应属性的 componentN 方法。比如：

```
data class Bird(var weight: Double, var age: Int, var color: String) {
    var sex = 1
    operator fun component4(): Int {   //operator关键字
        return this.sex
    }

    constructor(weight: Double, age: Int, color: String, sex: Int) : this(weight,
        age, color) {
        this.sex = sex
    }
}

fun main(args: Array<String>) {
    val b1 = Bird(20.0, 1, "blue", 0)
    val (weight, age, color, sex) = b1
    ...
}
```

除了数组支持解构外，Kotlin 也提供了其他常用的数据类，让使用者不必主动声明这些数据类，它们分别是 Pair 和 Triple。其中 Pair 是二元组，可以理解为这个数据类中有两个属性；Triple 是三元组，对应的则是 3 个属性。我们先来看一下它们的源码：

```
//Pair
public data class Pair<out A, out B>(
    public val first: A,
    public val second: B)

//Triple
public data class Triple<out A, out B, out C>(
```

```
public val first: A,
public val second: B,
public val third: C)
```

可以发现 Pair 和 Triple 都是数据类，它们的属性可以是任意类型，我们可以按照属性的顺序来获取对应属性的值。因此，我们可以这么使用它们：

```
val pair = Pair(20.0, 1)
val triple = Triple(20.0, 1, "blue")

//利用属性顺序获取值
val weightP = pair.first
val ageP = pair.second

val weightT = triple.first
val ageT = triple.second
val colorT = triple.third

//当然我们也可以利用解构
val (weightP, ageP) = Pair(20.0, 1)
val (weightT, ageT, colorT) = Triple(20.0, 1, "blue")
```

> **注意** 数据类中的解构基于 componentN 函数，如果自己不声明 componentN 函数，那么就会默认根据主构造函数参数来生成具体个数的 componentN 函数，与从构造函数中的参数无关。

3.4.4 数据类的约定与使用

前面主要讲解了 Kotlin 中数据类的创造意图，接下来我们来看看如何设计一个数据类，并且合理地使用它。

如果你要在 Kotlin 声明一个数据类，必须满足以下几点条件：

❑ 数据类必须拥有一个构造方法，该方法至少包含一个参数，一个没有数据的数据类是没有任何用处的；
❑ 与普通的类不同，数据类构造方法的参数强制使用 var 或者 val 进行声明；
❑ data class 之前不能用 abstract、open、sealed 或者 inner 进行修饰；
❑ 在 Kotlin1.1 版本前数据类只允许实现接口，之后的版本既可以实现接口也可以继承类。

数据类在语法上是如此简洁，以至于它可以像 Map 一样，作为数据结构被广泛运用到业务中。然而，数据类显然更灵活，因为它像一个普通类一样，可以把不同类型的值封装在一处。我们把数据类和 when 表达式结合在一起，就可以提供更强大的业务组织和表达能力。我们会在下一章重点介绍它的高级应用。

数据类的另一个典型的应用就是代替我们在 Java 中的建造者模式。正如你所知，建造者模式主要化解 Java 中书写一大串参数的构造方法来初始化对象的场景。然而由于 Kotlin 中的类构造方法可以指定默认值，你可以想象，依靠数据类的简洁语法，我们就可以更方便地解决这个问题。同样，当前并不会介绍其具体的使用，我们会在第 9 章来深入讨论这种方案。

3.5 从 static 到 object

阅读本书到现在，你肯定发现了一个有趣的现象——没有任何一段 Kotlin 代码中出现过 static 这个关键字。在 Java 中，static 是非常重要的特性，它可以用来修饰类、方法或属性。然而，static 修饰的内容都是属于类的，而不是某个具体对象的，但在定义时却与普通的变量和方法混杂在一起，显得格格不入。

在 Kotlin 中，你将告别 static 这种语法，因为它引入了全新的关键字 object，可以完美地代替使用 static 的所有场景。当然除了代替使用 static 的场景之外，它还能实现更多的功能，比如单例对象及简化匿名表达式等。

3.5.1 什么是伴生对象

按照规则，先来看一个可比较的 Java 例子：

```java
public class Prize {
    private String name;
    private int count;
    private int type;

    public Prize(String name, int count, int type) {
        this.name = name;
        this.count = count;
        this.type = type;
    }

    static int TYPE_REDPACK = 0;
    static int TYPE_COUPON = 1;

    static boolean isRedpack(Prize prize) {
        return prize.type == TYPE_REDPACK;
    }

    public static void main(String[] args) {
        Prize prize = new Prize("红包", 10, Prize.TYPE_REDPACK);
        System.out.println(Prize.isRedpack(prize));
    }
}
```

这是很常见的 Java 代码，也许你已经习惯了。但是如果仔细思考，会发现这种语法其实并不是非常好。因为在一个类中既有静态变量、静态方法，也有普通变量、普通方法的声明。然而，静态变量和静态方法是属于一个类的，普通变量、普通方法是属于一个具体对象的。虽然有 static 作为区分，然而在代码结构上职能并不是区分得很清晰。

那么，有没有一种方式能将这两部分代码清晰地分开，但又不失语义化呢？ Kotlin 中引入了伴生对象的概念，简单来说，这是一种利用 **companion object** 两个关键字创造的语法。

伴生对象

顾名思义，"伴生"是相较于一个类而言的，意为伴随某个类的对象，它属于这个类所有，因此伴生对象跟 Java 中 static 修饰效果性质一样，全局只有一个单例。它需要声明在类的内部，在类被装载时会被初始化。

现在我们就来改写一个伴生对象的版本：

```kotlin
class Prize(val name: String, val count: Int, val type: Int) {
    companion object {
        val TYPE_REDPACK = 0
        val TYPE_COUPON = 1

        fun isRedpack(prize: Prize): Boolean {
            return prize.type == TYPE_REDPACK
        }
    }
}

fun main(args: Array<String>) {
    val prize = Prize("红包", 10, Prize.TYPE_REDPACK)
    print(Prize.isRedpack(prize))
}
```

可以发现，该版本在语义上更清晰了。而且，companion object 用花括号包裹了所有静态属性和方法，使得它可以与 Prize 类的普通方法和属性清晰地区分开来。最后，我们可以使用点号来对一个类的静态的成员进行调用。

伴生对象的另一个作用是可以实现工厂方法模式。我们在前面讲解过如何使用从构造方法实现工厂方法模式，然而这种方式存在以下缺点：

❑ 利用多个构造方法语意不够明确，只能靠参数区分。

❑ 每次获取对象时都需要重新创建对象。

你会发现，伴生对象也是实现工厂方法模式的另一种思路，可以改进以上的两个问题。

```kotlin
class Prize private constructor(val name: String, val count: Int, val type: Int) {
    companion object {
        val TYPE_COMMON = 1
        val TYPE_REDPACK = 2
        val TYPE_COUPON = 3
```

```
        val defaultCommonPrize = Prize("普通奖品", 10, Prize.TYPE_COMMON)

        fun newRedpackPrize(name: String, count: Int) = Prize(name, count, Prize.
            TYPE_REDPACK)
        fun newCouponPrize(name: String, count: Int) = Prize(name, count, Prize.
            TYPE_COUPON)
        fun defaultCommonPrize() = defaultCommonPrize   //无须构造新对象
    }
}

fun main(args: Array<String>) {
    val redpackPrize = Prize.newRedpackPrize("红包", 10)
    val couponPrize = Prize.newCouponPrize("十元代金券", 10)
    val commonPrize = Prize.defaultCommonPrize()
}
```

总的来说，伴生对象是 Kotlin 中用来代替 static 关键字的一种方式，任何在 Java 类内部用 static 定义的内容都可以用 Kotlin 中的伴生对象来实现。然而，它们是类似的，一个类的伴生对象跟一个静态类一样，全局只能有一个。这让我们联想到了什么？没错，就是单例对象，下面我们会介绍如何用 object 更优雅地实现 Java 中的单例模式。

3.5.2 天生的单例：object

单例模式最大的一个特点就是在系统中只能存在一个实例对象，所以在 Java 中我们必须通过设置构造方法私有化，以及提供静态方法创建实例的方式来创建单例对象。比如，现在我们要创建一个数据库配置的单例对象：

```java
public class DatabaseConfig {
    private String host;
    private int port;
    private String username;
    private String password;

    private static DatabaseConfig databaseConfig = null;

    private static String DEFAULT_HOST = "127.0.0.1";
    private static int DEFAULT_PORT = 3306;
    private static String DEFAULT_USERNAME = "root";
    private static String DEFAULT_PASSWORD = "";

    private DatabaseConfig(String host, int port, String username, String
        password) {
        this.host = host;
        this.port = port;
        this.username = username;
        this.password = password;
    }

    static DatabaseConfig getDatabaseConfig() {
```

```
        if (databaseConfig != null) {
            return databaseConfig;
        } else {
            return new DatabaseConfig(DEFAULT_HOST, DEFAULT_PORT, DEFAULT_
                USERNAME, DEFAULT_PASSWORD);
        }
    }
}
```

这是用 Java 实现的一个最基本单例模式的精简例子（省略了多线程以及多种参数创建单例对象的方法）。它依赖 static 关键字，同时还必须将构造方法私有化。

在 Kotlin 中，由于 object 的存在，我们可以直接用它来实现单例，如下所示：

```
object DatabaseConfig {
    var host: String = "127.0.0.1"
    var port: Int = 3306
    var username: String = "root"
    var password: String = ""
}
```

是不是特别简洁呢？由于 object 全局声明的对象只有一个，所以它并不用语法上的初始化，甚至都不需要构造方法。因此，我们可以说，object 创造的是天生的单例，我们并不需要在 Kotlin 中去构建一个类似 Java 的单例模式。由于 DatabaseConfig 的属性是用 var 声明的 String，我们还可以修改它们：

```
DatabaseConfig.host = "localhost"
DatabaseConfig.poet = 3307
```

由于单例也可以和普通的类一样实现接口和继承类，所以你可以将它看成一种不需要我们主动初始化的类，它也可以拥有扩展方法，有关扩展的内容将会在后面章节讲解。单例对象会在系统加载的时候初始化，当然全局就只有一个。那么，object 声明除了表现在单例对象及上面的说的伴生对象之外，还有其他的作用吗？它还有一个作用就是替代 Java 中的匿名内部类。下面我们就来看看它是如何做的。

3.5.3　object 表达式

写 Java 的时候很多人肯定被它的匿名内部类弄得很烦燥，有时候明明只有一个方法，却要用一个匿名内部类去实现。比如我们要对一个字符串列表排序：

```
List<String> list = Arrays.asList("redpack", "score", "card");
Collections.sort(list, new Comparator<String>(){
    @Override
    public int compare(String s1, String s2){
        if(s1 == null)
        return -1;
        if(s2 == null)
        return 1;
```

```
            return s1.compareTo(s2);
    }
});
```

并不是说匿名内部类这个方式不好，只不过方法内掺杂类声明不仅让方法看起来复杂，也不易阅读理解。而在 Kotlin 中，可以利用 **object** 表达式对它进行改善：

```
val comparator = object : Comparator<String> {
    override fun compare(s1: String?, s2: String?): Int {
        if (s1 == null)
            return -1
        else if (s2 == null)
            return 1
        return s1.compareTo(s2)
    }
}
Collections.sort(list, comparator)
```

简单来看，object 表达式跟 Java 的匿名内部类很相似，但是我们发现，object 表达式可以赋值给一个变量，这在我们重复使用的时候将会减少很多代码。另外，我们说过 object 可以继承类和实现接口，匿名内部类只能继承一个类及实现一个接口，而 object 表达式却没有这个限制。

用于代替匿名内部类的 object 表达式在运行中不像我们在单例模式中说的那样，全局只存在一个对象，而是在每次运行时都会生成一个新的对象。

其实我们知道，匿名内部类与 object 表达式并不是对任何场景都适合的，Java 8 引入的 Lambda 表达式对有些场景实现起来更加适合，比如接口中只有单个方法的实现。而 Kotlin 天然就支持 Lambda 表达式，关于 Lambda 的相关知识可以参考第 2 章和第 6 章的内容。现在我们可以将上面的代码用 Lambda 表达式的方式重新改造一下：

```
val comparator = Comparator<String> { s1, s2 ->
    if (s1 == null)
        return@Comparator -1   //这种语法将在6.5.4节具体讲解
    else if (s2 == null)
        return@Comparator 1
    s1.compareTo(s2)
}
Collections.sort(list, comparator)
```

使用 Lambda 表达式后代码变得简洁很多。

对象表达式与 Lambda 表达式哪个更适合代替匿名内部类？

　　当你的匿名内部类使用的类接口只需要实现一个方法时，使用 Lambda 表达式更适合；当匿名内部类内有多个方法实现的时候，使用 object 表达式更加合适。

3.6　本章小结

（1）Kotlin 类与接口

Kotlin 的类与接口的声明方式虽然有很多相似的地方，但相对来说 Kotlin 的语法更加简洁，同时它还提供了一些语法特性来帮我们简化代码，比如方法支持默认实现、构造参数支持默认值。另外 Kotlin 还引入主从构造方法、init 语句块等语法来实现与 Java 构造方法重载同等的效果。

（2）Kotlin 中的修饰符

Kotlin 中的限制类修饰符相对 Java 来说更加严格，默认是 final。而可见性修饰符则更加开放，默认是 public，并提供了一个独特的修饰符 internal，即模块内可见。

（3）多继承问题

探究类多继承问题的所在，并用多种方式在 Kotlin 中实现多继承的效果。我们还将进一步学习 Kotlin 的语法特性，比如内部类与嵌套类、委托等。

（4）数据类

学习数据类的语法，让你只关心真正的数据，而不是一堆烦琐的模板代码。此外，剖析了数据类的实现原理，来了解它的高级语法特性，比如 copy、解构声明等，并学习如何合理地使用它。

（5）object

object 声明的内容可以看成没有构造方法的类，它会在系统或者类加载时进行初始化。学习如何在 Kotlin 中通过 companion object 关键字实现 Java 中 static 的类似效果。使用 object 可以直接创建单例，而无须像 Java 那样必须利用设计模式。此外，可以用 object 表达式代替简化使用匿名内部类的语法。

第 4 章 *Chapter 4*

代数数据类型和模式匹配

现在你已经掌握了 Kotlin 中面向对象的大部分知识，如我们在上一章介绍过的数据类、密封类。虽然你已经感受到它们的便利或强大之处，然而当我们实际去组织业务的时候，你可能还不知道如何灵活地运用它们。

本章我们首先介绍代数数据类型（Algebraic Data Type，ADT），并教你如何用密封类、数据类去构建一个代数数据类型。然后我们介绍函数式编程中的模式匹配，你将了解到为什么需要它，以及如何使用模式匹配来组织业务。虽然 Kotlin 没有完整地支持模式匹配，但它的 when 表达式依旧是一个非常强大的特性，之后我们还会尝试用已学的知识去增强它。

最后将通过一个实际例子，展示一下代数数据类型与模式匹配结合所带来的魅力。

4.1 代数数据类型

如果你之前没有接触过 Scala、Haskell 等语言，可能还没听说过 **"代数数据类型"** 这个术语。然而在实际开发中，也许你已经不知不觉地在运用了，比如可以通过常见的枚举来创建一个简单的代数数据类型。通过本节，我们会尽可能通俗地向你解释到底什么是代数数据类型（为了方便叙述，后面统一用 **ADT** 表示代数数据类型）。

在计算机编程，特别是函数式编程与类型理论中，ADT 是一种组合类型（composite type）。例如，一个类型由其他类型组合而成。两个常见的代数类型是 "和"（sum）类型与 "积"（product）类型。

看到上面的定义，你可能对 ADT 还是不太理解。简单来说，ADT 就是像代数一样的数

据类型。那如何去理解"像代数一样的数据类型"呢？我们不妨先来看看何为代数。

4.1.1 从代数到类型

谈到"代数"的概念，我们细化一下，先看看什么是"数"，如下所示：

```
0, 1, 2, 3, 10, 100, ......
```

上面就是一些"数"。在刚上小学的时候或者还没上学时，我们就对"数"比较熟悉了，而在学习的数学知识较为丰富的时候，你接触到了简单代数。

```
x, y, z, a, b, c, ......
```

代数是什么，最简单的理解就是能代表数字的符号。比如我们刚学习一元方程的时候，会这么去写：

```
x + 5 = 6
y * 3 = 21
```

上面表达式中的 x、y 就是代数。通过解上面的方程，我们知道了代数 x 代表的是数字 1，而代数 y 代表的是数字 7。再仔细看一下上面的方程，我们还发现了两个操作符："+"和"*"。那么通过代数和这些操作符能做什么呢？再看看两个表达式：

```
x * 1 = z
a + 2 = c
```

可以看出，第 1 个表达式中代数 x 与 1 通过乘法操作得到了一个新的代数 z，第 2 个表达式中代数 a 与 2 通过加法操作得到了一个新的代数 c。讲到这里，我们其实就可以思考一下了，如果把上面表达式中的代数与数字换成编程语言中的类型或者值，那它们之间通过某种操作是不是就可以得到某种新的类型呢？

当我们将这些代数或者数字换成类型，那么这种被我们用代数或者数字换成的类型，以及通过这些类型所产生的新类型就叫作代数数据类型（ADT）。

那么 ADT 究竟有什么用呢？其实 ADT 的应用很广，就拿我们所熟知的业务逻辑来说吧，我们可以将一些比较简单的类型通过某种"操作符"而抽象成比较复杂而且功能强大的类型。另外在编程语言中，某些常见的类型其实就是代数类型，比如我们在第 2 章中介绍的枚举类。并且，ADT 是类型安全的（这一点我们在后面会说），使用它可以为我们免去许多麻烦。

看到这里，你可能已经对 ADT 产生了一些兴趣，但是 ADT 可不仅有这些。前面我们介绍的代数只是一些初等代数，其实代数是一个很庞大的数学分支，从简单的线性、多项式代数到环、域，再到范畴、函子等更加抽象的代数，越往后发展，代数的抽象级别就越高，同时也越接近事物的本质，当然，其刻画事物的能力也越强。比如我们提到过的函数式编程思想，它的很多语法特性就是利用了范畴论中的某些思想来实现的（当然这里不会谈这些东西）。

此外，在日常开发中，如果能够合理地利用 ADT 去对业务进行高度抽象，那么我们的代码在能够实现诸多功能的前提下还会变得非常简洁。在本章的最后一节，我们会通过一个实例来展现如何用 ADT 更好地组织业务。

4.1.2 计数

你已经对 ADT 有了初步的印象，现在我们再来介绍一下计数的概念，通过它你可以更好地理解 ADT。何为"计数"？我们知道，每种类型在实例化的时候，都会有对应的取值，比如 Boolean 类型存在两种可能的取值：true 或 false。如果我们就将数字 2 与 Boolean 的取值种类相关联，这种方式就叫作计数。

拿计数来做一个小练习，你在第 2 章接触到了 Kotlin 中的 Unit，我们知道它是一种相比 Java 新引入的类型。那么对 Unit 类型进行计数，对应的是哪个数字呢？我们知道，Unit 表示只有一个实例，也就是说，它只有一种取值，所以采用计数的方式，Unit 对应的就是数字 1。

有了计数这个概念之后，接下来我们就能够比较容易地理解 ADT 中常见的两种类型了：积类型（product）与和类型（sum）。

4.1.3 积类型

一看到积类型，我们应该能够很快想到乘法，两个数相乘的结果为积。在 ADT 中，积类型的表现形式与乘法非常相似，我们可以将其理解为一种组合（combination）。比如这里有一个类型 a，还有一个类型 b，那我们应该怎样才能组合成一个积类型 c 呢。前面我们讲过计数的概念，将每种类型与数字关联，那么积类型 c 应该就是：

```
c = a * b
```

我们知道 Boolean 类型对应的是 2，Unit 类型对应的是 1，那它们组合之后产生的积类型应该就是：

```
2 * 1 = 2
```

用实际的代码来表达这两种类型的组合，如下所示：

```
class BooleanProductUnit(a: Boolean, b: Unit){}
```

上面我们构建了一个名为 BooleanProductUnit 类，分别存在一个类型为 Boolean 的参数 a，以及另外一个类型为 Unit 的参数 b。我们再来看看这个类对应的实例取值：

```
val a = BooleanProductUnit(false, Unit)
val b = BooleanProductUnit(true, Unit)
```

可以看到，BooleanProductUnit 类最多只能有两种取值，符合我们之前的猜想。现在你应该可以明白，当我们在利用类进行组合的时候，实际上就是一种 product 操作，积类型可以看作同时持有某些类型的类型，比如上面的 BooleanProduct 类型就同时持有 Boolean 类型和 Unit 类型。

由于我们可以根据计数来判断某种类型或者某种类的取值，所以计数还能用在编译时期对 when 之类的语句做分支检查。

4.1.4 和类型与密封类

前面我们介绍过积类型对应于代数运算中的乘法，那么和类型（sum）顾名思义就对应于代数中的加法。同样我们需要通过一个例子来了解什么是和类型。如上文提到的枚举类，其实它就可以算是一种和类型，我们来回顾下 2.4.5 节中的例子。

代码清单　4-1

```
enum class Day{SUN, MON, TUE, WED, THU, FRI, SAT}
```

通过一个枚举类 Day，包含了一个星期所有天的定义。为什么它是和类型呢？这里我们再通过前面计数的方式来进行验证。枚举类中每个常量都是一个对象，比如上面例子中的 SUN，它与其他常量的一样，只能有一种取值，所以我们将其记为 1。那么上面的枚举类型的所有取值可以如下表示：

```
val a = Day.SUN
val b = Day.MON
val c = Day.TUE
val d = Day.WED
val e = Day.THU
val f = Day.FRI
val g = Day.SAT
```

不难发现，枚举类 Day 总共有 7 种可能的取值，所以取值总数为：

```
1 + 1 + 1 + 1 + 1 + 1 + 1 = 7
```

现在我们来总结下 sum 类型的特点：

❑ **和类型是类型安全的**。因为它是一个闭环，如代码清单 4.1 中的枚举类 Day，我们知道它总共有 7 种可能的取值，不可能出现其他取值。所以当你在使用它的时候，就不用担心出现非法的情况。

❑ **和类型是一种"OR"的关系**。作为比较，积类型可以拥有好几种类型，比如 4.1.2 节中的 BooleanProductUnit 就是同时拥有 Boolean 和 Unit，所以积类型是一种"AND"关系。而和类型一次只能是其中的某种类型，要么是 SUN，要么是 MON，不能同时拥有这两种类型，所以它代表的是"OR"的含义。

虽然枚举类是一种和类型，但是和类型在使用的时候功能比较单一，扩展性不强。我们需要有一种在表达上更强大的语法，那就是在上一章接触到的密封类。这一次，我们利用密封类再来实现一个与上述例子不同的版本：

```
sealed class Day {
    class SUN : Day()
    class MON : Day()
```

```
        class TUE : Day()
        ...
        class SAT : Day()
}
```

同样，该版本中的密封类 Day 总共也只有 7 种可能的取值。在 3.2.1 节中我们已经了解到，密封类会通过一个 sealed 修饰符将其创建的子类进行限制，即该类的子类只能定义在父类或者与父类同一个文件内。

注意　Kotlin 1.0 的时候，密封类的子类只能定义在父类结构体中，而 Kotlin 1.1 之后可以不用将子类定义在父类中了。

使用密封类，或者说和类型最大的好处就是，当我们使用 when 表达式时不用去考虑非法的情况了，也就是可以省略 else 分支。因为和类型是类型安全的，我们只需要将可能的情况列出来即可。另外，如果我们遗漏了某种情况或者说多添加了额外的情况，编译器会报错的。

```
fun schedule(day: Day): Unit =
    when (day) {
        is Day.SUN -> fishing()
        is Day.MON -> work()
        is Day.TUE -> study()
        is Day.WED -> library()
        is Day.THU -> writing()
        is Day.FRI -> appointment()
        is Day.SAT -> basketball()
    }
```

上面就是一个 ADT 与 when 表达式结合的例子。可以看到，我们不用额外写一个 else 来表示默认的选项，它是类型安全的。

4.1.5　构造代数数据类型

通过前面几节的学习，相信你对 ADT 应该有所了解了。接下来我们就通过分析一个简单的例子，来告诉大家如何构造 ADT。

例如，我们想根据一些条件来计算下面几种图形的面积：

❑ 圆形（给定半径）

❑ 长方形（给定长和宽）

❑ 三角形（给定底和高）

那么我们该怎么去把上面的图形抽象成 ADT 呢？首先，找到它们的共同点，即它们都是几何图形（Shape）。然后我们就可以利用密封类来进行抽象：

```
sealed class Shape {
    class Circle(val radius: Double) : Shape()
```

```
    class Rectangle(val width: Double, val height: Double) : Shape()
    class Triangle(val base: Double, val height: Double) : Shape()
}
```

通过上面的代码，我们就将这些图形抽象成了 ADT，整个 Shape 就是一个和类型，其中的 Circle、Rectangle、Triangle 就是通过将基本类型 Double 构造成类而组合成的积类型。你已经知道，使用 ADT 最大的好处就是可以很放心地去使用 when 表达式。接下来，我们就利用 when 表达式去定义一个计算各个图形面积的方法：

```
fun getArea(shape: Shape): Double = when (shape) {
    is Shape.Circle -> Math.PI * shape.radius * shape.radius
    is Shape.Rectangle -> shape.width * shape.height
    is Shape.Triangle -> shape.base * shape.height / 2.0
}
```

可以看到，通过使用 ADT 和 when 表达式，上面求面积的代码看上去非常简洁。如果我们使用 Java 来实现，则需要写一堆 if-else 表达式，而且还要考虑非法的情况，代码的可读性显得一般。

现在我们已经基本掌握了构建和使用 ADT 的方法，你可能感觉到意犹未尽。我们说过，ADT 在函数式编程中一个非常大的用处，就是结合模式匹配。虽然 Kotlin 并没有在极大程度上支持模式匹配，然而 when 表达式依旧是非常强大的一个语言特性。接下来，我们会深度地介绍什么是模式匹配，以及探索 when 表达式在这方面的高级应用。

4.2 模式匹配

当我们在进行开发的时候，肯定遇到过一些复杂的数据结构，比如树。在对树进行操作的时候，我们很可能需要访问其内部的某个属性。在 Java 中，我们惯常的做法是定义一些方法，用来访问树中的某个属性，如 3.3.2 节中提到的 getter 方法。如果在每种数据结构中都内置了这些方法，而这些方法恰好都能实现我们所需的功能，那么开发起来会非常的方便。

然而这显然是不现实的。大部分情况下，那些复杂的数据结构并没有给我们事先提供好那么多方法，而且有时我们甚至很难或者无法再向这些复杂的数据结构中添加新的方法。我们能做的只是一层一层地访问这些结构，然后再获取其中的属性，进行相关操作。

所以你用 Java 编写过上述逻辑，有时候会觉得复杂，并且代码容易出错。如何解决这一困境呢？本节的模式匹配将会告诉你答案！

在前面的 ADT 中我们简单地提起过**模式匹配**（Pattern Matching）。在正式介绍模式匹配之前，我们先回忆一下 when 的表达式操作，相比 Java 的 if-else 或 switch-case 而言，它在处理具有多个分支的情况时显得是那么的简洁和优雅。

我们也提及过，when 表达式也不是完整的模式匹配。真正的模式匹配要比 when 表达式更加强大。然而，Kotlin 是一门倡导实用主义的语言，when 表达式结合 Kotlin 的其他语言特性，比如解构、Smart Casts，已经能够满足大部分工程中的实际需求。

Kotlin 和模式匹配

要想了解 Kotlin 首席设计师关于模式匹配的思考，可以参考他的这封邮件的内容：
https://www.mail-archive.com/amber-spec-experts@openjdk.java.net/msg00006.html

---

虽然 Kotlin 当前（最新版本为 1.2）并没有完整支持模式匹配，但我们会尝试利用 Kotlin 中现有的特性去实现许多模式匹配中的功能与思想，进而能让它服务于我们的业务逻辑。因此，接下来我们就来了解下模式匹配，从而更好地认识 Kotlin 的语言特性。

4.2.1　何为模式

模式匹配（Pattern Matching），第一眼瞥见这个词的时候，你会想到什么？你可能知道"匹配"是什么意思，但是对"模式"可能还不太理解。本节我们会先介绍一下什么是模式。现在请你再仔细看看"Pattern"这个词语，能看出点什么来吗？如果你熟悉 Java 的话，也许能想到 Java 中的正则表达式，因为 Java 的正则表达式就是通过 java.util.regex 包下的 Pattern 类与 Matcher 类实现的。举一个在 Java 中非常简单的正则匹配的例子：

```
// 创建要匹配的文本
String text = "Hello World";

// 实例化Pattern对象
Pattern pattern = Pattern.compile("\\w+");

// 对正则进行匹配
boolean isMatch = pattern.matcher(text).matches(pattern, text);
```

上面就是一个在 Java 中简单匹配正则表达式的例子，其实模式匹配与上面的正则匹配非常相似，只是模式匹配中匹配的不仅有正则表达式，还可以有其他表达式。这里的"表达式"就是我们将要介绍的模式。

通过 2.4.1 节你已经非常熟悉"表达式"这个概念了。一个数字、一个对象的实例，或者说，凡是能够求出特定值的组合我们都能称其为表达式。

```
class Pattern(val text: String)

val a = 1
val b = 2

5, a + b, Pattern("hello"), a > b
```

上面的"5""a+b""Pattern("hello")""a > b"都是表达式。我们说的模式，其本质上就是这些表达式，模式匹配所匹配的内容其实就是表达式。

所以，当我们在构造模式时就是在构造表达式。你可以将模式构造成简单的数字、逻辑表达式，也可以将其构造成复杂的类或者其他嵌套的结构。

4.2.2 常见的模式

通过上一节的学习，我们知道了模式匹配中的模式其实就是表达式。本节我们再通过
when 表达式来讲解下几种常见的模式匹配。

1. 常量模式

常量模式非常简单，与我们所熟知的 if-else 或者 switch-case 语句几乎没有什么不同，
就是比较两个常量是否相等。

```
fun constantPattern(a: Int) = when (a) {
    1 -> "It is 1"
    2 -> "It is 2"
    else -> "It is other number "
}

>>> println(constantPattern(1))
It is 1
```

上面我们定义了一个匹配常量的方法，当调用这个方法的时候，我们传入了常量 "1"，
并且得到了匹配结果。上面的例子与我们在 4.1.4 节中介绍的利用 when 来操作枚举类是一
样的，都是匹配常量。

2. 类型模式

类型模式其实我们在上一节中说过，这里依然用上一节中的例子：

```
sealed class Shape {
    class Circle(val radius: Double) : Shape()
    class Rectangle(val width: Double, val height: Double) : Shape()
    class Triangle(val base: Double, val height: Double) : Shape()
}

fun getArea(shape: Shape): Double = when (shape) {
    is Shape.Circle -> Math.PI * shape.radius * shape.radius
    is Shape.Rectangle -> shape.width * shape.height
    is Shape.Triangle -> shape.base * shape.height / 2.0
}

>>> val shape = Shape.Rectangle(10.0, 0.5)
>>> println(getArea(shape))
5.0
```

类型模式其实类似于我们在 Java 中使用的 istanceof 方法，在 when 中会将传入的值依
次与我们给定的模式相比较。比如我们传入的 shape 类型为 Shape.Rectangle，则会有类似
如下的操作：

```
shape instanceof Shape.Rectangle
```

返回结果为 true，所以我们知道了传入的 shape 是长方形，并将它的面积计算了出来。

3. 逻辑表达式模式

在使用 when 进行匹配的时候，还有一种比较常见的匹配，那就是匹配逻辑表达式：

```
// 例1
fun logicPattern(a: Int) = when {
    a in 2..11 -> (a.toString() + " is smaller than 10 and bigger than 1")
    else -> "Maybe" + a + "is bigger than 10, or smaller than 1"
}

>>> logicPattern(2)
2 is smaller than 10 and bigger than 1

// 例2
fun logicPattern(a: String) = when {
    a.contains("Yison") -> "Something is about Yison"
    else -> "It`s none of Yison`s business"
}

>>> logicPattern("Yison is a good boy")
Something is about Yison
```

通过上面两个例子，我们展示了 when 是如何匹配逻辑表达式的。例 1 中我们匹配一个数是否在某一个数值范围内，例 2 中，我们匹配了某个字符串是否包含另一个字符串。注意，上面的 when 表达式与我们前面几个节中不同，这里关键字 when 的后面没有带参数。在上面的各个例子中，when 表达式的各个分支执行的就是类似于 if 表达式进行判等的操作，比如例 2 中就类似于：

```
if (a.contains("Yison")) "Something is about Yison" else "It`s none of Yison`s business"
```

以上 3 种就是在 Kotlin 中比较常见的模式。看了上面 3 种模式的匹配方式后，你可能会想，这就是模式匹配吗？和 if-else 有什么区别？的确，上面的 3 种模式在进行匹配的时候，我们其实都可以用 if-else 或者 switch-case 来实现，就像我们在 Java 中经常做的那样。那么模式匹配的威力到底体现在哪里呢？

4.2.3　处理嵌套表达式

在上一节中，我们通过 when 表达式介绍了 Kotlin 中比较常见的几种"模式"。这几种模式匹配都能用 if-else 或者 switch-case 语句来实现，那么有没有哪种模式是用 if-else 等语句实现起来有困难，但是用模式匹配却会很简洁的呢？答案是肯定的，那就是我们本节所要介绍的嵌套表达式。

我们首先定义如下的结构：

```
sealed class Expr {
    data class Num(val value: Int): Expr()
    data class Operate(val opName: String, val left: Expr, val right: Expr): Expr()
}
```

上面是一个非常简单的数据结构，它用来表示简单的整数表达式，这里我们先来详细分析以上的代码：

❑ Num 类表示某个整数的值；

❑ Operate 类则是一个树形结构，它被用来表示一些复杂的表达式，其中 opName 属性表示常见的操作符，比如"+""-""*""/"。

接下来，我们就利用上述结构来实现一些需求。在进行整数表达式计算的时候，你往往会遇到许多可以简化的表达式，比如"1 + 0"就可以简化为 1，"1 * 0"就可以简化为 0。我们现在实现一个比较简单的需求：将"0 + x"或者"x + 0"化简为 x，其他情况返回表达式本身。

上面的需求非常简单，简单分析一下就是实现下面的操作：

```
if (expr is "0 + x" || expr is "x + 0") x else expr
```

上面是实现该需求的伪代码，我们接下来就去实现这一需求。先来看看如何利用 if-else 语句来实现（就像我们在 Java 中常用的那样）。我们很容易写出如下代码：

```
fun simplifyExpr(expr: Expr): Expr = if (expr is Expr.Num) {
    expr
} else if (expr is Expr.Operate && expr.opName == "+" && expr.left is Expr.Num &&
    expr.left.value == 0) {
    expr.right
} else if (expr is Expr.Operate && expr.opName == "+" && expr.right is Expr.Num
    && expr.right.value == 0) {
    expr.left
} else expr
```

以上就是我们用 if-else 表达式实现的 simplifyExpr 方法。第 1 个条件很简单，判断该表达式是否为整数值。我们对第 2 个条件进行解释：

```
......
else if (expr is Expr.Operate && expr.opName == "+" && expr.left is Expr.Num &&
    expr.left.value == 0) {
    expr.right
}
```

在上面的代码中，我们做了如下判断操作。

❑ (expr is Expr.Operate)：判断给定的表达式是否是 Operate 类型；

❑ (expr.opName == "+")：判断给定表达式是否是加法操作；

❑ (expr.left is Expr.Num)：判断给定表达式的左节点是否是数值；

❑ (expr.left.value == 0)：如果左节点是数值并且还得满足数值是 0。

可以看到，使用 if-else 表达式实现 simplifyExpr，需要我们写很多判断类型的代码，比如"expr is Expr.Operate"，这也会使得代码代码看上去非常的冗余。如果你熟悉 Java，你还需要写一大堆类型转换的语句，因为在 Kotlin 中支持 Smart Casts（关于 Smart Casts 的更多内容我们在下一章详细介绍），而在 Java 中是不支持的。所以如果我们要用 Java 实现第 2 个条件，代码就会变成这样：

```
......
else if (expr instanceof Expr.Operate && ((Expr.Operate)expr).name.equals("+") &&
    ((Expr.Operate)expr).left instanceof Expr.Num && ((Expr.Num)((Expr.Operate)
    expr).left).value == 0) {
    return (Expr.Operate)expr.right
}
```

假使定义的数据结构更加复杂，那么每一个条件都会包含更长串的代码，既不方便阅读，也容易出错。可以发现，if-else 语句在处理复杂的嵌套表达式的时候显得更加无力。那么使用 when 表达式能够将上面的代码优化成什么样子呢？

如果需要使用 when 表达式，你可能会这么去做，如代码清单 4-2 所示。

代码清单　4-2

```
fun simplifyExpr(expr: Expr): Expr = when {
    (expr is Expr.Operate) && (expr.opName == "+") && (expr.left is Expr.Num) &&
        (expr.left.value == 0) -> expr.right
    (expr is Expr.Operate) && (expr.opName == "+") && (expr.right is Expr.Num) &&
        (expr.right.value == 0) -> expr.left
    else -> expr
}
```

上面这段代码其实与用 if-else 语句实现没有什么区别，只是因为没有 else -if 这种嵌套，所以才看上去相对简洁，其实还是保留了很多判断类型的语句。那么有更好的实现方法吗？当然是有的，接下来我们就来探讨这种更加优雅的实现方法。首先，我们会看一下在支持模式匹配的语言（Scala）中，simplifyExpr 方法是如何实现的。

4.2.4　通过 Scala 找点灵感

与 Kotlin 不同，Scala 支持了很多模式匹配的功能特性。现在我们就通过 Scala 的模式匹配来重新实现一下代码清单 4-2 中的 simplifyExpr 方法。

首先，我们将整数表达式利用 Scala 的语法抽象为如下结构：

```
sealed trait Expr
case class Num (value: Int) extends Expr
case class Operate(opName: String, left: Expr, right: Expr) extends Expr
```

上面是 Scala 密封类的语法，可以发现，它与 Kotlin 的语法也几乎相近。接下来看看在 Scala 中是如何通过 ADT 和模式匹配实现 simplifyExpr 方法的：

```
def simplifyExpr(expr: Expr): Expr = expr match {
    // 0 + x
    case Operate ("+", Num(0), x) => x
    // x + 0
    case Operate ("+", x, Num(0)) => x
```

```
        case _ => expr
}
```

上面就是 Scala 中的模式匹配，可以将关键字 match 理解为 Kotlin 中的 when，case 表示某个分支，与 when 表达式中 "->" 符号前面的语句类似。可以看到，每个分支中都有一个 x，这里 x 就等价于处于那个位置的那个参数。比如在第 1 个分支中：

```
// 0 + x
case Operate("+", Num(0), x) => x
```

上面的 x 可以理解为：

```
x = expr.right
```

上面的代码与我们上一节中实现的相比较就显得简洁许多了，并且我们通过 case 关键字后面匹配的内容，可以很容易地推断出当前分支匹配的结构是怎么样的，这就是在 Scala 中实现的模式匹配。

```
case Operate("+", Num(0), x) => x
```

仔细看 case 关键字后面的 Operate("+", Num(0), x) 表达式，该表达式看上去是不就像一个 Expr.Operate 类的实例？比如我们在实例化 Expr.Operate 的时候：

```
val expr  = Expr.Operate("+", Expr.Num(0), x)
```

在 case 关键字后面的表达式就有点类似于把上面的表达式反向写了一下，就像这样：

```
val Expr.Operate("+", Expr.Num(0), x) = expr
```

然后再用这种反向结构去和传入的值进行比较。看到上面这种反向的结构，你能想到点什么吗？如果再把上面的结构简化一下，变成这样：

```
val ("+", Expr.Num(0), x) = expr
```

上面的结构是不是就与我们在第 3 章中曾经介绍过的解构声明比较类似了？其实在 Scala 中，模式匹配的核心就是解构。何为解构，简单一点理解就是反向构造某个表达式。反向的对立面是正向，那么就先来看看什么是正向构造表达式吧。正向构造就是一般的构造表达式的过程，比如，我们利用上面定义的类来实例化一个对象就是正向构造表达式。

```
val expr = Operate("+", Num(0), Operate("-", Num(1), Num(2)))
```

上面就是一个正向构造表达式的例子，我们将 "+"、Num(0)、Operate("-", Num(1), Num(2)) 这些简单的参数进行了组合，构成了上面那个较为复杂的表达式 expr。那么反向构造就是将上面的过程进行回放，比如将表达式 expr 分解成先前的参数。对应到模式匹配中就是如下的过程：以上面的 simplifyExpr 为例，我们知道，给定的表达式 expr 是相对比较复杂的结构，那么我们就将构成它的结构进行拆分：

```
case Operate("+", Num(0), x) => x
```

比如我们定义的表达式 expr 就可以拆分成上面那个结构，如果用 expr 去进行模式匹配的话，就能匹配出如下结果：

```
scala> simplifyExpr(expr)
res0: Expr = Operate(-,Num(1),Num(2))
```

总结一下，模式匹配中的模式就是表达式，模式匹配的要匹配的就是表达式。模式匹配的核心其实就是解构，也就是反向构造表达式——给定一个复杂的数据结构，然后将之前用来构成该复杂结构的参数抽取出来。看了 Scala 中的模式匹配，相信你就应该知道我们需要用 when 去匹配什么样的表达式了。

4.2.5　用 when 力挽狂澜

通过上一节中对 Scala 模式匹配的介绍，我们知道了在匹配嵌套表达式的时候可以去思考如何对将要匹配的表达式进行解构操作。接下来我们就重新用 when 来实现一下 simplifyExpr 方法。

我们在上一节中看到了 Scala 的 match-case 表达式在进行模式匹配的时候会构建出如下的结构：

```
case Operate("+", Num(0), x) => ……
```

那么我们在用 when 表达式进行模式匹配的时候，也需要构建出类似的结构。比如：

```
when {
    Expr.Operate("+", Expr.Num(0), x) -> ……
}
```

我们先尝试着将大致的代码写出来：

```
fun simplifyExpr(expr: Expr): Expr = when (expr) {
    Expr.Operate("+", Expr.Num(0), expr.right) -> expr.right
    Expr.Operate("", expr.left, Expr.Num(0)) -> expr.left
    else -> expr
}
```

像上面这样写，编译器肯定会报错的：

```
error: unresolved reference: right
    Expr.Operate("+", Expr.Num(0), expr.right) -> expr.right
```

这是因为 Kotlin 的 when 表达式还不能像 Scala 的 match-case 那样，在匹配每一个分支的时候，先去判断该分支的类型。比如 Scala 中的 match-case 在做下面的操作时：

```
case Operate("+", Num(0), x) =>
```

它会先判断传入的 expr 是不是 Operate 类型，如果是然后再进行匹配。而 when 表达式暂时还做不到。所以我们要手动写一个判断类型的操作：

```
fun simplifyExpr(expr: Expr): Expr = when (expr) {
```

```
    is Expr.Num -> expr
    is Expr.Operate -> when (expr) {
        Expr.Operate("+", Expr.Num(0), expr.right) -> expr.right
        Expr.Operate("+", expr.left, Expr.Num(0)) -> expr.left
        else -> expr
    }
}
```

上面就是我们实现的 simplifyExpr 方法。与前面实现的方法相比，的确简洁了许多，并且也能够很清楚地推断出将要匹配的表达式的结构是什么样的。但是上面的实现还是需要我们去写判断类型的语句，而且当嵌套的层数变多的时候，单纯使用 when 表达式还是显得无力。比如我们要匹配下面的结构：

```
val expr = Expr.Operate("+", Expr.Num(0), Expr.Operate("+", Expr.Num(1), Expr.Num(0)))
```

我们想要得到上面表达式中最内层的 Expr.Num(1)，用 Scala 我们可以写出如下的模式来进行匹配：

```
case Operate("+", Num(0), Operate("+", left, Num(0))) => left
```

如果采用 Kotlin，我们可以通过使用递归的方式实现：

```
fun simplifyExpr(expr: Expr): Expr = when (expr) {
    is Expr.Num -> expr
    is Expr.Operate -> when (expr) {
        Expr.Operate("+", Expr.Num(0), expr.right) -> simplifyExpr(expr.right)
        Expr.Operate("+", expr.left, Expr.Num(0)) -> expr.left
        else -> expr
    }
}
```

但是实际业务中的数据结构可能并不像上面那样对称，有可能在某些情况下，我们必须访问两层结构，并且用递归又实现不了。对于上面的例子，如果不用递归，采用 Kotlin 的 when 表达式我们只能这样去写：

```
fun simplifyExpr(expr: Expr): Expr = when (expr) {
    is Expr.Num -> expr
    is Expr.Operate -> when {
        (expr.left is Expr.Num && expr.left.value == 0) && (expr.right is Expr.
            Operate) -> when (expr.right) {
            Expr.Operate("+", expr.right.left, Expr.Num(0)) -> expr.right.left
            else -> expr.right
        }
        else -> expr
    }
}
```

所以 Kotlin 在匹配嵌套表达式的时候，通过递归的思路可以在语法上进一步的简化表达。需要注意的是，在嵌套结构很深的情况下，该方案则不一定适合。

现在，你应该对模式匹配也比较熟悉了。在以后的开发中，你可以灵活地运用 Kotlin 中的 when 表达式来进行模式匹配。另外你也应该知道，Kotlin 在有些模式上面进行匹配不那么出色，这是因为 Kotlin 还没有完全支持模式匹配。但是在这一节中，我们只是直接地利用了 Kotlin 中的 when 表达式来进行模式匹配，并没有进行其他的封装。其实在 Kotlin 中还有一些其他方法可以用来实现模式匹配，这就是我们下一章要介绍的内容。

4.3　增强 Kotlin 的模式匹配

Scala 的缔造者 Martin Odersky 以及另外两位模式匹配领域的专家曾在一篇论文中（https://infoscience.epfl.ch/record/98468/files/MatchingObjectsWithPatterns-TR.pdf）介绍了几种用来实现模式匹配的技术，分别是：

- 类型测试 / 类型转换（Type-Test/Type-Cast）
- 面向对象的分解（Object-Oriented Decomposition）
- 访问者设计模式（Visitor）
- Typecase
- 样本类（Case Classes）
- 抽取器（Extractor）

上面提到的 6 种方法中，后面 3 种暂时在 Kotlin 中还不能实现，或者说实现起来还有些困难。本节我们将利用前面 3 种方法来实现一下模式匹配。

4.3.1　类型测试 / 类型转换

类型测试 / 类型转换这种方式我们在前面几节其实就已经提到了，并且这也是我们在 Java 程序中常用的一种方式。类型测试与类型转换，通过名称我们其实就可以大致知道它是如何工作的：首先会对类型进行测试，也就是判断所给的值是何种类型，然后再进行类型转换。比如我们在前面一节中提到的例子：

```
expr instanceof Expr.Operate && (Expr.Operate)expr.name.equals("+")
```

在上面的代码中，我们首先进行了类型测试，也就是判断 expr 的类型是否为 Expr.Operate，然后进行类型转换，就像这样：

```
if(expr instanceof Expr.Operate) {
    (Expr.Operate) expr …
}
```

当然在 Kotlin 中我们不再需要做这样的转换了，只需要实现类型测试就可以了，因为 Kotlin 本身支持 Smart Casts。

```
expr.left is Expr.Num && expr.left.value == 0
```

这里我们只需要判断 expr.left 的类型是否为 Expr.Num 就可以了，Kotlin 会自动帮我们转换为 Expr.Num 类型。

在解构对象方面，这种方式是最直接的，但是它存在一些缺点，这些我们在前面都已经提到过了，所以使用这种方式基本上不能增强 Kotlin 的模式匹配。

4.3.2 面向对象的分解

在前面几节中，我们在利用模式匹配的时候都会有一个问题，就是我们需要不断地去判断给定的对象是什么类型的，然后再根据特定的对象类型去访问其内部属性。如果是 Java 的话，我们还需要进行强制转换，然后才能实现对特定对象的操作。那么有没有一种方法能让我们简化这种操作呢？

比如在上面的代码中，我们在很多时候需要做下面的操作：

```
expr.left is Expr.Num && expr.left.value == 0
```

我们首先需要判断给定的表达式是否是数值，然后再判断该数值是否是 0。能不能不做这些操作就知道该表达式是数值，并且值为 0 呢？我们很容易想到可以通过调用方法来实现这一操作，就像这样：

```
expr.isZero()
```

如果存在这么一个方法，我们就不用再写这么一串需要重复多次的代码了。**面向对象的分解**就是采用这种思路来做的：我们通过在父类中定义一系列的测试方法（比如上面的测试是否为数值），然后在子类中实现这些方法，就可以在不同的子类中来做相应的操作了。

我们在 4.2.5 节的后半部分举了一个用 when 表达式实现起来比较吃力的例子，对下面的表达式进行模式匹配，将最内层的 Expr.Num(1) 返回出来：

```
val expr = Expr.Operate("+", Expr.Num(0), Expr.Operate("+", Expr.Num(1), Expr.
    Num(0)))
```

如果要比较简单地匹配上面的表达式，我们该怎么去做呢？首先我们肯定需要判断该表达式是否是 "0+x" 或者 " x+0"，关于这样的判断我们在前面写了许多次，所以我们可以将这一多次用到的操作定义成一个方法。简单实现如下：

```
sealed class Expr {
    abstract fun isZero(): Boolean
    abstract fun isAddZero(): Boolean
    data class Num(val value: Int) : Expr() {
        override fun isZero(): Boolean = this.value == 0
        override fun isAddZero(): Boolean = false
    }

    data class Operate(val opName: String, val left: Expr, val right: Expr) : Expr() {
        override fun isZero(): Boolean = false
```

```
        override fun isAddZero(): Boolean = this.opName == "+" && (this.left.
            isZero() || this.right.isZero())
    }
}
```

在上面的类中定义了一个名为 isAddZero 方法和一个 isZero 方法，前者可以判断某个表达式是否形如"x+0"或者"0+x"，后者用来判断某个表达式是否为 0。那么我们来试着简化一下之前的操作：

```
val expr = Expr.Operate("+", Expr.Num(0), Expr.Operate("+", Expr.Num(1), Expr.Num(0)))

fun simplifyExpr(expr: Expr): Expr = when {
    expr.isAddZero() && expr.right.isAddZero() && expr.right.right.isZero() ->
        expr.right.left
    else -> expr
}
```

上面的代码似乎简单多了，但是编译器会报错的：

```
error: unresolved reference: right
expr.isAddZero() && expr.right.isAddZero() && expr.right.left.isZero() -> expr.
    right.right
```

这是因为尽管编写代码的人知晓当 expr.isAddZero() 为 true 的时候，expr 的类型肯定是 Expr.Operate，然而编译器不会自动判断然后转换成相应的类型，编译器只知道该类型为 Expr。所以为了避免再写判断类型的语句，我们需要实现一个类似于 getter 的方法：

```
sealed class Expr {
    abstract fun isZero(): Boolean
    abstract fun isAddZero(): Boolean
    abstract fun left(): Expr
    abstract fun right(): Expr
    data class Num(val value: Int) : Expr() {
        override fun isZero(): Boolean = this.value == 0
        override fun isAddZero(): Boolean = false
        override fun left(): Expr = throw Throwable("no element")
        override fun right(): Expr = throw Throwable("no element")
    }

    data class Operate(val opName: String, val left: Expr, val right: Expr) : Expr() {
        override fun isZero(): Boolean = false
        override fun isAddZero(): Boolean = this.opName == "+" && (this.left.
            isZero() || this.right.isZero())
        override fun left(): Expr = this.left
        override fun right(): Expr = this.right
    }
}
```

在上面的代码中，我们增加了用来获取 Expr.Operate 中 left 以及 right 的方法。接下来我们就能比较简单地去实现 simplifyExpr 方法了：

```
val expr = Expr.Operate("+", Expr.Num(0), Expr.Operate("+", Expr.Num(0), Expr.Num(1)))

fun simplifyExpr(expr: Expr): Expr = when {
    expr.isAddZero() && expr.right().isAddZero() && expr.right().left().isZero()
        -> expr.right().right()
    else -> expr
}

>>> simplifyExpr(expr)
Num(value=1)
```

通过采用面向对象分解的方式，我们确实将代码简化了。但是简化 simplifyExpr 方法的代价也很明显：我们需要在 sealed class Expr 中实现许多方法。在业务中我们需要实现的需求远比上面的例子复杂，这就意味着我们需要在 sealed class Expr 中实现更多的方法，并且这些方法也比我们上面实现的要复杂许多。这将导致一个后果，就是整个类的结构看上去非常臃肿，几乎全是一些方法的实现。另外，如果我们要添加一个新的子类，那么关于该子类的一些测试方法就需要在之前定义的每个子类中再实现一遍，而且由于之前在别的子类中实现的一些测试方法并没有考虑新增加的子类的情况，那么很有可能我们之前定义在其他子类中的一些测试方法就需要被重新实现，这种代价是比较高的。

当然，如果我们的业务比较简单，并且后期数据结构也不会有太大变化，那么可以将这种方式与 when 表达式相结合起来使用，可以比较方便地简化逻辑。

4.3.3 访问者设计模式

在上一节中我们介绍了通过面向对象分解的方式来对 Kotlin 现有的模式匹配进行增强，但是这种方式存在一个问题，就是在类中写了太多方法的实现，这样会使类很笨重。那么，有没有一种方法既能够不在类中实现方法，又能够较为方便地访问特定类中的数据呢？这就是我们本节要介绍的**访问者设计模式**。

访问者设计模式表示一个作用于某对象结构中的各元素的操作，它使你可以在不改变各元素类的前提下定义作用于这些元素的新操作。

通过定义你可以知道，使用该设计模式可以让我们能够访问到各个元素，于是我们可以将相关方法的实现放在类的外部，这样就可以使得类不再臃肿。接下来我们看看访问者模式是如何工作的。

在之前定义的密封类 Expr 的基础上，我们还需要增加一个额外的类 Visitor。顾名思义，该类就是起一个访问的作用，用它来访问我们需要进行操作的类（这里简称为目标类），比如，在这个例子中就是 Expr。

Visitor 类中会定义多个 visit 方法，这些方法的名称相同，但是参数的类型不同。参数的类型为目标类的子类，在目标类中，我们需要在每个子类中定义一个 accept 方法，这些方法用来将访问者对象注入，然后访问者对象就可以对目标类的不同的子类进行一些不同的操作了。来看以下具体的例子：

```
sealed class Expr {
    abstract fun accept(v: Visitor): Boolean
    class Num(val value: Int) : Expr() {
        override fun accept(v: Visitor): Boolean = v.visit(this)
    }

    class Operate(val opName: String, val left: Expr, val right: Expr) : Expr() {
        override fun accept(v: Visitor): Boolean = v.visit(this)
    }
}

class Visitor {
    fun visit(expr: Expr.Num): Boolean = false
    fun visit(expr: Expr.Operate): Boolean = when (expr) {
        Expr.Operate("+", Expr.Num(0), expr.right) -> true
        Expr.Operate("+", expr.left, Expr.Num(0)) -> true
        else -> false
    }
}
```

在上面的代码中，我们定义了一个访问者类，在类中实现了两个 visit 方法。但它们的参数类型不同，这是为了对特定的子类进行不同的操作，也是访问者模式比较关键的一点。

为此，我们在 Expr 及它的子类中定义了 accept 方法，用来给访问者类提供访问的通道。我们对 visit 方法的实现其实就是前面例子中的 isAddZero 的实现，只不过将实现的代码放在了类的外面。当然这些方法可以定义多个，名称也可以不是 visit 和 accept。那么接下来我们就用访问者模式来实现一下前面的例子：

```
sealed class Expr {
    abstract fun isZero(v: Visitor): Boolean
    abstract fun isAddZero(v: Visitor): Boolean
    abstract fun simplifyExpr(v: Visitor): Expr

    class Num(val value: Int) : Expr() {
        override fun isZero(v: Visitor): Boolean = v.matchZero(this)
        override fun isAddZero(v: Visitor): Boolean = v.matchAddZero(this)
        override fun simplifyExpr(v: Visitor): Expr =
                v.doSimplifyExpr(this)
    }

    class Operate(val opName: String, val left: Expr, val right: Expr) : Expr() {
        override fun isZero(v: Visitor): Boolean = v.matchZero(this)

        override fun isAddZero(v: Visitor): Boolean = v.matchAddZero(this)
        override fun simplifyExpr(v: Visitor): Expr = this
    }
}

class Visitor {
    fun matchAddZero(expr: Expr.Num): Boolean = false
```

```kotlin
fun matchAddZero(expr: Expr.Operate): Boolean = when (expr) {
    Expr.Operate("+", Expr.Num(0), expr.right)
    -> true
    Expr.Operate("+", expr.left,
            Expr.Num(0))
    -> true
    else -> false
}

fun matchZero(expr: Expr.Num): Boolean = expr.value == 0
fun matchZero(expr: Expr.Operate): Boolean = false
fun doSimplifyExpr(expr: Expr.Num): Expr = expr
fun doSimplifyExpr(expr: Expr.Operate, v: Visitor): Expr = when {
    (expr.right is Expr.Num && v.matchAddZero(expr) && v.matchAddZero(expr.
        right)) && (expr.right
            is Expr.Operate && expr.right.left is Expr.Num) && v.matchZero
                (expr.right.left) -> expr.right.left
    else -> expr
}
}
```

上面就是我们用访问者设计模式重新实现的例子。与前面提到的面向对象分解相比，doSimplifyExpr 方法在实现上并没有太大的区别。采用访问者设计模式的好处是，我们将类中方法的实现放到了外部，这样就使得类的结构看上去比较单纯。

当我们定义的子类特别多并且结构变得比较复杂的时候。访问者模式可以让我们少写许多判断类型的代码，而且只在特定的子类中进行相关操作会使得我们的逻辑变得轻巧一些。

当然，访问者模式也存在许多的缺点，比如我们现在需要给 Expr 增加一个子类，那么我们就需要在访问者类中再为这个子类增加一个操作。这其实是不便于后期维护的，如果频繁地增加类型，那么访问者类就需要被不断地修改。另外，访问者设计模式与面向对象的分解存在同一个问题，那就是新增加子类之后，之前实现的一些测试方法可能需要被重新实现。虽然我们没有在目标类中写一些方法的实现，但是访问者模式看上去依然比较笨重，所以一般情况下不建议使用。

当然，如果我们的数据结构在后期不会有太大的改变，但是业务逻辑相对比较复杂，我们可以将访问者设计模式与 when 结合起来使用。

4.3.4 总结

本节我们列举了 Kotlin 中能够实现模式匹配的几种方法，并对这些方法进行了一一探索。在日常开发中，你可以将这几种方法与 when 表达式进行合理地组合，它们一定会给你带来许多惊喜。

延伸阅读

除了本节所提到的几种方式外，在网址为 https://kotlin.link/articles/Improved-Pattern-Matching-in-Kotlin.html 这篇文章中也探讨了 Kotlin 中增强模式匹配的方式。

Kotlin 之所以没有完全支持模式匹配，是因为 Kotlin 的设计者们认为，使用 Kotlin 中现有的 Smart Casts 及解构声明在处理日常的业务开发时已经足够了。当然，如果 Kotlin 支持模式匹配，将会给我们的开发带来许多便捷，同时也会极大地丰富 Kotlin 的语法。所以我们也期待某一天 Kotlin 能够完全地支持模式匹配。

4.4　用代数数据类型来抽象业务

在前面几节中，我们学习了代数数据类型及模式匹配。本节我们将从一个实际的需求入手，在设计和实现阶段就会告诉你一些常见的糟糕的设计，然后再利用前面所学的 ADT 及模式匹配的思想去优化这些不足，最后呈现给你一份优雅而又强大的业务代码。

4.4.1　从一个实际需求入手

我们现在要开发一个与优惠券相关的业务，这个业务就是围绕优惠券去做一些文章。基本的需求如下：

- ❑ 优惠券有多种类型，如现金券、礼品券及折扣券；
- ❑ 现金券能够实现"满多少金额减多少金额"，礼品券能够通过券上标明的礼品来兑换相应礼物，折扣券表示用户能够享受多少折扣；
- ❑ 用户可以领取优惠券，领取之后也可以使用优惠；
- ❑ 优惠券的使用时间是可以指定在某一个特定时间段内；
- ❑ 如果优惠券在特定的时间内没有使用的话就会过期。

4.4.2　糟糕的设计

上面，我们对优惠券相关的业务需求有了一个大致的了解，那么我们就简单分析一下上面的需求，然后通过我们的分析将这些需求抽象成相应的代码。

1. 分析

- ❑ 优惠券会有一些基本的属性，比如 id、名称、基本信息等；
- ❑ 优惠券有不同的类型，通过一个 type 来表示；
- ❑ 对于不同类型的优惠券来说，会有不同的属性来对应它们所需要实现的功能，比如折扣券会有一个属性来表示折扣；
- ❑ 优惠券能够被领取和使用，只有在特定的时间内才有效，也有可能会过期，这就需要有一个专门的方法来判断优惠券的状态。

上面就是对 4.4.1 节中的需求进行的简单分析。接下来，我们就根据上面的分析，在代码层面抽象这个业务。

2. 抽象

首先我们根据上面的分析来抽象出优惠券的一些基本的特征：

```
class Coupon(
    val id: Long,
    val type: String
)
```

上面就是我们最容易想到的抽象优惠券的方式。更进一步地研究上面的分析，我们发现优惠券会有不同的类型，并且每种类型都会有一些专有的属性，所以进一步得到如下结构：

```
class Coupon(
    val id: Long,
    val type: String,

    //券类型为代金券的时候使用，满足leastCost减少reduceCost
    val leastCost: Long?,
    val reduceCost: Long?,

    // 券类型为折扣券的时候使用
    val discount: Int?,

    // 券类型为礼品券的时候使用
    val gift: String?
)
```

我们知道，优惠券会有不同的类型，所以我们可以在 Coupon 的伴生对象中将这些状态用一些常量表示。

```
companion object {
    final val CashType = "CASH"
    final val DiscountType = "DISCOUNT"
    final val GiftType = "GIFT"
}
```

以上就是我们根据前面的需求及分析所抽象出来的 Coupon 类。上面的代码是我们非常容易想到的也是非常常见的一种抽象方式，它完全可以实现我们的需求。但是，如果仔细分析上面的代码，我们会发现一些问题。比如我们在使用"礼品券"的时候，除去一些基本的属性，我们只会用到 gift 这个属性，而 leastCost、reduceCost、discount 都为空，因为这 3 个属性与礼品券毫无关系。

试想一下，如果我们定义的优惠券很复杂，比如折扣券中还包含一些它特有的属性，代金券也是如此，那么冗余的属性就会非常多，这将使我们的代码看上去非常地臃肿。而且如果我们后期想增加一种优惠券类型，那么我们就需要修改整个 Coupon 的结构，这将使我们的开发成本变得很大。并且代码也将变得不是很安全，因为 Coupon 类有可能在很多个地方被实例化，那就意味着，这些地方都需要被修改。

4.4.3 利用 ADT

在上一节中，我们讲了一种常见的对具体业务的抽象方式，但该方式存在一些问题。

那我们如何去解决这些问题呢？我们在 4.1.5 节中学习过如何构建代数数据类型，现在我们就尝试着利用 ADT 的思想去重新抽象一下 Coupon。

```
sealed class Coupon {
    companion object {
        final val CashType = "CASH"
        final val DiscountType = "DISCOUNT"
        final val GiftType = "GIFT"
    }

    class CashCoupon(val id: Long, val type: String, val leastCost: Long, val
        reduceCost: Long) : Coupon()
    class DiscountCoupon(val id: Long, val type: String, val discount: Int) : Coupon()
    class GiftCoupon(val id: Long, val type: String, val gift: String) : Coupon()
}
```

通过密封类，我们就将优惠券抽象成了一个 ADT，这样也就减少了数据的冗余。如果我们需要重新添加一个优惠券也很方便，直接在 GiftCoupon 类的后面添加一个类即可。并且由于 ADT 是类型安全的，当我们使用 when 表达式的时候，即使遗漏了新类型的逻辑处理，编译器也会提醒我们，将新增的类型补充上去即可。

有了这个优惠券的抽象结构之后，现在我们就来实现一下在前面没有实现的一个方法。在需求清单中提到，优惠券会有使用期限，还有可能会过期，所以我们需要实现一个方法来判断具体某一张优惠券属于何种状态。在实现该方法之前，我们将优惠券的几种状态罗列如下：

```
companion object {
    final val NotFetched = 1        // 未领取
    final val Fetched = 2           // 已领取但未使用
    final val Used = 3              // 已使用
    final val Expired = 4           // 已过期
    final val UnAvilable = 5        // 已失效
}
```

我们在 object Coupon 中新增了一个 Status 对象，用来表示优惠券处于何种状态。接下来就需要定义一些方法来去判断到底某个优惠券处于何种状态：

```
fun fetched(c: Coupon, user: User): Boolean      // 根据用户信息和优惠券信息，判断某个用户
                                                 // 是否领取了优惠券
fun used(c: Coupon, user: User): Boolean         // 根据用户信息和优惠券信息，判断优惠券是
                                                 // 否已被该用户使用
fun isExpired(c: Coupon): Boolean                // 判断优惠券是否过期
fun isUnAviable(c: Coupon): Boolean              // 判断优惠券是否已经失效

fun getCouponStatus(coupon: Coupon, user: User): Int = when {
    isUnAviable(coupon) -> Coupon.UnAvilable     // 无效的优惠券
    isExpired(coupon) -> Coupon.Expired          // 过期的优惠券
    isUsed(coupon, user) -> Coupon.Used          // 被使用的优惠券
    fetched(coupon, user) -> Coupon.Fetched      // 已领取的优惠券但未使用
    else -> Coupon.NotFetched                    // 未领取的优惠券
}
```

通过上面定义的 getCouponStatus 方法，我们就能判断当前的优惠券处于何种状态，然后我们根据它们所处的状态来做进一步的操作。比如每个优惠券都有一个详情页面，在这个详情页面中会显示这个优惠券当前的状态，那么我们在实现这个显示状态的逻辑时，就可以调用 getCouponStatus 方法，再根据该方法返回的结果进行渲染。

```
fun showStatus(coupon: Coupon, user: User) = when (getCouponStatus(coupon, user)) {
    Coupon.UnAvilable -> showUnAvilable()
    Coupon.Expired -> showExpired()
    Coupon.Used -> showUsed()
    Coupon.Fetched -> showFetched()
    else -> showNotFetched()
}
```

上面就是显示状态的逻辑。不知道你是否发现，上面的代码可能会存在一些问题：试想一下，如果优惠券的状态变得很多的时候，getCouponStatus 方法的传入参数就会发生变化，这就意味着，只要调用过 getCouponStatus 方法的地方都将会被修改；并且我们用 when 方法调用的时候并不是类型安全的，所以当优惠券的状态变多的时候，我们还需要额外修改 else 分支中的逻辑，如果漏掉了，那么 when 分支中没有匹配到的状态就都会跑到 else 中执行，代码的安全性也会降低。

4.4.4　更高层次的抽象

在上一节中，我们利用 ADT 对优惠券进行了抽象。虽然上一节中的抽象已经算是比较优雅的了，但是还是存在一些潜在的问题：

❑ getCouponStatus 方法被多次调用；

❑ 在用 when 表达式进行优惠券状态判断的时候是非类型安全的。

先来分析下第 2 点，要使得 when 表达式在进行状态判断的时候变得类型安全，有一个办法，就是传入 when 表达式的参数必须是通过密封类构建的代数数据类型。所以我们就可以继续思考，如果之前传入的参数是一个代表状态的值，那我们是否可以将优惠券的状态抽象成一个密封类呢？

再来看下第 1 个问题，我们需要解决 getCouponStatus 方法被多次调用的问题，最好只让这个方法被调用一次，那该如何去做呢？我们知道，当使用某个优惠券的实例的时候，基本上都需要使用该实例的状态，也就是判断该优惠券实例处于何种状态。利用 ADT 的思想，我们是否可以将优惠券的状态与优惠券的实例进行组合呢？

基于上述分析，我们需要实现如下两点：

❑ 将优惠券的状态抽象成 ADT；

❑ 将优惠券的状态与优惠券进行组合。

我们首先对优惠券的状态进行抽象，将其变成 ADT。

```
sealed class CouponStatus {
    object StatusNotFetched : CouponStatus()          // 未领取
```

```
object StatusFetched : CouponStatus()                    // 已领取但未使用
object StatusUsed : CouponStatus()                        // 已使用
object StatusExpired : CouponStatus()                     // 已过期
object StatusUnAvilable : CouponStatus()                  // 无效优惠券
}
```

接下来我们考虑一下将优惠券与 CouponStatus 进行组合。

```
sealed class CouponStatus {
    data class StatusNotFetched(val coupon: Coupon) : CouponStatus()
    data class StatusFetched(val coupon: Coupon) : CouponStatus()
    data class StatusUsed(val coupon: Coupon) : CouponStatus()
    data class StatusExpired(val coupon: Coupon) : CouponStatus()
    data class StatusUnAvilable(val coupon: Coupon) : CouponStatus()
}
```

其实我们还发现，当优惠的状态是"已使用"和"已领取"的时候，都需要对 User 进行操作，所以我们也将 User 组合进来。

```
sealed class CouponStatus {
    data class StatusNotFetched(val coupon: Coupon) : CouponStatus()
    data class StatusFetched(val coupon: Coupon, val user: User) : CouponStatus()
    data class StatusUsed(val coupon: Coupon, val user: User) : CouponStatus()
    data class StatusExpired(val coupon: Coupon) : CouponStatus()
    data class StatusUnAvilable(val coupon: Coupon) : CouponStatus()
}
```

上面就是对优惠券状态进行抽象的最终结果。接下来我们就看看，上面的结构能不能解决之前存在的问题。首先是 getCouponStatus 方法被多次调用的问题，有了上面的结构，我们再根据优惠券状态去处理某些逻辑的时候，就可以直接利用上面的结构，不需要再去调用 getCouponStatus 方法，该方法只需要在 CouponStatus 被实例化的时候调用一下就可以了。

```
fun getCouponStatus(coupon: Coupon, user: User): CouponStatus = when {
    isUnAviable(coupon) -> CouponStatus.StatusUnAvilable(coupon)        // 无效的优惠券
    isExpired(coupon) -> CouponStatus.StatusExpired(coupon)             // 过期的优惠券
    isUsed(coupon, user) -> CouponStatus.StatusUsed(coupon, user)       // 被使用的优惠券
    fetched(coupon, user) -> CouponStatus.StatusFetched(coupon, user)   // 已领取的优惠券
                                                                        // 但未使用
    else -> CouponStatus.StatusNotFetched(coupon)                       // 未领取的优惠券
}
```

在根据优惠券状态来处理具体逻辑的时候，我们只需要传入 CouponStatus 的实例即可。比如上一节中那个显示状态的例子就变成了以下的样子：

```
fun showStatus(status: CouponStatus) = when (status) {
    is CouponStatus.StatusUnAvilable -> showUnAvilable()
    is CouponStatus.StatusExpired -> showExpired()
    is CouponStatus.StatusUsed -> showUsed()
    is CouponStatus.StatusFetched -> showFetched()
```

```
        is CouponStatus.StatusNotFetched -> showNotFetched()
}
```

上面的 when 表达式在进行模式匹配的时候就不需要再写 else 分支了。如果我们在后面添加一个状态，只需要在 when 表达式中添加一个分支即可，如果有遗漏，编译器也会提示我们。而且，由于 getCouponStatus 方法并没有被调用多次，所以维护起来也很方便。

我们通过 ADT 将优惠券的状态进行了抽象，而且将 Coupon 和 User 也组合到了其中，这样做的好处就是当我们使用优惠券的状态时，其所需要的数据就不需要再额外去调用其他方法获取了。通过这种高度抽象的方式，使得数据的具体信息更加简洁，同时概括能力也变得更强，数据也更加完备，使用起来也非常安全。

本节我们介绍了一个与优惠券相关的例子，在这个例子中，我们根据所要面对的需求来对业务进行逐步的抽象，最终利用 ADT 的思想进行了高度抽象，解决了我们所遇到的一系列问题。本节主要就是通过这个高度抽象的例子来教你如何在今后的业务中，将模式匹配与 ADT 有机地结合，从而发挥出它们的最大威力。

4.5　本章总结

（1）代数数据类型

代数数据类型就是像代数一样的类型，代数数据类型中比较常见的两个类型是和类型及积类型。我们可以通过计数的方式来理解这两种类型。

（2）构造代数数据类型

我们可以将一些基本类型或者简单的类型构造成复杂的代数类型，比如利用枚举类和密封类。代数数据类型是类型安全的，在进行模式匹配的时候非常有用。

（3）模式

模式就是表达式，在 Kotlin 中常见的模式有常量、类型、逻辑表达式等。

（4）模式匹配

模式匹配就是匹配表达式。在对一些复杂结构进行操作的时候，模式匹配能够很好地简化问题。在 Kotlin 中，采用 when 进行模式匹配能够帮我们简化大部分问题，但是当需要匹配的层级比较深的时候，when 表达式会显得有些无力。

（5）实现模式匹配的技术

实现模式匹配的技术主要有 6 种，而 Kotlin 中比较方便采用的有 3 种，分别是类型测试 / 类型转换、面向对象的分解、访问者设计模式。

（6）增强 Kotlin 的模式匹配

在增强 Kotlin 的模式匹配方面我们进行了一些探索，就是采用上面所说的 3 种实现模式匹配的技术。在处理更加复杂的结构时，我们可以将 when 表达式与提到的这些增强的方式进行合理的结合。Kotlin 之所以没有实现完全的模式匹配，是因为使用 Kotlin 中现有的

smart casts 及解构声明在处理日常的业务开发时已经足够了。但是我们仍然憧憬未来它会实现完全的模式匹配。

（7）使用代数数据类型来抽象业务

由于 Kotlin 并没有支持完全的模式匹配，所以为了能利用好现有的模式匹配，我们需要在数据结构上下功夫，使其能够很好地去直接使用 when 表达式进行模式匹配。在进行业务抽象的时候，我们主要是利用 ADT 的思想来对事物进行描述，然后逐步分析，直到最终的更高层次的抽象。

（8）更高层次的抽象

要将事物一次性进行高度抽象是比较困难的，这种技能是需要靠大量的实战来积累的。但是实现更高层次的抽象时，我们可以先将所要描述的事物利用 ADT 的思想进行一次抽象，然后再根据业务逻辑进行必要的调整，最终实现更高层次的抽象。

Chapter 5 | 第 5 章

类 型 系 统

在前几章中我们介绍了 Kotlin 的许多特性，通过与 Java 比较，你应该能感受到它为开发者提供了非常多的帮助。在这些强大的特性背后，类型系统发挥了不可或缺的作用。

本章我们会深入介绍 Kotlin 在类型系统方面的设计。Kotlin 的类型系统可以看作 Java 的升级版，如增加了类型的可控性，使得开发工程变得更加安全可靠；通过引入 Smart Casts 特性，使得用 Kotlin 编写出的代码更加简洁优雅。同时，你也将了解到 Kotlin 在泛型层面针对 Java 的改良。接下来就让我们一起看看其中的奥秘。

5.1 null 引用：10 亿美元的错误

> "我把 null 引用称为 10 亿美元的错误。它发明于 1965 年，那时我用一个面向对象的语言（ALGOL W）设计了第一个全面的引用类型系统。"——托尼·霍尔（Tony Hoare）。

2009 年 3 月，Tony Hoare 在 Qcon 技术会议上发表了题为《 null 引用：代价 10 亿美元的错误》的演讲，回忆自己 1965 年设计第一个全面的类型系统时，未能抵御住诱惑，加入了 null 引用，仅仅是因为实现起来非常容易。它后来成为许多程序设计语言的标准特性，导致了数不清的错误、漏洞和系统崩溃，可能在之后 40 年中造成了 10 亿美元的损失。

5.1.1 null 做了哪些恶

如果说类型系统描述了一系列规则，那么 null 就是类型系统的一个漏洞。null 是一个不是值的值。它在不同语言中有着不同的名字：NULL、nil、null、None、Nothing、Nil 和 nullptr 等。大家在使用 Java 进行开发时，难免会遇到各种异常，不过最令人头疼的莫过于

臭名昭著的 **NullPointerException**（NPE）。在数组里、集合中，以及几乎所有的场景中都有它的影子。

在深入了解 Kotlin 类型系统之前，我们先来重新了解一下 null，为什么说它是个严重的错误。

1. null 存在歧义

首先，我们必须承认的是，一个值为 null 可以代表很多含义，比如：

- ❑ 该值从未被初始化；
- ❑ 该值不合法；
- ❑ 该值不需要；
- ❑ 该值不存在。

很多时候，我们都需要用 HashMap 来保存一些数据，Java 中的 HashMap 允许 key 为 null。比如一个教室，我们将座位号与坐在上面的人保存到 HashMap 里。

```
HashMap<Long, String> map = new HashMap<>();
map.put(null, null);
map.put(1001L, "Yison");
map.put(1002L, "Jilen");
```

同时，我们也会存入空座位的信息：

```
map.put(1003L, null);
```

但当我们要获取这些空座位的信息时，返回的 null 则产生了歧义：

- ❑ 这个座位不存在；
- ❑ 这个座位上没人（信息为空）。

上述 HashMap 的接口并不能够精确地区分这两种情况（Java 8 之前），并且，实际的业务会比以上复杂得多，这样的歧义很可能造成不易察觉的 bug。

好在 Java 8 中新增了一些友好的接口 public V getOrDefault(Object key, V defaultValue)，我们可以通过指定 defaultValue 来区分上述情况。尽管如此，依旧有很多 API 存在上述类似的问题，这里不一一赘述，你可以自行探索。

2. 难以控制的 NPE

其次，就是我们熟知 NullPointerException 问题，它往往让我们编写的 Java 程序变得脆弱。静态类型语言在编译时期就能对程序中的类型做出检查。例如以下 Java 代码：

```
String str = "just haha";
System.out.println(str.length());

Date date = new Date();
System.out.println(date.length());
```

编译器会检查出上述代码中 length 方法调用者的类型，在编译的时候就会给你一些友好的提示。但是对于 Java，编译时检查存在一个致命缺陷——由于任何引用都可以是 null，而调用一个 null 对象的方法，将产生 NPE。

我们尝试将代码变为这样：

```java
String str = "just haha";
str = null;
System.out.println(str.length());
```

编译顺畅地通过了，然而当你的程序愉快地运行时，却产生了丑陋的 NPE。很多其他语言的类型系统也有同样的缺点。在这些语言中，null 悄悄地越过类型检查，等待运行时释放出一大批错误。

3. 冗余的防御式代码

虽然在很多情况下 null 是没有意义的，但是当类型系统允许万物为 null 时，我们就不得不写下一些判空（null）代码：

```java
if (str == null || str.equals("")) {
    // Todo
}
```

你是否发现了一些问题？我们总是将 null 与字符串为空混为一谈，这多少有些违背业务初衷。

Kotlin 中的 nonEmpty 方法

一种比较推荐的做法：在 Kotlin 或 Scala 等语言中，通常用 str.nonEmpty 来进行判断，这在表达上具备了更好的语义化。

看了上述 null 的几个缺点，相信你也能推测到，null 还会让代码调试工作也变得不容易。这时候你难免会产生疑问：既然 null 如此不好，我们为何不彻底废弃它？

正如上文提到，null 在 1965 年就被创造出来了。后来的语言中大多数都沿用了 null 引用这种设计。然而，如果想要替换掉 null，首先我们需要花费大量的精力更新以前的工程；其次，你需要想出更好的一个代号来代表"空"。这样新的问题就又出现了。

5.1.2   如何解决 NPE 问题

不得不承认的是，null 确实为我们解决了许多问题，过重的历史包袱让我们没办法立刻摆脱它。事实上，我们也发现一些语言中已经在初步替代、划分 null，比如引入一些新的类型（Empty、undefined），把类型分为可空和非空等。

既然不能被彻底取代，就必须勇敢地面对。对于防止 NPE，当前 Java 中已经有如下几种解决方案：

1）**函数内对于无效值，更倾向于抛异常处理**。特别地，在 Java 里应该使用专门的自定义 Checked Exception。不过这种方案，对于经常出现无效值的、有性能需求或在代码中经常使用的函数并不适用。对于自身可取空值的类型,比如说集合类型,通常返回零长度的数组或者集合,虽然这样做会多出内存的开销。

2)**采用 @NotNull/@Nullable 标注**。对于一段复杂的代码,检查参数是否为空是一件比较耗费时间的事情。对于不可为空的参数,我们可以尝试采用 @NotNull 来注解,明确参数是否可空,在模块入口就加以控制,避免非法的 null 值进一步传递。

3)**使用专门的 Optional 对象对可能为 null 的变量进行装箱**。这类 Optional 对象必须拆箱后才能参与运算,因而拆箱步骤就提醒使用者必须处理 null 值的情况。

5.2 可空类型

Kotlin 提供了一种崭新的思路,来解决由 null 引发的问题,这就是在类型层面提供一种"可空类型"。在介绍它之前,我们先来回忆下 Java 8 中的 Optional 类。

5.2.1 Java 8 中的 Optional

如果你深入了解过 Java 8,那么肯定熟悉它增加的 java.util.Optional<T>。

我们举一个简单的例子,以便不了解的读者能更快地了解 Optional 的用法。这里还是以学生和座位为例,一个座位上可能坐着学生,也可能没有;一个学生可能戴着眼镜,也可能没有。对于不确定是否存在的属性,我们就可以用 Optional 来封装。

```
public class Seat {
    private Optional<Student> student;

    public Optional<Student> getStudent() {
        return student;
    }
}

public class Student {
    private Optional<Glasses> glasses;

    public Optional<Glasses> getGlasses() {
        return glasses;
    }
}

public class Glasses {
    private double degreeOfMyopia; // 近视度数

    public double getDegreeOfMyopia() {
        return degreeOfMyopia;
    }
}
```

以上,将学生(Student)、眼镜(Glasses)声明为 Optional 类型:

❑ 声明其类型为可空，更具有语义；

❑ 在使用可空属性时，更好地处理了 NPE 问题。

在眼镜类中，因为眼镜肯定存在度数，则把度数 degreeOfMyopia 声明为 double 类型，不需要强行为其套一层 Optional。

上述数据类型的设计看起来已经挺不错了，那我们尝试来获取一下 Optional 的值。假设我们已经从数据库中读取到了座位的信息，我们想获取某个座位上学生的眼镜度数。看到 Optional 有一个判断值是否存在的方法 isPresent()，我们可能会想当然地写出如下代码：

```
public double getDegreeOfMyopia(Optional<Seat> seat) {
    if (seat.isPresent()
            && seat.get().getStudent().isPresent()
            && seat.get().getStudent().get().getGlasses().isPresent())
        return seat.get().getStudent().get().getGlasses().get().getDegree
            OfMyopia();
    else return 0.00;
}
```

不知道你是否察觉到哪里不对劲？似乎不加 Optional 之前的方式更加简洁。

```
public double getDegreeOfMyopia(Seat seat) {
    return seat!=null && seat.student!=null && seat.student.glasses!=null ? seat.
        student.glasses.degreeOfMyopia: 0.00;
}
```

如果真是这样，那也太不优雅了！事实上，Optional 提供了 map、flatMap、filter 等方法，帮助我们从对象中提取信息。

提示　如果你不熟悉 map、flatMap、filter，可以去了解一下 Java Stream 相关知识。

于是，常见的代码应该是这样的：

```
public double getDegreeOfMyopia(Optional<Seat> seat) {
    return seat.flatMap(Seat::getStudent)
            .flatMap(Student::getGlasses)
            .map(Glasses::getDegreeOfMyopia)
            .orElse(0.00);
}
```

除了获取数据很优雅以外，Optional 还给我们提供了处理数据的机会——能在 flatMap、map 中对数据进行处理——这对传统的 null 来说肯定少不了嵌套大量的 if-else。

注意　Optional 也提供 OptionalInt、OptionalLong 及 OptionalDouble，虽然字面上与 Optional<Integer> 类似，但是我们不推荐使用这些基础类型的 Optional：它并不支持 map、flatMap、filter 方法，并且它们在序列化的时候会出现问题。引入它们可能仅仅只是为了避免自动装箱。

一切看起来都那么美好，甚至你是不是都想把书放在一边，准备去修改一下之前那些不堪入目的代码了呢？别急，如果你的应用对性能有着严格要求的话，请继续往下看。

我们给上述代码加上非 Optional 参数的类，加以测试：

```java
public class StudentOld {
    private Glasses glasses;
    // ...省略get/set以及构造函数
}

public class SeatOld {
    private StudentOld student;
    // ...省略get/set以及构造函数
    double getDegreeOfMyopiaOld(SeatOld seat) {
        double result = 0.00;
        if (seat != null && seat.student!=null && seat.student.getGlasses()!=null)
            result = seat.student.getGlasses().getDegreeOfMyopia();
        return result;
    }
}
```

运行一下测试用例：

```java
public static void main(String[] args) {
    // 创建seat实例
    Seat seat = ...
    // 创建seat实例
    SeatOld seatOld = ...

    Long before = System.currentTimeMillis();
    for (int i = 0; i < 100000000; i++) {
        seat.getDegreeOfMyopiaA(Optional.of(seat));
    }
    System.out.println("Optional调用消耗时间: " + (System.currentTimeMillis() -
        before) + "毫秒");

    Long before2 = System.currentTimeMillis();
    for (int i = 0; i < 100000000; i++) {
        seatOld.getDegreeOfMyopiaOld(seatOld);
    }
    System.out.println("原始调用消耗时间: " + (System.currentTimeMillis() - before2)
        + "毫秒");
}
```

多次测试发现，Optional 的耗时大约是普通判空的数十倍。这主要是因为 Optional<T> 是一个包含类型 T 引用的泛型类，在使用的时候多创建了一次对象，当数据量非常大的时候，频繁地实例化对象会造成性能损失。如果未来 Java 支持了值类（value class），这些开销将会不复存在。

5.2.2 Kotlin 的可空类型

上节我们花了一些篇幅介绍 Java 8 中的 Optional<T>，虽然它能够应对绝大多数的场景，却依旧存在一些看起来不够好的地方。有趣的是，在阅读一些开源代码时，你会发现 Optional 并没有被大范围使用（具体原因将在下面介绍）。

然而，在 Kotlin 中处理 NPE 问题非常容易，这也是 Kotlin 生态圈越来越强壮的原因之一。

在本书前面的章节中提到过，与 Java 不同，Kotlin 可区分非空（non-null）和可空（nullable）类型。举个例子回顾一下：

```
// Java
Long x = null;

// Kotlin
val x:Long = null;
```

在 Java 里我们可以给一个变量初始化为 null，所以 Optional 类型的变量也可能为 null。但是在 Kotlin 中，这在编译时就会报错：Error:Null cannot be a value of a non-null type Long。

这意味着在 Kotlin 中访问非空类型的变量将永远不会抛出空指针异常！那你就有疑问了：既然 Kotlin 不存在 Optional<T> 这样的类，那如何表示可空类型呢？

在 Kotlin 中，我们可以在任何类型后面加上 "?"，比如 "Int?"，实际上等同于 " Int? = Int or null"。通过合理的使用，不仅能够简化很多判空代码，还能够有效避免空指针异常。

> **注意** 由于 null 只能被存储在 Java 的引用类型的变量中，所以在 Kotlin 中基本数据的可空版本都会使用该类型的包装形式。同样，如果你用基本数据类型作为泛型类的类型参数，Kotlin 同样会使用该类型的包装形式。

经过上面的介绍，你也许还不能感受到它的魅力。让我们先来把之前座位 (Seat)- 学生 (Student)- 眼镜 (Glasses) 的例子用 Kotlin 改写一下：

```
data class Seat(val student: Student?)
data class Student(val glasses: Glasses?)
data class Glasses(val degreeOfMyopia: Double)
```

1. 安全的调用 ?.
同样举上面的例子。如果我们想知道一个座位上学生的眼镜度数，以前用 Java 会这么写：

```
if (seat.student != null) {
    if (seat.student.glasses != null) {
        System.out.println("该位置上学生眼镜度数: " + seat.student.glasses.degreeOfMyopia)
    }
}
```

而在 Kotlin 中可以这样写：

```
println("该位置上学生眼镜度数：${s.student?.glasses?.degreeOfMyopia}")
```

这里的"?."我们可以将其称作安全调用。当 student 存在时，才会调用其下的 glasses。

2. Elvis 操作符 ?:

假设座位上有学生，如果不戴眼镜，眼镜度数为 –1。在 Java 中，我们会利用三目运算符，如下所示：

```
double result = student.glasses != null? student.glasses.degreeOfMyopia :-1
```

Kotlin 中也有类似的运算符，但是它是类型安全版本的：

```
val result = student.glasses?.degreeOfMyopia?:-1
```

以上的运算符我们称为 **Elvis 操作符**，或者**合并运算符**。

3. 非空断言 !!.

Java 程序员在测试的时候经常会使用 Assert 来保证某个变量不为空。Kotlin 中为你提供了另一种选择，如果我们在测试的时候想确保一个学生是戴眼镜的：

```
val result = student!!.glasses
```

当这个学生不戴眼镜时，程序就会抛出 NPE 的异常。除此之外还有"!is""as?"等运算符，这里不过多介绍。

对比 Java 版本，Kotlin 的代码精简程度是否让你眼前一亮？但是简洁的背后一般都不简单。上节中我们提到过，目前解决 NPE 问题一般有 3 种方式：

❑ 用 try catch 捕获异常。
❑ 用 Optional<T> 类似的类型来包装。
❑ 用 @NotNull/@Nullable 注解来标注。
那 Kotlin 的可空对应的是那种方案呢？

4. Kotlin 如何实现类型的可空性

我们利用 IDEA 的反编译工具，可以查看 Kotlin 相对应的 Java 代码。以 getDegreeOfMyopiaKt(seat: Seat?) 方法为例：

```java
public final double getDegreeOfMyopiaKt(@Nullable Seat seat) {
    double var3;
    if(seat != null) {
        Student var10000 = seat.getStudent();
        if(var10000 != null) {
            Glasses var2 = var10000.getGlasses();
            if(var2 != null) {
                var3 = var2.getDegreeOfMyopia();
                return var3;
            }
        }
    }
```

```
        var3 = 0.0D;
        return var3;
    }
```

我们发现 Kotlin 在方法参数上标注了 @Nullable，在实现上，依旧采用了 if..else 来对可空情况进行判断。这么做的原因很可能是：

❑ 兼容 Java 老版本（兼容 Android）；

❑ 实现 Java 与 Kotlin 的 100% 互转换；

❑ 在性能上达到最佳。

5. T? 与 Optional 的差异

看完上述内容，我们应该都知道，Kotlin 的可空类型实质上只是在 Java 的基础上进行了语法层面的包装，我们可以将 Kotlin 可空类型的性能看成与 Java 近似一致，所以其性能上优于 Java 8 中的 Optional 是毋庸置疑的。

另外，Optional 实质上是一种新的类型，这与 Kotlin 可空类型不同。我们在使用的时候，你是想写 Optional<T> 还是 "T?" 呢？上面的例子其实也完美解释了这个问题：Kotlin 的可空类型更加精练。

总而言之，Kotlin 可空类型优于 Java Optional 的地方体现在：

❑ Kotlin 可空类型兼容性更好；

❑ Kotlin 可空类型性能更好、开销更低；

❑ Kotlin 可空类型语法简洁。

6. 用 Either 代替可空类型

光有 "T?" 就足够了吗？以上例子避开了 null 的情况，并且在设置默认值的情况下，我们可能无法区分出程序是否出错。如何才能获取到这个异常呢？

Kotlin 中也有 try..catch..finally，用它我们可以轻松地捕获异常。需要注意的是，忽略异常并不总是一种好的做法。

🎯 提示　参见《Effective Java》第 77 条：不要忽略异常。

如果需要让程序抛出异常，我们可以结合 Elvis 操作符：

```
seat?.student?.glasses?.degreeOfMyopia ?: throw NullPointerException("some reasons")
```

上述两种方案都不是非常优雅。如果你熟悉 Scala，会比较自然地想到用 Either[A, B] 来解决。

Either 的子类型

　　Either 只有两个子类型：Left、Right，如果 Either[A, B] 对象包含的是 A 的实例，那它就是 Left 实例，否则就是 Right 实例。

通常来说，Left 代表出错的情况，Right 代表成功的情况。

Kotlin 虽然没有 Either 类，但是我们可以通过密封类便捷地创造出 Either 类：

```
sealed class Either<A,B>() {
    class Left<A,B>(val value: A): Either<A,B>()
    class Right<A,B>(val value: B) : Either<A,B>()
}
```

我们就可以利用 Either 将程序改造为：

```
fun getDegreeOfMyopiaKt(seat: Seat?): Either<Error, Double> {
    return seat?.student?.glasses?.let { Either.Right<Error, Double>(it.
        degreeOfMyopia) } ?: Either.Left<Error, Double>(Error(code=-1))
}
```

---

let 的概念

　　定义：public inline fun <T, R> T.let(block: (T) -> R): R = block(this)

　　功能：调用某对象的 let 函数，该对象会作为函数的参数，在函数块内可以通过 it 指代该对象。返回值为函数块的最后一行或指定 return 表达式。

也许你会疑惑，这样写起来代码不是变多了吗？

是这样，没错。但是正如上一章所提及的，我们需要用 ADT 良好地组织业务。在获取数据时，我们往往是经过多个方法逐步获取，最后整合在一起。定义一个 Error 类，将所有步骤中的错误都抽象为不同的子类型，便于最终的处理以及后期排查错误，何乐而不为。如果我们不这么做，只是隐藏了潜在的异常，调用者通常会忽略可能发生的错误，这是很危险的设计。在第 10 章中，我们会详细介绍异步过程中的数据异常处理。

5.2.3 类型检查

在开发的时候，我们会接触非常多类型，难免需要判断一个对象是什么类型。在 Java 中，一般使用 A instanceof T 来判断 A 是 T 或者 T 的子类的一个实例。而在 Kotlin 中，我们可以用"is"来判断。这里借用官方文档的例子：

```
if (obj is String) {
    print(obj.length)
}

if (obj !is String) { // 等同于 !(obj is String)
    print("Not a String")
} else {
    print(obj.length)
}
```

还记得上一章介绍的增强版的 switch—when 表达式吗？利用它我们可以让代码变得更优雅：

```
when (obj) {
    is String -> print(obj.length)
    ! is String -> print("Not a String")
}
```

细心的你，直觉上有没有感受到以上代码哪里有点不对劲？这里的 obj 为 Any 类型，虽然做了类型判断，但在没有类型转换的情况下，我们使用了 String 的方法 length。是不是上述代码写错了？

其实，是 Kotlin 中的**智能转换**（Smart Casts）帮我们省略了一些工作。

5.2.4 类型智能转换

Smart Casts 可以将一个变量的类型转变为另一种类型，它是隐式完成的。举个例子：

```
val stu: Any = Student(Glasses(189.00))
if(stu is Student) println(stu.glasses)
```

如果在 Java 中，我们还需要将 stu 的类型做强制转换，方可调用其属性：

```
Object stu = Student(Glasses(189.00))
if(stu instanceof Student) System.out.println(((Student)stu).glasses)
```

同样，对于可空类型，我们可以使用 Smart Casts：

```
val stu: Student = Student(Glasses(189.00))
if (stu.glasses != null) println(stu.glasses.degreeOfMyopia)
```

你一定会想知道 Kotlin 是怎么做到的。我们将第一个例子反编译成 Java，核心代码如下：

```
...
Intrinsics.checkParameterIsNotNull(args, "args");
Student stu = new Student(new Glasses(189.0D));
if(stu instanceof Student) {
    Glasses var2 = ((Student)stu).getGlasses();
    System.out.println(var2);
}
...
```

我们可以看到，这与我们写的 Java 版本一致，这其实是 Kotlin 的编译器帮我们做出了转换。根据官方文档介绍：当且仅当 Kotlin 的编译器确定在类型检查后该变量不会再改变，才会产生 Smart Casts。利用这点，我们能确保多线程的应用足够安全。举个例子：

```
class Kot {
    var stu: Student? = getStu()
    fun dealStu() {
        if (stu != null) {
            print(stu.glasses)
        }
    }
}
```

上述代码中，我们将 stu 声明为引用可变变量，这意味着在判断（stu != null）之后，stu 在其他线程中还是会被修改的，所以被编译器无情地拒绝了。

将 var 改为 val 就不会存在这样的问题，引用不可变能够确保程序运行不产生额外的副作用。你也许会觉得这样写不够优雅，我们可以用 let 函数来简化一下：

```
class Kot {
    var stu: Student? = getStu()
    fun dealStu() {
        stu?.let { print(it.glasses) }
    }
}
```

在实际开发中，我们并不总能满足 Smart Casts 的条件。并且 Smart Casts 有时会缺乏语义，并不适用所有场景。在实际开发中肯定存在类的继承关系：

```
Open class Human data class Teacher(val name: String) : Human()

fun getTeacher(): Human {
    // 仅示例，实际存在可空的情况
    return Teacher("jilen")
}
```

结合上文中的类型智能转换，当你想获取 teacher 的 name 时，可能会这样写：

```
// 编译报错
val teacher = getTeacher()
print(teacher.name)
```

你会发现 Smart Casts 并不没有那么智能，Kotlin 与其他面向对象的语言一样，无法直接将父类型转为子类型，当类型需要强制转换时，我们可以利用 as 操作符来实现：

```
val teacher = getTeacher() as Teacher
print(teacher.name)

// 甚至可以这样写
// val teacher = getTeacher()
// teacher as Teacher
// print(teacher.name)
```

这样，我们强制转换确定了 teacher 的类型，当 teacher 不为空时，就可以成功调用 teacher 的参数。如果我们将 getTeacher（）方法的返回值改为可空，即：

```
fun getTeacher(): Human?
```

则代码在运行时会抛出类型转换错误的异常：

```
kotlin.TypeCastException: null cannot be cast to non-null type Teacher
```

所以我们通常称 as 为不安全的类型转换。那是否有安全版本的转换呢？除了上述写法外，Kotlin 还提供了操作符 as?，此时上述代码可以 这样改写：

```
val teacher = getTeacher() as? Teacher
if (teacher !== null) {
    print(teacher.name)
}
```

这时，如果 teacher 为空将不会抛出异常，而是返回转换结果 null。

除此之外，我们可能在某些业务下需要频繁地进行类型转换，所以会配合泛型封装一个更"有效的"类型转换方法：

```
fun <T> cast(original: Any): T? = original as? T
```

观察以上代码，我们的目标是将任意不为空的类型转为目标类型 T，因为可能转换失败，所以返回类型为"T?"。我们可以这样使用：

```
val ans = cast<String>(140163L)
```

代码看起来挺合理的，但是在调用的时候却出现了意料之外的结果：

```
Exception in thread "main" java.lang.ClassCastException: java.lang.Long cannot be
    cast to java.lang.String…
```

其实，这是类型擦除造成的影响。如果你使用一些比较智能的 IDEA，在编写代码时你就会看到类似"Warning: Unchecked cast: Any to T"这样的警告。Kotlin 的设计者们同样注意到了这点，他们加入了关键字 reified，我们可以将之理解为"具体化"，利用它我们可以在方法体内访问泛型指定的 JVM 类对象（注意，还需要在方法前加入 inline 修饰）。

```
inline fun <reified T> cast(original: Any): T? = original as? T
```

这样，我们就可以顺利地使用了。关于类型擦除，我们将在 5.5 节详细介绍。

5.3   比 Java 更面向对象的设计

关于面向对象，我们在第 3 章已经做了详细的介绍。在"纯面向对象"或"完全面向对象"的语言中，应该把程序里所有东西都视作对象。提到纯面向对象语言，也许你会先想到 SmallTalk，它就是一门纯面向对象的编程语言。那么，Kotlin 是一门纯面向对象的语言吗？

我们都知道，Java 并不能在真正意义上被称作一门"纯面向对象"语言，因为它的原始类型（如 int）的值与函数等并不能视作对象。

但是 Kotlin 不同，在 Kotlin 的类型系统中，并不区分原始类型（基本数据类型）和包装类型，我们使用的始终是同一个类型。虽然从严格意义上，我们不能说 Kotlin 是一门纯面向对象的语言，但它显然比 Java 有更纯的设计。

接下来，让我们一起来看看 Kotlin 的类型结构，如图 5-1 所示。

需要注意的是，以上的类型结构中省略了除 String、Int 之外的一些原生类型，比如 Double、Long 等。

5.3.1   Any：非空类型的根类型

与 Object 作为 Java 类层级结构的顶层类似，Any 类型是 Kotlin 中所有非空类型（如 String、Int）的超类，如图 5-2 所示。

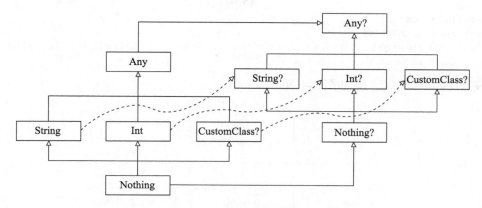

图 5-1　Kotlin 的类型结构

与 Java 不同的是，Kotlin 不区分"原始类型"（primitive type）和其他的类型，它们都是同一类型层级结构的一部分。

如果定义了一个没有指定父类型的类型，则该类型将是 Any 的直接子类型。如：

```
class Animal(val weight: Double)
```

如果你为定义的类型指定了父类型，则该父类型将是新类型的直接父类型，但是新类型的最终根类型为 Any。

```
abstract class Animal(val weight: Double)

class Bird(weight: Double, val flightSpeed: Double): Animal(weight)
class Fish(weight: Double, val swimmingSpeed: Double): Animal(weight)
```

它们之间的类型层级关系如图 5-3 所示。

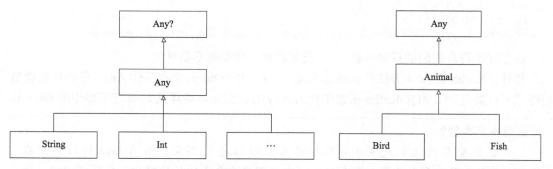

图 5-2　Any 与 String、Int 等类型层级　　图 5-3　Any、Animal、Bird 和 Fish 之间的类型层级

如果你的类型实现了多个接口，那么它将具有多个直接的父类型，而 Any 同样是最终的根类型。

```
interface ICanFly
interface ICanBuildNest
class Bird(weight: Double, flightSpeed: Double): Animal(weight), ICanFly,
    ICanBuildNest
```

该情况的类型层级关系如图 5-4 所示。

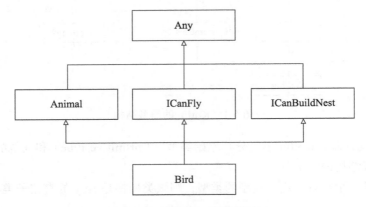

图 5-4　实现多接口的类型层级

Kotlin 的 Type Checker 强制检查了父子关系。例如，你可以将子类型值存储到父类型变量中：

```
var f: Animal = Bird(weight = 0.1, flightSpeed = 15.0)
f = Fish(weight = 0.15, swimmingSpeed = 10.0)
```

但是你不能将父类型值存储到子类型变量中：

```
val b = Bird(weight = 0.1, flightSpeed = 15.0)
val f: Animal = b
val b2: Bird = f
// Error: Type mismatch: inferred type is Animal but Bird was expected
```

这正好也符合我们的日常理解："鸟类是动物，而动物不是鸟类。"

另外，Kotlin 把 Java 方法参数和返回类型中用到的 Object 类型看作 Any（更确切地说是当作"平台类型"）。当在 Kotlin 函数中使用 Any 时，它会被编译成 Java 字节码中的 Object。

什么是平台类型?

　　平台类型本质上就是 Kotlin 不知道可空性信息的类型，所有 Java 引用类型在 Kotlin 中都表现为平台类型。当在 Kotlin 中处理平台类型的值的时候，它既可以被当作可空类型来处理，也可以被当作非空类型来操作。

　　平台类型的引入是 Kotlin 兼容 Java 时的一种权衡设计。试想下，如果所有来自 Java 的值都被看成非空，那么就容易写出比较危险的代码。反之，如果 Java 中的值都强制当作可空，则会导致大量的 null 检查。综合考量，平台类型是一种折中的设计方案。

5.3.2　Any? : 所有类型的根类型

如果说 Any 是所有非空类型的根类型, 那么 Any? 才是所有类型 (可空和非空类型) 的根类型。这也就是说, Any? 是 Any 的父类型。为什么会是这样呢?

一个看似容易实则不简单的问题是, 到底什么才是子类型化 (Subtyping)? 如果你只有 Java 这门编程语言的开发经验, 很容易陷入一个误区: 继承关系决定父子类型关系。因为在 Java 中, 类与类型大部分情况下都是 "等价" 的 (在 Java 泛型出现前)。

事实上, "继承" 和 "子类型化" 是两个完全不同的概念。子类型化的核心是一种**类型的替代关系**, 可表示为:

```
S <: T
```

以上 S 是 T 的子类, 这意味着在需要 T 类型值的地方, S 类型的值同样适用。如在 Kotlin 中 Int 是 Number 的子类:

```
fun printNum(num: Number) {
    println(num)
}
>>> val n: Int = 1
>>> printNum(n)
>>> 1
>>> printNum("I am a String")
error: type mismatch: inferred type is String but Number was expected
```

作为比较, 继承强调的是一种 "实现上的复用", 而子类型化是一种类型语义的关系, 与实现没关系。部分语言如 Java, 由于在声明父子类型关系的同时也声明了继承的关系, 所以造成了某种程度上的混淆。

现在你应该能够明白, 虽然 Any 与 Any? 看起来没有继承关系, 然而在我们需要用 Any? 类型值的地方, 显然可以传入一个类型为 Any 的值, 这在编译上不会产生问题。反之却不然, 比如一个参数类型为 Any 的函数, 我们传入符合 Any? 类型的 null 值, 就会出现如下的错误:

```
error: null can not be a value of a non-null type Any
```

因此, 我们可以很大胆地说, Any? 是 Any 的父类型, 而且是所有类型的根类型, 虽然当前的 Kotlin 官网文档没有介绍过这一点。

Any? 与 Any??

　　一个你可能会挑战的问题是, 如果 Any? 是 Any 的父类型, 那么 Any?? 是否又是 Any? 的父类型? 如果成立, 那么是否意味着就没有所谓的所有类型的根类型了?

　　其实, Kotlin 中的可空类型可以看作所谓的 Union Type, 近似于数学中的并集。如果用类型的并集来表示 Any?, 可写为 Any ∪ Null。相应的 Any?? 就表示为 Any ∪ Null ∪ Null, 等价于 Any ∪ Null, 即 Any?? 等价于 Any?。因此, 说 Any? 是所有类型的根类型是没有问题的。

5.3.3　Nothing 与 Nothing?

在 Kotlin 类型层级结构的最底层是 Nothing 类型。在加入 Nothing 类型之后，以上我们讨论的类型结构如图 5-5 所示。

顾名思义，Nothing 是没有实例的类型。Nothing 类型的表达式不会产生任何值。需要注意的是，任何返回值为 Nothing 的表达式之后的语句都是无法执行的。你是不是感觉这有点像 return 或者 break 的作用？没错，Kotlin 中 return、throw 等（流程控制中与跳转相关的表达式）返回值都为 Nothing。

有趣的是，与 Nothing 对应的 Nothing?，我们从字面上翻译可能会解释为：可空的空。与 Any、Any? 类 似，Nothing? 是 Nothing 的父类型，所以 Nothing 处于 Kotlin 类型层级结构的最底层。

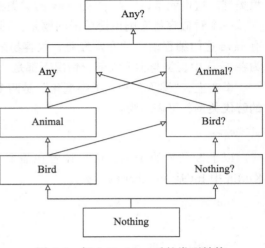

图 5-5　加入 Nothing 后的类型结构

其实，它只能包含一个值：null，本质上与 null 没有区别。所以我们可以使用 null 作为任何可空类型的值。

5.3.4　自动装箱与拆箱

介绍完顶层与底层类型，让我们来看看中间的类型。

我们发现，Kotlin 中并没有 int、float、double、long 这样的原始类型，取而代之的是它们对应的引用类型包装类 Int、Float、Double、Long。

除了以上代表数值的类型，还有布尔（Boolean）、字符（Char）、字符串（String）及数组（Array）。这让 Kotlin 比起 Java 来更加接近纯面向对象的设计——一切皆对象。

但这么说其实也是不够严谨的。以 Int 为例，虽然它可以像 Integer 一样提供额外的操作函数，但这两个类型在底层实现上存在差异。先来看一段代码：

```
val x1: Int = 18 // Kotlin
int x2 = 18;  // Java
Integer x3 = 18; // Java
```

借助 IDEA 我们可以看到 Kotlin 编译后的字节码分别是：

```
BIPUSH 18
ISTORE 1

bipush 18
istore_1

bipush 18
```

```
invokestatic #2 <java/lang/Integer.valueOf>
astore_1
```

观察以上结果，我们发现：Kotlin 中的 Int 在 JVM 中实际以 int 存储（对应字节码类型为 I）。但是，作为一个"**包装类型**"，编译后应该装箱才对（以上代码中我们可以看到 Java 通过调用静态方法 java/lang/Integer.valueOf 来进行装箱）。

难道，Kotlin 不会自动装箱？

装箱与拆箱的含义

自动装箱基本类型自动转为包装类，自动拆箱指包装类自动转为基本类型。

别着急下结论，你还记得可空类型吗？我们来看看 Int？的字节码：

```
val x4: Int? = 18
```

```
// 对应字节码
BIPUSH 18
INVOKESTATIC java/lang/Integer.valueOf (I)Ljava/lang/Integer;
ASTORE 1
```

到这里，真相已经浮出水面了。我们可以简单地认为：

❏ Kotlin 中的 Int 类型等同于 int；

❏ Kotlin 中 Int? 等同于 Integer。

Int 作为一种小技巧，让 Int 看起来是引用类型，这在语法上让 Kotlin 更接近纯面向对象语言。

5.3.5 "新"的数组类型

数组是类型系统不可或缺的一部分，它在我们处理数据时提供了很多便利。相信你们一定很熟悉 Java 的数组，其在创建时通常使用一种简洁的写法：

```
int[] funList = new int[100]; // 声明一个长度为100的int数组。
```

然后，我们就可以通过遍历、下标或 Arrays 里的方法来对 funList 进行修改。Kotlin 中抛弃了这种 C/C++ 风格的写法，我们可以这样创造数组：

```
val funList = arrayOf() // 声明长度为0的数组
val funList = arrayOf(n1, n2, n3..., nt) // 声明并初始化长度为t的数组
```

Kotlin 中 Array 并不是一种原生的数据结构，而是一种 Array 类，甚至我们可以将 Kotlin 中的 Array 视作集合类的一部分。

由于 Smart Casts，编译器能够隐式推断出 funList 元素类型。当然，我们也可以手动指定类型：

```
val funList = arrayOf<T>(n1, n2, n3..., nt)
```

在 Kotlin 中，还为原始类型额外引入了一些实用的类：IntArray、CharArray、ShortArray 等，分别对应 Java 中的 int[ ]、char[ ]、short[ ] 等。

与 array 类似，我们可以这样定义原始类型的数组：

```
val xArray = intArrayOf(1,2,3)
```

> 🔔 注意 IntArray 等并不是 Array 的子类，所以用两者创建的相同值的对象，并不是相同对象。

由于 Kotlin 对原始类型有特殊的优化（主要体现在避免了自动装箱带来的开销），所以我们建议优先使用原始类型数组。

若你熟悉 Java，你应该知道数组的一些特性：

❑ 数组大小固定，并且同一个数组只能存放类型一样的数据（基本类型 / 引用类型）；
❑ 数组在内存中地址是连续的，所以性能比较好。

因为数组大小固定，所以限制了很多使用场景。我们通常采用可自动扩容的集合，这将在第 6 章中详细介绍。

5.4 泛型：让类型更加安全

在了解完 Kotlin 中的类型系统设计之后，我们肯定少不了探讨另一个东西，那就是泛型。你已经知道的是，Kotlin 支持在写方法的时候这样指定方法参数的具体类型：

```
fun sum(a: Int, b: Int):Int {
    return a + b
}
```

那么，能不能将参数的类型也参数化呢？比如下面的伪代码：

```
fun sum(a: T, b: T):T {
    return a + b
}
```

其实这便是 Kotlin 中的泛型。在具体介绍该语法及对比 Java 的泛型之前，我们先来看看为什么要有泛型。

5.4.1 泛型：类型安全的利刃

众所周知，Java 1.5 引入泛型。那么我们来思考一个问题，为什么 Java 一开始没有引入泛型，而 1.5 版本却引入泛型？先来看一个场景：

```
List stringList = new ArrayList();
stringList.add(new Double(2.0));
String str = (String)stringList.get(0);
```

执行结果：

```
>>> java.lang.ClassCastException: java.lang.Double cannot be cast to java.lang.String
    at javat.Rectangle.main(Rectangle.java:29)
```

因为 ArrayList 底层是用一个 Object 类型的数组实现的，这种实现虽然能让 ArrayList 变得更通用，但也会带来弊端。比如上面例子中，我们不小心向原本应作为 String 类型的 List 中添加了一个 Double 类型的对象，理想的情况下编译器应该能够提示错误，但事实上这段代码能编译通过，在运行时却会报错。这是一个非常糟糕的体验，我们真正需要的是在代码编译的时候就能发现错误，而不是让错误的代码发布到生产环境中。这便是泛型诞生的一个重要的原因。有了泛型后，我们可以这么做：

```
List<String> stringList = new ArrayList<String>();
stringList.add(new Double(2.0)); //编译时报错，add(java.lang.String)无法适配add
    (java.lang.Double)
```

利用泛型代码在编译时期就能发现错误，防止在真正运行的时候出现 ClassCastException。当然，泛型除了能帮助我们在编译时期进行类型检查外，还有很多其他好处，比如自动类型转换。我们继续来看第一段代码，在获取 List 中的值的时候，我们进行了以下操作：

```
String str = (String)stringList.get(0);
```

是不是感觉异常的烦琐，明明知道里面存的是 String 类型的值，取值的时候还要进行类型强制转换。但有了泛型之后，就可以利用下面这种方式实现：

```
List<String> stringList = new ArrayList<String>();
stringList.add("test");
String str = stringList.get(0);
```

有了泛型之后，不仅在编译的时候能进行类型检查，在运行时还会自动进行类型转换。而且通过引入泛型，增强上述功能的同时并没有增加代码的冗余性。比如我们无须为声明一个类型安全的 List 而去创建 StringList、DoubleList 等类，只需在声明 List 的同时指定参数类型即可。

总的来说，泛型有以下几点优势：

❑ 类型检查，能在编译时就帮你检查出错误；
❑ 更加语义化，比如我们声明一个 List<String>，便可以知道里面存储的是 String 对象，而不是其他对象；
❑ 自动类型转换，获取数据时不需要进行类型强制转换；
❑ 能写出更加通用化的代码。

本节我们简单地回顾了一下 Java 中的泛型。下面我们就来看看在 Kotlin 中如何使用泛型。

5.4.2　如何在 Kotlin 中使用泛型

Kotlin 和 Java 一样，都使用尖括号这种方式来表示泛型，比如 <T>、<E>、<?> 等。比如我们上面举例的 Collection<E> 便是一个泛型接口。接下来我们就来看看如何在 Kotlin 中声明一个泛型类和泛型函数。

我们还是以 Kotlin 中的集合为例，假设现在我们有一个需求，定义一个 find 方法，传入一个对象，若列表中存在该对象，则返回该对象，不存在则返回空。由于原有的集合类不存在这个方法，所以可以定义一个新的集合类，同样也要声明泛型。我们可以这么做：

```kotlin
class SmartList<T> : ArrayList<T>(){

    fun find(t: T) : T? {
        val index = super.indexOf(t)
        return if (index >= 0) super.get(index) else null
    }
}

fun main(args: Array<String>) {
    val smartList = SmartList<String>()
    smartList.add("one")
    println(smartList.find("one"))  //输出 one
    println(smartList.find("two").isNullOrEmpty()) // 输出true
}
```

我们发现，Kotlin 定义泛型类的方式与我们在 Java 中所看到的类似。另外泛型类同样还可以继承另一个类，这样我们就可以使用 ArrayList 中的属性和方法了。

当然，除了定义一个新的泛型集合类外，我们还可以利用扩展函数来实现这种需求。由于扩展函数支持泛型的情况，所以我们可以这么做：

```kotlin
fun <T> ArrayList<T>.find(t: T): T? {
    val index = this.indexOf(t)
    return if (index >= 0) this.get(index) else null
}

fun main(args: Array<String>) {
    val arrayList = ArrayList<String>()
    arrayList.add("one")
    println(arrayList.find("one"))  //输出 one
    println(arrayList.find("two").isNullOrEmpty()) // 输出true
}
```

利用扩展函数这种方式也非常简洁，所以，当你只是需要对一个集合扩展功能的时候，使用扩展函数非常合适。有关扩展函数的具体内容将会在第 7 章讲解。

使用泛型时是否需要主动指定类型？

在 Kotlin 中，以下的方式不被允许：

```kotlin
val arrayList = ArrayList()
```

而在 Java 中却可以这么做，这主要是因为泛型是 Java 1.5 版本才引入的，而集合类在 Java 早期版本中就已经有了。各种系统中已经存在大量的类似代码：

```
List list = new ArrayList();
```

所以，为了保证兼容老版本的代码，Java 允许声明没有具体类型参数的泛型类。而 Kotlin 是基于 Java 6 版本的，一开始就有泛型，不存在需要兼容老版本代码的问题。所以，当你声明一个空列表时，Kotlin 需要你显式地声明具体的类型参数。当然，因为 Kotlin 具有类型推导的能力，所以以下这种方式也是可行的：

```
val arrayList = arrayListOf("one", "two")
```

总的来说，使用泛型可以让我们的代码变得更加通用化，更加灵活。但有时过于通用灵活并不是一个好的选择，比如现在我们创建一个类型，只允许添加指定类型的对象。接下来我们就来看看如何在 Kotlin 中约束类型参数。

5.4.3 类型约束：设定类型上界

前面我们已经说过，泛型本身就有类型约束的作用，比如你无法向一个 String 类型 List 中添加一个 Double 对象。那么，这里所说的类型约束到底是什么呢？我们来看以下简单的场景。

假设现在有一个盘子，它可以放任何东西，在 Kotlin 中我们可以这么做：

```
class Plate<T>(val t : T)
```

上面的代码创建了一个 Plate 类，并且拥有一个类型参数，我们可以将它看作盘子中的东西的一种泛化，比如它可以是一种水果，也可以是一种主食。但是突然有一天，你想把自己的盘子归归类，一些盘子只能放水果，一些盘子用来放菜，那么我们又该怎么做呢？

我们现在来定义一个 Fruit 类，并声明 Apple 类和 Banana 类来继承它：

```
open class Fruit(val weight: Double)

class Apple(weight: Double) : Fruit(weight)

class Banana(weight: Double) : Fruit(weight)
```

然后，再定义一个水果盘子泛型类：

```
class FruitPlate<T: Fruit>(val t : T)
```

这种语法是不是很熟悉？它跟 Kotlin 中继承的语法类似，这里的 T 只能是 Fruit 类及其子类的类型，其他类型则不被允许。比如：

```
class Noodles(weight: Double)  //面条类
```

```
val applePlate = FruitPlate<Apple>(Apple(100.0))  // 允许
// 简化写法
val applePlate = FruitPlate(Apple(100.0)) // 允许

val noodlesPlate = FruitPlate<Noodles>(Noodles(200.0)) //不允许
```

从上面的例子就可以看出，利用这种方式约束一个泛型类只接受一个类型的对象来帮我们在一些特殊场景使用泛型，比如实现了 Comparable 接口的类，我们就可以比较它们的大小。其实 Java 中也有类似的语法：

```
class FruitPlate<T extends Fruit>{
    ...
}
```

阅读过第 3 章的你应该注意到了，它们之间的区别就是在继承语法上的区别，Java 使用 extends 关键字，而 Kotlin 使用 "："，这种类型的泛型约束，我们称之为**上界约束**。

现在假设我们的水果盘子不一定都要装水果，有时也可以空着。比如：

```
val fruitPlate = FruitPlate(null)
```

可是，前面这种方式声明的 FruitPlate 泛型类并不支持，这时你应该也已经意识到了，Kotlin 由于区分可空和不可空类型，上面我们声明 FruitPlate 类是一个参数类型不可空的泛型类，所以我们需要在参数类型后面加一个 "？"。比如：

```
class FruitPlate<T: Fruit?>(val t : T)
```

这与我们在 Kotlin 中声明一个变量可空和不可空的形式类似，保持了语法的一致性。上面你所看到的类型约束都是单个条件的约束，比如类型上界是什么，是否可空。那么，有多个条件的时候该怎么办？我们来看一个例子。

现在假设有一把刀只能用来切长在地上的水果（比如西瓜），我们可以如此实现：

```
interface Ground {}

class Watermelon(weight: Double): Fruit(weight), Ground

fun <T> cut(t: T) where T: Fruit, T: Ground {
    print("You can cut me.")
}

cut(Watermelon(3.0)) //允许

cut(Apple(2.0)) //不允许
```

我们可以通过 where 关键字来实现这种需求，它可以实现对泛型参数类型添加多个约束条件，比如这个例子中要求被切的东西是一种水果，而且必须是长在地上的水果。

前面所讲的都是泛型在静态时的行为，也就是 Kotlin 代码编译阶段关于泛型的知识点。下面我们就来看看 Kotlin 中的泛型在运行时是一种怎样的状态。

5.5 泛型的背后：类型擦除

通过前面的学习，你对泛型应该有所了解了，接下来我们将深入泛型背后的实现原理。我们先回到熟悉的 Java 领域，来看看 Java 泛型如何实现。在 Java 中声明一个普通数组相信大家都知道怎么做，但你知道如何声明一个泛型数组吗？

5.5.1 Java 为什么无法声明一个泛型数组

我们先来看一个简单的例子，Apple 是 Fruit 的子类，思考下 Apple[] 和 Fruit[]，以及 List<Apple> 和 List<Fruit> 是什么关系呢？

```
Apple[] appleArray = new Apple[10];

Fruit[] fruitArray = appleArray; //允许

fruitArray[0] = new Banana(0.5); //编译通过，运行报ArrayStoreException

List<Apple> appleList = new ArrayList<Apple>();

List<Fruit> fruitList = appleList; //不允许
```

我们发现一个奇怪的现象，Apple[] 类型的值可以赋值给 Fruit[] 类型的值，而且还可以将一个 Banana 对象添加到 fruitArray，编译器能通过。作为对比，List<Friut> 类型的值则在一开始就禁止被赋值为 List<Apple> 类型的值，这其中到底有什么不同呢？

其实这里涉及一个关键点，数组是协变的，而 List 是不变的。简单来说，就是 Object[] 是所有对象数组的父类，而 List<Object> 却不是 List<T> 的父类。关于协变和不变的具体内容将会在下一节讲解。

在解释为什么在 Java 中无法声明泛型数组之前，我们先来看一下 Java 泛型的实现方式。Java 中的泛型是类型擦除的，可以看作伪泛型，简单来说，就是你无法在程序运行时获取到一个对象的具体类型。我们可以用以下代码来对比一下 List<T> 和数组：

```
System.out.println(appleArray.getClass());

System.out.println(appleList.getClass());

// 运行结果
class [Ljavat.Apple;
class java.util.ArrayList
```

从上面的代码我们可以知道，数组在运行时是可以获取自身的类型，而 List<Apple> 在运行时只知道自己是一个 List，而无法获取泛型参数的类型。而 Java 数组是协变的，也就是说任意的类 A 和 B，若 A 是 B 的父类，则 A[] 也是 B[] 的父类。但是假如给数组加入泛型后，将无法满足数组协变的原则，因为在运行时无法知道数组的类型。

Kotlin 中的泛型机制与 Java 中是一样的，所以上面的特性在 Kotlin 中同样存在。比如通过下面的方式同样无法获取列表的类型：

```
val appleList = ArrayList<Apple>()
println(appleList.javaClass)
```

但不同的是，Kotlin 中的数组是支持泛型的，当然也不再协变，也就是说你不能将任意一个对象数组赋值给 Array<Any> 或者 Array<Any?>。在 Kotlin 中 Any 为所有类的父类，下面是一个例子：

```
val appleArray = arrayOfNulls<Apple>(3)
val anyArray: Array<Any?> = appleArray //不允许
```

我们已经知道了在 Kotlin 和 Java 中泛型是通过类型擦除来实现的，那么这又是为什么呢？

5.5.2　向后兼容的罪

熟悉 Java 的同学应该会经常听到 Java 的一大特性，就是向后兼容。简单来说，就是老版本的 Java 文件编译后可以运行在新版本的 JVM 上。我们知道，Java 一开始是没有泛型的，那么在 Java 1.5 之前，在程序中会出现大量的以下代码：

```
ArrayList list = new ArrayList();  //没有泛型
```

一般在没有泛型的语言上支持泛型，一般有两种方式，以集合为例：

❑ 全新设计一个集合框架（全新实现现有的集合类或者创造新的集合类），不保证兼容老的代码，优点是不需要考虑兼容老的代码，写出更符合新标准的代码；缺点是需要适应新的语法，更严重的是可能无法改造老的业务代码。

❑ 在老的集合框架上改造，添加一些特性，兼容老代码的前提下，支持泛型。

很明显，Java 选择了后种方式实现泛型，这也是有历史原因的，主要有以下两点原因：

1）在 Java1.5 之前已经有大量的非泛型代码存在了，若不兼容它们，则会让使用者抗拒升级，因为他要付出大量的时间去改造老代码；

2）Java 曾经有过重新设计一个集合框架的教训，比如 Java 1.1 到 Java1.2 过程中的 Vector 到 ArrayList，Hashtable 到 HashMap，引起了大量使用者的不满。

所以，Java 为了填补自己埋下的坑，只能用一种比较别扭的方式实现泛型，那便是类型擦除。

那么，为什么使用类型擦除实现泛型可以解决我们上面说的新老代码兼容的问题呢？我们先来看一下下面两行代码编译后的内容：

```
ArrayList list = new ArrayList(); //(1)
ArrayList<String> stringList = new ArrayList<String>(); //(2)
```

对应字节码：

```
 0: new          #2              // class java/util/ArrayList
```

```
 3: dup
 4: invokespecial #3                          // Method java/util/ArrayList."<init>":()V
 7: astore_1
 8: new            #2                          // class java/util/ArrayList
11: dup
12: invokespecial #3                          // Method java/util/ArrayList."<init>":()V
15: astore_2
```

我们发现方式 1 和方式 2 声明的 ArrayList 再编译后的字节码是完全一样的，这也说明了低版本编译的 class 文件在高版本的 JVM 上运行不会出现问题。既然泛型在编译后是会擦除泛型类型的，那么我们又为什么可以使用泛型的相关特性，比如类型检查、类型自动转换呢？

类型检查是编译器在编译前就会帮我们进行类型检查，所以类型擦除不会影响它。那么类型自动转换又是怎么实现的呢？我们来看一个例子：

```
ArrayList<String> stringList = new ArrayList<String>();
String s = stringList.get(0);
```

这段代码大家都应该很熟悉，get 方法返回的值的类型就是 List 泛型参数的类型。来看一下 ArrayList 的 get 方法的源码：

```
@SuppressWarnings("unchecked")
E elementData(int index) {
    return (E) elementData[index];   //强制类型转换
}

public E get(int index) {
    rangeCheck(index);

    return elementData(index);
}
```

我们发现，背后也是通过强制类型转化来实现的。这点从编译后的字节码也可以得到验证：

```
 0: new            #2  // class java/util/ArrayList
 3: dup
 4: invokespecial #3  // Method java/util/ArrayList."<init>":()V
 7: astore_1
 8: aload_1
 9: iconst_0
10: invokevirtual #4  // Method java/util/ArrayList.get:(I)Ljava/lang/Object; 获取的是Object
13: checkcast      #5  // class java/lang/String 强制类型转换
16: astore_2
17: return
```

所以可以得出结论，虽然 Java 受限于向后兼容的困扰，使用了类型擦除来实现了泛型，但它还是通过其他方式来保证了泛型的相关特性。

5.5.3　类型擦除的矛盾

通常情况下使用泛型我们并不在意它的类型是否是类型擦除，但是在有些场景，我们却需要知道运行时泛型参数的类型，比如序列化 / 反序列化的时候。这时候我们应该怎么办？通过前面的学习相信你对 Java 和 Kotlin 的泛型实现原理已经有了一定的了解，既然编译后会擦除泛型参数类型，那么我们是不是可以主动指定参数类型来达到运行时获取泛型参数类型的效果呢？我们试着对上面的例子的 Plate 进行一下改造：

```
open class Plate<T>(val t : T, val clazz: Class<T>) {
    fun getType() {
        println(clazz)
    }
}

val applePlate = Plate(Apple(1.0), Apple::class.java)

applePlate.getType()

//结果
class Apple
```

使用这种方式确实可以达到运行时获取泛型类型参数的效果。但是这种方式也有限制，比如我们就无法获取一个泛型的类型，比如：

```
val listType = ArrayList<String>::class.java  //不被允许
val mapType = Map<String,String>::class.java   //不被允许
```

那么，还有没有另外的方式能获取各种类型的信息呢？有，那就是利用匿名内部类。我们来看下面的一个例子：

```
val list1 = ArrayList<String>()
val list2 = object : ArrayList<String>(){} //匿名内部类
println(list1.javaClass.genericSuperclass)

println(list2.javaClass.genericSuperclass)
//结果：
java.util.AbstractList<E>
java.util.ArrayList<java.lang.String>
```

不可思议，第 2 种方式竟然能在运行时知道这个 list 是一个什么样的类型。心细的读者应该发现，list2 声明的其实是一个匿名内部类。关于如何在 Kotlin 中用 object 来声明一个匿名内部类的相关知识可以回顾一下第 3 章的相应内容。那么，为什么使用匿名内部类的这种方式能够在运行时获取泛型参数的类型呢？其实泛型类型擦除并不是真的将全部的类型信息都擦除，还是会将类型信息放在对应 class 的常量池中的。

Java 将泛型信息存储在哪里？

可以参考以下网页：https://stackoverflow.com/questions/937933/where-are-generic-types-stored-in-java-class-files/937999#937999

所以，既然还存储着相应的类型信息，那么我们就能通过相应的方式来获取这个类型信息。使用匿名内部类我们就可以实现这种需求。我们着手来设计一个能获取所有类型信息的泛型类：

```
import java.lang.reflect.ParameterizedType
import java.lang.reflect.Type

open class GenericsToken<T> {  //
    var type: Type = Any::class.java
    init {
        val superClass = this.javaClass.genericSuperclass
        type = (superClass as ParameterizedType).getActualTypeArguments()[0]
    }
}

fun main(args: Array<String>) {
    val gt = object : GenericsToken<Map<String,String>>(){}  //使用object创建一个匿名内部类
    println(gt.type)
}

//结果
java.util.Map<java.lang.String, ? extends java.lang.String>
```

匿名内部类在初始化的时候就会绑定父类或父接口的相应信息，这样就能通过获取父类或父接口的泛型类型信息来实现我们的需求。你可以利用这样一个类来获取任何泛型的类型，我们常用的 Gson 也是使用了相同的设计。

Gson 的 TypeToken 实现参考以下网址：https://github.com/google/gson/blob/master/gson/src/main/java/com/google/gson/reflect/TypeToken.java

---

比如，我们在 Kotlin 中可以这样使用 Gson 来进行泛型类的反序列化：

```
val json = ...
val rType = object : TypeToken<List<String>>() {}.type
val stringList = Gson().fromJson<List<String>>(json, rType)
```

其实，在 Kotlin 中除了用这种方式来获取泛型参数类型以外，还有另外一种方式，那就是内联函数。

5.5.4　使用内联函数获取泛型

Kotlin 中的内联函数在编译的时候编译器便会将相应函数的字节码插入调用的地方，也就是说，参数类型也会被插入字节码中，我们就可以获取参数的类型了。有关内联函数的内容可以看一下第 6 章的相应章节。下面我们就用内联函数来实现一个可以获取泛型参数数的方法：

```
inline fun <reified T> getType() {
    return T::class.java
}
```

使用内联函数获取泛型的参数类型非常简单，只需加上 reified 关键词即可。这里的意思相当于，在编译的会将具体的类型插入相应的字节码中，那么我们就能在运行时获取到对应参数的类型了。所以，我们可以在 Kotlin 中改进 Gson 的使用方式：

```
inline fun <reified T : Any> Gson.fromJson(json: String): T {   //对Gson进行扩展
    return Gson().fromJson(json, T::class.java)
}

//使用

val json = ...

val stringList = Gson().fromJson<List<String>>(json)
```

这里利用了 Kotlin 的扩展特性对 Gson 进行了功能扩展，在不改变原有类结构的情况下新增方法，很多场景用 Kotlin 来实现便会变得更加优雅。有关扩展的相关内容会在第 7 章讲解。

另外需要注意的一点是，Java 并不支持主动指定一个函数是否是内联函数，所以在 Kotlin 中声明的普通内联函数可以在 Java 中调用，因为它会被当作一个常规函数；而用 reified 来实例化的参数类型的内联函数则不能在 Java 中调用，因为它永远是需要内联的。

5.6 打破泛型不变

前面我们所讲的都是泛型的一些基本概念，比如为什么需要泛型，运行时泛型的状态等。下面我们将会了解泛型的一些高级特性，比如协变、逆变等，并学习 Kotlin 如何将之前在 Java 泛型中比较难以理解的概念进行更优雅的改造，变得更容易理解。

5.6.1 为什么 List<String> 不能赋值给 List<Object>

我们在上面 5.5.1 节中已经提出了类似的问题，List<Apple> 无法赋值给 List<Fruit>，并接触了数组是协变，而 List 是不变的相关概念，而且用反证法说明了如果在 Java 支持直接声明泛型数组会出现什么问题。现在我们用同样的思维来看待这个问题，假如 List<String> 能赋值给 List<Object> 会出现什么情况。我们来看一个例子：

```
List<String> stringList = new ArrayList<String>();
List<Object> objList = stringList; //假设可以，编译报错
objList.add(Integer(1));
String str = stringList.get(0);     //将会出错
```

我们发现，在 Java 中如果允许 List<String> 赋值给 List<Object> 这种行为的话，那么

它将会和数组支持泛型一样，不再保证类型安全，而 Java 设计师明确泛型最基本的条件就是保证类型安全，所以不支持这种行为。但是到了 Kotlin 这里我们发现了一个奇怪的现象：

```
val stringList: List<String> = ArrayList<String>()
val anyList: List<Any> = stringList //编译成功
```

在 Kotlin 中竟然能将 List<String> 赋值给 List<Any>，不是说好的 Kotlin 和 Java 的泛型原理是一样的吗？怎么到了 Kotlin 中就变了？其实我们前面说的都没错，关键在于这两个 List 并不是同一种类型。我们分别来看一下两种 List 的定义：

```
public interface List<E> extends Collection<E> {
    ...
}

public interface List<out E> : Collection<E> {
    ...
}
```

虽然都叫 List，也同样支持泛型，但是 Kotlin 的 List 定义的泛型参数前面多了一个 out 关键词，这个关键词就对这个 List 的特性起到了很大的作用。普通方式定义的泛型是不变的，简单来说就是不管类型 A 和类型 B 是什么关系，Generic<A> 与 Generic<B>（其中 Generic 代表泛型类）都没有任何关系。比如，在 Java 中 String 是 Oject 的子类型，但 List<String> 并不是 List<Object> 的子类型，在 Kotlin 中泛型的原理也是一样的。但是，Kotlin 的 List 为什么允许 List<String> 赋值给 List<Any> 呢？

5.6.2 一个支持协变的 List

上面我们看到了 Kotlin 中 List 的定义，它在泛型参数前面加了一个 out 关键词，我们在心里大概猜想，难道这个 List 的泛型参数是可变的？确实是这样的，如果在定义的泛型类和泛型方法的泛型参数前面加上 out 关键词，说明这个泛型类及泛型方法是协变，简单来说**类型 A 是类型 B 的子类型，那么 Generic<A> 也是 Generic<B> 的子类型**，比如在 Kotlin 中 String 是 Any 的子类型，那么 List<String> 也是 List<Any> 的子类型，所以 List<String> 可以赋值给 List<Any>。但是我们上面说过，如果允许这种行为，将会出现类型不安全的问题。那么 Kotlin 是如何解决这个问题的？我们来看一个例子：

```
val stringList: List<String> = ArrayList<String>()
stringList.add("kotlin")  //编译报错，不允许
```

这又是什么情况，往一个 List 中插入一个对象竟然不允许，难道这个 List 只能看看？确实是这样的，因为这个 List 支持协变，那么它将无法添加元素，只能从里面读取内容。这点我们从 List 的源码也可以看出：

```
public interface List<out E> : Collection<E> {
    override val size: Int
```

```
    override fun isEmpty(): Boolean
    override fun contains(element: @UnsafeVariance E): Boolean
    override fun iterator(): Iterator<E>

    override fun containsAll(elements: Collection<@UnsafeVariance E>): Boolean

    public operator fun get(index: Int): E

    public fun indexOf(element: @UnsafeVariance E): Int

    public fun lastIndexOf(element: @UnsafeVariance E): Int

    public fun listIterator(): ListIterator<E>

    public fun listIterator(index: Int): ListIterator<E>

    public fun subList(fromIndex: Int, toIndex: Int): List<E>
}
```

我们发现，List 中本来就没有定义 add 方法，也没有 remove 及 replace 等方法，也就是说这个 List 一旦创建就不能再被修改，这便是将泛型声明为协变需要付出的代价。那么为什么泛型协变会有这个限制呢？同样我们用反证法来看这个问题，如果允许向这个 List 插入新对象，会发生什么？我们来看一个例子：

```
val stringList: List<String> = ArrayList<String>()

val anyList: List<Any> = stringList

anyList.add(1)

val str: String = anyList.get(0)    //Int无法转换为String
```

从上面的例子可以看出，假如支持协变的 List 允许插入新对象，那么它就不再是类型安全的了，也就违背了泛型的初衷。所以我们可以得出结论：支持协变的 List 只可以读取，而不可以添加。其实从 out 这个关键词也可以看出，out 就是出的意思，可以理解为 List 是一个只读列表。在 Java 中也可以声明泛型协变，用通配符及泛型上界来实现协变：<? extends Object>，其中 Object 可以是任意类。比如在 Java 中声明一个协变的 List：

```
List <? extends Object>list =new ArrayList<String>();
```

但泛型协变实现起来非常别扭，这也是 Java 泛型一直被诟病的原因。很庆幸，Kotlin 改进了它，使我们能用简洁的方式来对泛型进行不同的声明。

另外需要注意的一点的是：通常情况下，若一个泛型类 Generic<out T> 支持协变，那么它里面的方法的参数类型不能使用 T 类型，因为一个方法的参数不允许传入参数父类型的对象，因为那样可能导致错误。

但在 Kotlin 中，你可以添加 @UnsafeVariance 注解来解除这个限制，比如上面 List 中的 indexOf 等方法。

上面介绍了泛型不变和协变的两种情况，那么会不会出现第 3 种情况，比如类型 A 是类型 B 的子类型，但是 Generic<B> 反过来又是 Generic<A> 的子类型呢？

5.6.3　一个支持逆变的 Comparator

到这里很多读者可能会有疑惑，你说协变我还好理解，毕竟原来是父子，支持泛型协变后的泛型类也还是父子关系。但是反过来又是什么一个什么情况？比如 Double 是 Number 的子类型，反过来 Generic<Double> 却是 Generic<Number> 的父类型？那么到底有没有这种场景呢？

我们来思考一个问题，假设现在需要对一个 MutableList<Double> 进行排序，利用其 sortWith 方法，我们需要传入一个比较器，所以可以这么做：

```
val doubleComparator = Comparator<Double> {
    d1, d2 -> d1.compareTo(d2)
}

val doubleList = mutableListOf(2.0, 3.0)

doubleList.sortWith(doubleComparator)
```

暂时来看，没有什么问题。但是现在我们又需要对 MutableList<Int>、MutableList<Long> 等进行排序，那么我们是不是又需要定义 intComparator、longComparator 等呢？现在看来这并不是一种好的解决方法。那么试想一下可不可以定义一个比较器，给这些列表使用。我们知道，这些数字类有一个共同的父类 Number，那么 Number 类型的比较器是否代替它的子类比较器？比如：

```
val numberComparator =  Comparator<Number> {
    n1, n2 -> n1.toDouble().compareTo(n2.toDouble())
}
val doubleList = mutableListOf(2.0, 3.0)

doubleList.sortWith(numberComparator)

val intList = mutableListOf(1,2)

intList.sortWith(numberComparator)
```

编译通过，验证了我们的猜想。那么为什么 numberComparator 可以代替 doubleComparator、intComparator 呢？我们来看一下 sortWith 方法的定义：

```
public fun <T> MutableList<T>.sortWith(comparator: Comparator<in T>): Unit {
    if (size > 1) java.util.Collections.sort(this, comparator)
}
```

这里我们又发现了一个关键词 in，跟 out 一样，它也使泛型有了另一个特性，那就是逆变。简单来说，**假若类型 A 是类型 B 的子类型，那么 Generic<B> 反过来是 Generic<A> 的子类型**，所以我们就可以将一个 numberComparator 作为 doubleComparator 传入。那么将泛型参数声明为逆变会不会有什么限制呢？

前面我们说过，用 out 关键字声明的泛型参数类型将不能作为方法的参数类型，但可以作为方法的返回值类型，而 in 刚好相反。比如声明以下一个列表：

```
interface WirteableList<in T> {
    fun get(index: Int): T    //Type parameter T is declared as 'in' but occurs in
        'out' position in type T

    fun get(index: Int): Any    //允许

    fun add(t: T): Int //允许
}
```

我们不能将泛型参数类型当作方法返回值的类型，但是作为方法的参数类型没有任何限制，其实从 in 这个关键词也可以看出，in 就是入的意思，可以理解为消费内容，所以我们可以将这个列表看作一个可写、可读功能受限的列表，获取的值只能为 Any 类型。在 Java 中使用 <? super T> 可以达到相同效果。

到这里相信大家对泛型的变形，以及如何在 Kotlin 中使用协变与逆变有了大概的了解了。下面我们就着重来探讨一下如何简单地使用它们，并总结它们之间的差异。

5.6.4 协变和逆变

in 和 out 是一个对立面，其中 in 代表**泛型参数类型逆变**，out 代表**泛型参数类型协变**。从字面意思上也可以理解，in 代表着输入，而 out 代表着输出。但同时它们又与泛型不变相对立，统称为型变，而且它们可以用不同方式使用。比如：

```
public interface List<out E> : Collection<E> {}
```

这种方式是在声明处型变，另外还可以在使用处型变，比如上面例子中 sortWith 方法。在了解了泛型变形的原理后，我们来看一下泛型变形到底在什么地方发挥了它最大的用处。

假设现在有个场景，需要将数据从一个 Double 数组拷贝到另一个 Double 数组，我们该怎么实现呢？

一开始我们可能会这么做：

```
fun copy(dest: Array<Double?>, src: Array<Double>) {
    if (dest.size < src.size) {
        throw IndexOutOfBoundsException()
    } else {
        src.forEachIndexed{index,value -> dest[index] = src[index]}
    }
}
```

```
var dest = arrayOfNulls<Double>(3)
val src = arrayOf<Double>(1.0,2.0,3.0)

copy(dest, src)
```

这很直观也很简单，但是学过泛型后的你一定不会这么做了，因为假如替换成 Int 类型的列表，是不是又得写一个 copy 方法？所以我们可以对其进一步抽象：

```
fun <T> copy(dest: Array<T?>, src: Array<T>) {
    if (dest.size < src.size) {
        throw IndexOutOfBoundsException()
    } else {
        src.forEachIndexed{index,value -> dest[index] = src[index]}
    }
}
var destDouble = arrayOfNulls<Double>(3)
val srcDouble = arrayOf<Double>(1.0,2.0,3.0)

copy(destDouble, srcDouble)

var destInt = arrayOfNulls<Int>(3)
val srcInt = arrayOf<Int>(1,2,3)

copy(destInt, srcInt)
```

通过实现一个泛型的 copy，可以支持任意类型的 List 拷贝。那么这种方式有没有什么局限呢？我们发现，使用 copy 方法必须是同一种类型，那么假如我们想把 Array<Double> 拷贝到 Array<Number> 中将不允许，这时候我们就可以利用上面所说的泛型变形了。这种场景下是用协变还是逆变呢？

```
//in版本
fun <T> copyIn(dest: Array<in T>, src: Array<T>) {
    if (dest.size < src.size) {
        throw IndexOutOfBoundsException()
    } else {
        src.forEachIndexed{index,value -> dest[index] = src[index]}
    }
}
//out版本
fun <T> copyOut(dest: Array<T>, src: Array<out T>) {
    if (dest.size < src.size) {
        throw IndexOutOfBoundsException()
    } else {
        src.forEachIndexed{index,value -> dest[index] = src[index]}
    }
}

var dest = arrayOfNulls<Number>(3)
val src = arrayOf<Double>(1.0,2.0,3.0)
```

```
copyIn(dest, src)  //允许
copyOut(dest, src) //允许
```

到这里你可能迷糊了，为什么两种方式都允许？其实细看便能发现不同，in 是声明在 dest 数组上，而 out 是声明在 src 数组上，所以 dest 可以接收 T 类型的父类型的 Array，out 可以接收 T 类型的子类型的 Array。当然这里的 T 要到编译的时候才能确定。比如：

- ❑ in 版本，T 是 Double 类型，所以 dest 可以接收 Double 类型的父类型 Array，比如 Array<Number>。
- ❑ out 版本，T 是 Number 类型，所以 src 可以接收 Number 类型的子类型 Array，比如 Array<Double>。

所以 in 和 out 的使用是非常灵活的。当然上面我们也提到了使用了它们就会有相应的限制，这里我们就对泛型参数类型不同情况的特性及实现方式进行一下总结，如表 5-1 所示。

表 5-1　Kotlin 与 Java 的型变比较

	协　变	逆　变	不　变
Kotlin	实现方式：<out T>，只能作为消费者，只能读取不能添加	实现方式：<in T>，只能作为生产者，只能添加，读取受限	实现方式：<T>，既可以添加，也可以读取
Java	实现方式：<? extends T>，只能作为消费者，只能读取不能添加	实现方式：<? super T>，只能作为生产者，只能添加，读取受限	实现方式：<T>，既可以添加，也可以读取

前面我们所说的泛型变形或者不变都是在一种前提下的讨论，那就是你需要知道泛型参数是什么类型或者哪一类类型，比如它是 String 或者是 Number 及其子类型的。如果你对泛型参数的类型不感兴趣，那么你可以使用**类型通配符**来代替泛型参数。前面已经接触过 Java 中的泛型类型通配符 "?"，而在 Kotlin 中则用 "*" 来表示类型通配符。比如：

```
val list: MutableList<*> = mutableListOf(1,"kotlin")

list.add(2.0) //出错
```

这个列表竟然不能添加，不是说好是通配吗？按道理应该可以添加任意元素。其实不然，MutableList<*> 与 MutableList<Any?> 不是同一种列表，后者可以添加任意元素，而前者只是通配某一种类型，但是编译器却不知道这是一种什么类型，所以它不允许向这个列表中添加元素，因为这样会导致类型不安全。不过细心的读者应该发现前面所说的协变也是不能添加元素，那么它们两者之间有什么关系呢？其实通配符只是一种语法糖，背后上也是用协变来实现的。所以 MutableList<*> 本质上就是 MutableList<out Any?>，使用通配符与协变有着一样的特性。

当前泛型变形的另一大用处是体现于高阶函数，比如 Java 8 中新增的 Stream 中就有其应用：

```
<R> Stream<R> map(Function<? super T, ? extends R> mapper);
```

另外，在第 10 章中的责任链模式也会涉及高阶函数对于泛型变形的应用。

5.7　本章小结

（1）null 引发的问题

null 是一个不是值的值，它在不同语言中有着不同的名字：NULL、nil、null、None、Nothing、Nil 和 nullptr。它经常会给程序带来 NPE 异常，所以臭名昭著。并且在程序中，它是有歧义、不受控制并且很难调试的。

（2）解决 null 的一些方案

❑ 函数内对于无效值，可以抛异常处理。

❑ 采用 @NotNull/@Nullable 标注。

❑ 使用专门的 Optional 对象对可能为 null 的变量进行装箱。

（3）可空类型

很多高级语言都有可空类型，如 Haskell 的 Maybe、Scala 的 Option[T]、Java 8 的 Optional<T>。Kotlin 也不例外，采用了 Type? 来表示可空。虽然都表示可空，但是相互存在差异。文中用 Java 8 的 Optional 和 Kotlin 进行对比，发现效率上 Kotlin 更优。

（4）Kotlin 类型层级

Kotlin 并没有新加入其他的类型，但是具备比 Java 更加纯的设计：在 Kotlin 的类型系统中，并不区分原始类型（基本数据类型）和包装类型，我们使用的始终是同一个类型。这在装箱与拆箱方面有着不同的表现。另外 Kotlin 加入了可空类型，这是 Java 中一个重要的跨越。

（5）泛型让类型更加安全

泛型可以让我们的代码更加安全，语义化，通用化。Kotlin 的泛型使用跟 Java 的很类似，同样用 <T> 来表示泛型，同时 Kotlin 提供了更加简洁的方式来实现泛型约束。

（6）泛型擦除

探究泛型的背后实现原理，为什么在 JVM 上是使用类型擦除来实现泛型，并探讨如何解决由于泛型擦除引起的问题。同时介绍了如何在 Kotlin 中通过内联函数在运行时获取泛型参数的具体类型。

（7）泛型变形

泛型是不变的，但是很多场景下我们需要泛型类型是可变的，讲解了什么是泛型的协变与逆变，以及它们的特性，并比较了 Kotlin 与 Java 中实现泛型变形的方式。

Chapter 6 第 6 章

Lambda 和集合

在第 2 章中，我们对 Lambda 表达式有了初步的了解，但是在应用场景上，你可能还了解得不够多。其实在 Kotlin 的集合操作库中，Lambda 已经被广泛使用了。本章我们将会介绍如何使用 Lambda 来简化表达，你会发现在集合操作中使用 Lambda 会使得代码变得非常简洁和优雅。但是这种简洁和优雅也是有代价的，就是在 Kotlin 中使用 Lambda 表达式会带来一些额外的开销。为了解决这一问题，我们会在本章的最后介绍内联函数。

此外，由于 Kotlin 的集合 API 大量使用了 Lambda，所以本章中我们也会重点介绍 Kotlin 中的集合。

6.1 Lambda 简化表达

本节我们来介绍如何用 Lambda 简化表达。我们知道，Kotlin 拥有真正的函数类型，这使其相比 Java 8 在支持和实现 Lambda 语法上更有优势。然而，不可否认的是，当今我们调用的大部分类库还是用 Java 实现的，比如 Android 工程中有大量的 Java 接口方法。因此，首先我们需要了解如何在 Kotlin 中与 Java 的函数式接口打交道。

6.1.1 调用 Java 的函数式接口

在 Android 开发时，我们经常会遇到给视图绑定点击事件的场景。以往通常的做法如下：

```
view.setOnClickListener(new OnClickListener() {
    @Override
    public void onClick(View v) {
```

```
        ...
    }
})
```

这里的 OnClickListener 是 Java 中的一个函数式接口，它在 Java 中的定义如下：

```
public interface OnClickListener {
    void onClick(View v);
}
```

以上的例子在 Kotlin 会被转化成这样：

```
view.setOnClickListener(object : OnClickListener {
    override fun onClick(v: View) {
        ...
    }
})
```

Kotlin 允许对 Java 的类库做一些优化，任何函数接收了一个 Java 的 SAM（单一抽象方法）都可以用 Kotlin 的函数进行替代。以上的例子我们可以看成在 Kotlin 定义了以下方法：

```
fun setOnClickListener(listener: (View) -> Unit)
```

listener 是一个函数类型的参数，它接收一个类型 View 的参数，然后返回 Unit。好了，根据我们之前学过的语法，我们就可以用 Lambda 语法来简化它：

```
view.setOnClickListener({
    ...
})
```

由于 Kotlin 存在特殊语法糖，这里的 listener 是 setOnClickListener 唯一的参数，所以我们就可以省略掉括号，如下所示：

```
view.setOnClickListener {
    ...
}
```

依靠 Kotlin 的 Lambda 语法，我们在很大程度上简化了 Android 开发时的代码量，同时提升了代码可读性。

6.1.2　带接收者的 Lambda

还记得之前提过的扩展函数语法吗？在代码清单 2-4 中，我们给 View 接收者类型扩展了一个 invisible 方法。在 Kotlin 中，我们还可以定义带有接收者的函数类型，如：

```
val sum: Int.(Int) -> Int = { other -> plus(other) }
>>> 2.sum(1)
3
```

此时，我们就可以用一个 Int 类型的变量调用 sum 方法，传入一个 Int 类型的参数，对其进行 plus 操作。

再来看一个 Kotlin 官方文档的例子。Kotlin 有一种神奇的语法——**类型安全构造器**，用它可以构造类型安全的 HTML 代码，带接收者的 Lambda 语法可以很好地应用到其中。

```kotlin
class HTML {
    fun body() { ... }
}
fun html(init: HTML.() -> Unit): HTML {
    val html = HTML()      // 创建了接收者对象
    html.init()            // 把接收者对象传递给Lambda
    return html
}
html {
    body()                 // 调用接收者对象的body方法
}
```

Kotlin 的库中还实现了两个非常好用的函数：with 和 apply。将它们与带接收者的 Lambda 结合，可以在某些场合进一步简化语法。

6.1.3　with 和 apply

这两个方法最大的作用就是可以让我们在写 Lambda 的时候，省略需要多次书写的对象名，默认用 this 关键字来指向它。

比如，在用 Android 开发时，我们经常会给一些视图控件绑定属性。以下我们利用 with 让代码可读性变得更好。

```kotlin
fun bindData(bean: ContentBean) {
    val titleTV  = findViewById<TextView>(R.id.iv_title)
    val contentTV = findViewById<TextView>(R.id.iv_content)

    with(bean) {
        titleTV.text = this.title // this可以省略
        titleTV.textSize = this.titleFontSize
        contentTV.text = this.content
        contentTV.text = this.contentFontSize
    }
}
```

如果不使用 with，我们就需要写好多遍 bean。现在来看看 with 在 Kotlin 库中的定义：

```kotlin
inline fun <T, R> with(receiver: T, block: T.() -> R): R
```

可以看出，with 函数的第 1 个参数为接收者类型，然后通过第 2 个参数创建这个类型的 block 方法。因此在该接收者对象调用 block 方法时，可以在 Lambda 中直接使用 this 来代表这个对象。

我们再来看看 apply 函数是如何定义的：

```kotlin
inline fun <T> T.apply(block: T.() -> Unit): T
```

与 with 函数不同，apply 直接被声明为类型 T 的一个扩展方法，它的 block 参数是一个返回 Unit 类型的函数，作为对比，with 的 block 则可以返回自由的类型。然而二者在很多情况下是可以互相替代的。我们可以很容易地把上面的代码翻译成 apply 的版本：

```
fun bindData(bean: ContentBean) {
    val titleTV  = findViewById<TextView>(R.id.iv_title)
    val contentTV = findViewById<TextView>(R.id.iv_content)

    bean.apply {
        titleTV.text = this.title // this可以省略
        titleTV.textSize = this.titleFontSize
        contentTV.text = this.content
        contentTV.text = this.contentFontSize
    }
}
```

6.2　集合的高阶函数 API

在上一节中，我们介绍了如何使用 Lambda 来简化表达。其实在集合的 API 中，Lambda 表达式已经在大量使用了。本节我们将会根据不同的场景来介绍适用于该场景的集合操作，你将会领略集合这种函数式 API 所带来的魅力。

6.2.1　以简驭繁：map

我们在使用集合的时候，多数情况下都需要遍历整个集合。比如在 Java 中，我们通常会在一个 for 语句中，遍历该集合，然后再进行一系列的操作。在 Java 8 之前，这样去操作集合其实是比较烦琐的，比如：

```
int list[] = {1, 2, 3, 4, 5, 6};
```

上面是一个数组，现在要让数组中的每个元素都乘以 2，然后返回一个新数组，我们很容易这么去做：

```
int newList[] = new int[list.length];
for (int i = 0; i < list.length; i++) {
    newList[i] = list[i] * 2;
}
```

在进行详细说明之前，我们先来看看 Kotlin 是怎么做的：

```
val list = listOf(1, 2, 3, 4, 5, 6)
```

上面是一个 Kotlin 的列表，如果要对其中的每个元素都乘以 2，我们可以这样去做：

```
val newList = list.map {it * 2}
```

可以发现，与 Java 相比，在 Kotlin 中我们只需要一行代码就能实现。这是由于我们使用了 Kotlin 标准库中与集合有关的一个方法——map。通过使用该方法，我们的操作变得非常简洁。再来看看上面的 Java 代码，就显得比较啰唆了。当然，在 Java 8 中，现在也能像 Kotlin 那样去操作集合了，这个我们会在后面的章节中提到。

再回到前面的集合操作：

```
val newList = list.map {it * 2}
```

我们使用了 map 方法来对集合进行遍历，在遍历的过程中，我们给集合中的每个元素都乘以了 2，最后得到了一个新的集合。上面的 map 方法实际上就是一个高阶函数（我们在前面的章节中提到过），它接收的参数实际上就是一个函数，可能上面的写法还不是特别清晰，我们可以将上面的表达式修改如下：

```
val newList = list.map {el -> el * 2}
```

可以看到，map 后面的 Lambda 表达式其实就是一个带有一个参数的匿名函数。我们也可以在 map 方法中这样调用一个函数：

```
fun foo(bar: Int) = bar * 2
val newList = list.map {foo(it)}
```

上面的代码也能达到同样的效果。使用 map 方法之后，会产出一个新的集合，并且集合的大小与原集合一样。其实这样也很好理解，map 方法其实就是接收了一个函数，这个函数对集合中的每个元素进行操作，然后将操作后的结果返回，最后产生一个由这些结果组成的新集合。

上面都是一些关于 map 的使用介绍。接下来我们来看一下 map 的源码，就能理解 map 具体是如何实现的了：

```
public inline fun <T, R> Iterable<T>.map(transform: (T) -> R): List<R> {
    return mapTo(ArrayList<R>(collectionSizeOrDefault(10)), transform)
}
public inline fun <T, R, C : MutableCollection<in R>> Iterable<T>.mapTo(destination:
C, transform: (T) -> R): C {
    for (item in this)
        destination.add(transform(item))
    return destination
}
```

在上面的代码中，首先定义了 map 扩展方法，它的实现主要是依赖 mapTo 方法。mapTo 方法接收两个参数，第 1 个参数类型是集合（MutableCollection），第 2 个参数为一个方法（transform: (T) -> R），最终返回一个集合。在 mapTo 方法内部的实现其实很简单，就是将 transform 方法产生的结果添加到一个新集合里面去，最终返回这个新的集合。

通过使用 map 方法，我们就免去了 for 语句，而且也不用再去定义一些中间变量了。在 Kotlin 中，类似 map 的方法还有许多，它们在处理集合的时候也都非常实用。

6.2.2　对集合进行筛选：filter、count

在前面一节中，我们通过 map 方法对 Kotlin 集合中的 API 有了初步了解。从本节开始，我们将会介绍 Kotlin 集合中其他实用的 API。看下面的代码：

```
data class Student (val name: String, val age: Int, val sex: String, val score: Int)

val jilen = Student("Jilen", 30, "m", 85)
val shaw = Student("Shaw", 18, "m", 90)
val yison = Student("Yison", 40, "f", 59)
val jack = Student("Jack", 30, "m", 70)
val lisa = Student("Lisa", 25, "f", 88)
val pan = Student("Pan", 36, "f", 55)

val students = listOf(jilen, shaw, yison, jack, lisa, pan)
```

上面的代码定义了一个学生组成的列表，接下来我们会围绕这个学生列表来介绍一下 Kotlin 中丰富的集合 API。

假设现在我们要获取一份由所有男学生组成的列表。按照以前的思路，我们可以先定义一个新的列表，然后遍历 students，将满足条件的项添加到新列表中去。但是，在 Kotlin 中我们不用这么去做，Kotlin 为我们提供了一个 filter 方法，我们来使用一下：

```
val mStudents = students.filter {it.sex == "m"}
```

通过使用 filter 方法，我们就筛选出了性别为男的学生。该方法与 map 类似，也是接收一个函数，只是该函数的返回值类型必须是 Boolean。该函数的作用就是判断集合中的每一项是否满足某个条件，如果满足，filter 方法就会将该项插入新的列表中，最终就得到了一个满足给定条件的新列表。

我们同样来看一下 filter：

```
public inline fun <T> Iterable<T>.filter(predicate: (T) -> Boolean): List<T> {
    return filterTo(ArrayList<T>(), predicate)
}

public inline fun <T, C : MutableCollection<in T>> Iterable<T>.filterTo(destination:
C, predicate: (T) -> Boolean): C {
    for (element in this) if (predicate(element))
        destination.add(element)
    return destination
}
```

可以看到，filter 方法的实现主要是依赖于 filterTo，filterTo 接收两个参数，第 1 个参数 destination 为一个列表（该方法最终要返回的列表，初始时为空的列表），第 2 个参数 predicate: (T) -> Boolean 是一个返回值类型为 Boolean 的函数，该函数就是我们在使用 filter 的时候传入的 Lambda 表达式。可以看到，filterTo 的实现非常简单，就是通过遍历给定的列表，将每一个元素传入 predicate 函数中，如果返回值为 true 就保留，反之则丢弃，最终返回一个满足条件的新列表。

通过查看 filter 的结果我们可以知道，调用 filter 之后产生的新列表是原来列表的子集。具有过滤功能的方法还有以下这些：

❑ filterNot，用来过滤掉满足条件的元素。filterNot 方法与 filter 方法的作用相反，当传入的条件一样时，会得到相反的结果。

```
val fStudents = students.filterNot {it.sex == "m"}
```

❑ filterNotNull，用来过滤掉值为 null 元素。

❑ count，统计满足条件的元素的个数。

比如，我们要统计男女学生各自的人数，那么就可以使用 count 方法：

```
val countMStudent = students.count {it.sex == "m"}
val countFStudent = students.count {it.sex == "f"}
```

这里，我们还有另外一种方式可以得到上面的结果：

```
val countMStudent = students.filter {it.sex == "m"}.size
val countFStudent = students.filter {it.sex == "f"}.size
```

但是这种方式会有一个问题，就是我们需要先通过 filter 得到一个满足条件的新列表，然后再去统计该新列表的数量，这样就增加了额外的开销。

6.2.3 别样的求和方式：sumBy、sum、fold、reduce

在开发中，对集合进行求和操作是十分常见的操作。比如我们要得到该列表中学生的平均分就需要先计算出所有学生的总分。

```
var scoreTotal = 0
for (item in students) {
    scoreTotal = scoreTotal + item.score
}
```

上面就是我们常用的一种求和方式。在 Kotlin 中，我们可以这样去做：

```
val scoreTotal = students.sumBy {it.score}
```

我们调用了 Kotlin 集合中的 sumBy 方法实现了求和，省去了一些多余的步骤。其实在 Kotlin 的集合中还有许多求和的 API，接下来我们就来了解一下。

1. sum：对数值类型的列表进行求和

sum 与 sumBy 类似，也是一个比较常见的求和 API，但是它只能对一些数值类型的列表进行求和。比如：

```
val a = listOf(1, 2, 3, 4, 5)
val b = listOf(1.1, 2.5, 3.0, 4.5)

val aTotal = a.sum()
val bTotal = b.sum()
```

上面的两个数值类型的列表就可以通过 sum 进行求和。当然我们同样也可以使用 sumBy：

```
val aTotal = a.sumBy {it}
val bTotal = b.sumBy {it}
```

2. fold

fold 方法是一个非常强大的 API，我们先来看看实现它的源码：

```
public inline fun <T, R> Iterable<T>.fold(initial: R, operation: (acc: R, T)
    -> R): R {
var accumulator = initial
for (element in this) accumulator = operation(accumulator, element)
return accumulator
}
```

可以看到，fold 方法需要接收两个参数，第 1 个参数 initial 通常称为初始值，第 2 个参数 operation 是一个函数。在实现的时候，通过 for 语句来遍历集合中的每个元素，每次都会调用 operation 函数，而该函数的参数有两个，一个是上一次调用该函数的结果（如果是第一次调用，则传入初始值 initial），另外一个则是当前遍历到的集合元素。简单来说就是：每次都调用 operation 函数，然后将产生的结果作为参数提供给下一次调用。

那我们先来使用一下这个方法：

```
val scoreTotal = students.fold(0) {accumulator, student -> accumulator + student.score}
```

通过上面的方式我们同样也能得到所有学生的总分。在上面的代码中，fold 方法接收一个初始值 0，然后接收了一个函数，也就是后面的 Lambda 表达式。

```
{accumulator, student -> accumulator + student.score}
```

上面的函数有两个参数，第 1 个参数为每次执行该函数后的返回结果，第 2 个参数为学生列表中的某个元素。我们通过让前一次执行之后的结果与当前遍历的学生的分数相加，就实现了求和的操作。简单说来，上面的方法的效果等价于下面的操作：

```
var accumulator = 0
for (student in students) accumulator = accumulator + student.score
```

其实就是一个简单的累加操作。同样我们还可以实现集合对第 1 个到最后一个元素的操作结果进行累乘：

```
>>> val list = listOf(1, 2, 3, 4, 5)
>>> list.fold(1) {mul, item -> mul * item}
120
```

fold 很好地利用了递归的思想。除了以上简单的操作之外，其实它还有非常强大的作用。在本书的第 10 章中我们会用 fold 结合函数式数据结构来展示这一特点。

3. reduce

reduce 方法和 fold 非常相似，唯一的区别就是 reduce 方法没有初始值。我们同样来看看 reduce 方法的源码：

```
public inline fun <S, T : S> Iterable<T>.reduce(operation: (acc: S, T) -> S): S {
    val iterator = this.iterator()
    if (!iterator.hasNext()) throw UnsupportedOperationException("Empty
        collection can't be reduced.")
    var accumulator: S = iterator.next()
    while (iterator.hasNext()) {
        accumulator = operation(accumulator, iterator.next())
    }
    return accumulator
}
```

可以发现，reduce 方法只接收一个参数，该参数为一个函数。具体的实现方式也与 fold 类似，不同的是当要遍历的集合为空时，会抛出一个异常。因为没有初始值，所以默认的初始值是集合中的第 1 个元素。采用 reduce 方法同样能实现上面的求和操作：

```
val scoreTotal = students.reduce {accumulator, student -> accumulator + student.score}
```

reduce 方法和 fold 方法相似，当我们不需要初始值的时候可以采用 reduce 方法。

6.2.4 根据学生性别进行分组：groupBy

有时候我们需要对列表中的元素进行分组。以这个学生列表为例，我们可能需要按照元素的不同特征来对列表进行分组（比如按照性别、分数、年龄等特征进行分组），分组之后的集合是一个 Map。如果我们用传统的思路来实现这一操作的话，我们或许会这么去做（比如要按照性别进行分组）：

```
fun groupBySex (students: List<Student>): Map<String, List<Student>> {
    val mStudents = ArrayList<Student>()  // 定义男学生列表
    var fStudents = ArrayList<Student>()  // 定义女学生列表
    //遍历学生列表
    for (student in students) {
        if(student.sex == "m"){
            mStudents.add(student)
        } else if(student.sex == "f") {
            fStudents.add(student)
        }
    }
    return mapOf("m" to mStudents, "f" to fStudents)
}
```

上面是传统的分组的代码，可以看到比较烦琐，还要定义许多中间变量，且容易出错。好在 Kotlin 给我们提供了一个 groupBy 方法。那么如果要对学生列表中的元素按照性别进行分组的话，我们就可以这样去做：

```
>>> students.groupBy {it.sex}
    {m=[Student(name=Jilen, age=30, sex=m, score=85), Student(name=Shaw,
        age=18, sex=m, score=90), Student(name=Jack, age=30, sex=m, score=70)],
        f=[Student(name=Yison, age=40, sex=f, score=59), Student(name=Lisa,
        age=25, sex=f, score=88), Student(name=Pan, age=36, sex=f, score=55)]}
```

可以看到，使用 groupBy 方法很容易就能就得到我们想要的结果。该数据结构的类型为 Map<String, List<Student>>，其中有两个分组，一个是性别男对应的分组，一个是性别女对应的分组。

6.2.5　扁平化——处理嵌套集合：flatMap、flatten

有些时候，我们遇到的集合元素不仅仅是数值、类、字符串这种类型，也可能是集合。比如：

```
val list = listOf(listOf(jilen, shaw, lisa), listOf(yison, pan), listOf(jack))
```

上面就是一个嵌套集合。这种集合我们在业务中会经常碰到，但是大多数时候，我们都希望嵌套集合中各个元素能够被拿出来，然后组成一个只有这些元素的集合，就像这样：

```
val newList = listOf(jilen, shaw, lisa, yison, pan, jack)
```

那么我们怎样根据嵌套集合来获得这样一个集合呢？Kotlin 又提供给我们了一个非常棒的 API——flatten。

```
>>> list.flatten()
[Student(name=Jilen, age=30, sex=m, score=85), Student(name=Shaw, age=18, sex=m,
    score=90), Student(name=Lisa, age=25, sex=f, score=88), Student(name=Yison,
    age=40, sex=f, score=59), Student(name=Pan, age=36, sex=f, score=55),
    Student(name=Jack, age=30, sex=m, score=70)]
```

通过使用 flatten，我们就实现了对嵌套集合的扁平化。其实 flatten 方法的原理很简单，我们来看看它的实现源码：

```
public fun <T> Iterable<Iterable<T>>.flatten(): List<T> {
    val result = ArrayList<T>()
    for (element in this) {
        result.addAll(element)
    }
    return result
}
```

首先声明一个数组 result，该数组的长度是嵌套集合中所有子集合的长度之和。然后遍历这个嵌套集合，将每一个子集合中的元素通过 addAll 方法添加到 result 中。最终就得到了一个扁平化的集合。

假如我们并不是想直接得到一个扁平化之后的集合，而是希望将子集合中的元素"加工"一下，然后返回一个"加工"之后的集合。比如我们要得到一个由姓名组成的列表，应该如何去做呢？Kotlin 还给我们提供了一个方法——flatMap，可以用它实现这个需求：

```
>>> list.flatMap {it.map{it.name}}
[Jilen, Shaw, Lisa, Yison, Pan, Jack]
```

flatMap 接收了一个函数，该函数的返回值是一个列表，一个由学生姓名组成的列表。我们先不解释 flatMap 是如何工作的，先来看看能不能利用其他方法也实现上面的需求。之前我们学习过 flatten 方法和 map 方法，将这两个方法结合起来使用一下：

```
>>> list.flatten().map {it.name}
[Jilen, Shaw, Lisa, Yison, Pan, Jack]
```

通过这个例子你会发现，flatMap 好像就是先将列表进行 flatten 操作然后再进行 map 操作，而且上面这种方式似乎比使用 flatMap 要更加直观一些。让我们带着疑惑进入接下来的这个场景：

```
data class Student (val name: String, val age: Int, val sex: String, val score:
    Int, val hobbies: List<String>)
```

我们给学生类加了一个属性：hobbies，用来表示学生的兴趣爱好。一个学生的爱好可能有许多种：

```
val jilen = Student("Jilen", 30, "m", 85, listOf("coding", "reading"))
val shaw = Student("Shaw", 18, "m", 90, listOf("drinking", "fishing"))
val yison = Student("Yison", 40, "f", 59, listOf("running", "game"))
val jack = Student("Jack", 30, "m", 70, listOf("drawing"))
val lisa = Student("Lisa", 25, "f", 88, listOf("writing"))
val pan = Student("Pan", 36, "f", 55, listOf("dancing"))

val students = listOf(jilen, shaw, yison, jack, lisa, pan)
```

那现在需要从学生列表中取出学生的爱好，然后将这些爱好组成一个列表。先看看使用 flatten 和 map 怎么去做：

```
>>> students.map {it.hobbies}.flatten()
[coding, reading, drinking, fishing, running, game, drawing, writing, dancing]
```

然后使用 flatMap 实现：

```
>>> students.flatMap {it.hobbies}
[coding, reading, drinking, fishing, running, game, drawing, writing, dancing]
```

通过这个例子我们又发现，flatMap 是先将列表进行 map 操作然后再进行 flatten 操作的，而且这个例子中使用 flatMap 要更加简洁。那么 flatMap 究竟是如何工作的呢，同样来看看它的实现源码：

```
public inline fun <T, R> Iterable<T>.flatMap(transform: (T) -> Iterable<R>): List<R> {
    return flatMapTo(ArrayList<R>(), transform)
}
```

可以看到，flatMap 接收一个函数：transform。

```
transform: (T) -> Iterable<R>
```

transform 函数接收一个参数（该参数一般为嵌套列表中的某个子列表），返回值为一个列表。比如我们前面用 flatMap 获取爱好列表时：

```
{ it.hobbies }

// 上面的表达式等价于:

{ it -> it.hobbies }
```

在 flatMap 中调用了一个叫作 flatMapTo 的方法，该方法就是实现 flatMap 的主要方法。该方法的源码如下：

```
public inline fun <T, R, C : MutableCollection<in R>> Iterable<T>.flatMapTo(destination:
    C, transform: (T) -> Iterable<R>): C {
    for (element in this) {
        val list = transform(element)
        destination.addAll(list)
    }
    return destination
}
```

flatMapTo 接收两个参数，一个参数为一个列表，该列表为一个空的列表，另外一个参数为一个函数，该函数的返回值为一个序列。flatMapTo 的实现很简单，首先遍历集合中的元素，然后将每个元素传入函数 transform 中得到一个列表，然后将这个列表中的所有元素添加到空列表 destination 中，这样最终就得到了一个经过 transform 函数处理过的扁平化列表。

flatMap 其实可以看作由 flatten 和 map 进行组合之后的方法，组合方式根据具体情况来定。当我们仅仅需要对一个集合进行扁平化操作的时候，使用 flatten 就可以了；如果需要对其中的元素进行一些 “加工”，那我们可以考虑使用 flatMap。

6.3　集合库的设计

在了解完集合的高阶 API 之后，我们再来看看 Kotlin 中集合库是如何设计的。

6.3.1　集合的继承关系

图 6-1 所示为 Kotlin 中各个集合之间的继承关系，Iteratable 为 Kotlin 集合库的顶层接口。

我们可以发现，每一个集合都分为两种，一种为带 Mutable 前缀的，另一种则是不带的。比如我们常见的列表就分为 MutableList 和 List，List 实现了 Collection 接口，MutableList 实现了 MutableCollection 和 List（MutableList 表示可变的 List，而 List 则表示只读的 List）。

其实 Kotlin 的集合都是以 Java 的集合库为基础来构建的，只是 Kotlin 通过扩展函数增强了它，实际上 Kotlin 中的集合基本上与 Java 中的一样，当然也有一些不一样的地方，比如 Kotlin 的集合就分为了可变集合和只读集合（这个我们会在下一节详细介绍）。虽然你已经对 Java 中的集合比较熟悉了，这里我们还是来简单介绍一下几个比较常用的集合。

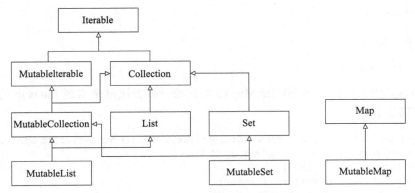

图 6-1　集合的继承关系

1. List

List 表示一个有序的可重复的列表，其中元素的存储方式是线性存储的，以保证元素的有序性。另外，List 中的元素也是可以重复的。

```
>>> listOf(1, 2, 3, 4, 4, 5, 5)
[1, 2, 3, 4, 4, 5, 5]
```

2. Set

Set 表示一个不可重复的集合，Set 常用的具体实现有两种，分别为 HashSet 和 TreeSet。HashSet 是用 Hash 散列来存放数据的，不能保证元素的有序性；而 TreeSet 的底层结构是二叉树，它能保证元素的有序性。在不指定 Set 的具体实现时，我们一般说 Set 是无序的。另外 Set 中的元素是不能重复的。如下所示：

```
>>> setOf(1, 2, 3, 4, 4, 5, 5)
[1, 2, 3, 4, 5]
```

可以看到，Set 将重复的元素过滤掉了。

3. Map

Kotlin 中的 Map 与其他集合有点不同，它没有实现 Iterable 或者 Collection。Map 用来表示键值对元素集合，比如：

```
>>> mapOf(1 to 1, 2 to 2, 3 to 3)
{1=1, 2=2, 3=3}
```

在 Map 中的键值对，键是不能重复的：

```
>>> mapOf(1 to 1, 2 to 2, 3 to 3, 4 to 4)
{1=1, 2=2, 3=3, 4=4}
```

6.3.2　可变集合与只读集合

在前面一节中，我们提到了可变集合与只读集合。尽管 Kotlin 的集合是基于 Java 构建的，但是在这一点上 Kotlin 选择了另辟蹊径，Kotlin 将集合分成了可变集合与只读集合。比如我们常见的集合列表就分为 MutableList 和 List。Kotlin 的集合中暂时还没有不可变集合（以后可能会支持不可变集合），我们只能将其称为只读集合。我们先来看看可变集合与只读集合有什么特点。

1. 可变集合

可变集合，顾名思义，就是可以改变的集合。可变集合都会有一个修饰前缀"Mutable"，比如 MutableList。这里的改变是指改变集合中的元素，比如以下可变集合：

```
val list = mutableListOf(1, 2, 3, 4, 5)
```

我们将集合中的第 1 个元素修改为 0：

```
>>> val list = mutableListOf(1, 2, 3, 4, 5)
>>> list[0] = 0
>>> list
[0, 2, 3, 4, 5]
```

可以看到，list 中的第 1 个元素被修改成了 0。

2. 只读集合

前面我们介绍了可变集合中元素是可以改变的。与可变集合相对，只读集合中的元素在一般情况下是不可修改的，比如：

```
val list = listOf(1, 2, 3, 4, 5)
```

如果我们想要将集合中的第 1 个元素修改为 0，我们可能会这么做：

```
>>> list[0] = 0
```

这样做当然是不行的，如果这样做了，就会抛出如下错误：

```
error: unresolved reference. None of the following candidates is applicable
    because of receiver type mismatch:
@InlineOnly public inline operator fun <K, V> MutableMap<Int, Int>.set(key: Int,
    value: Int): Unit defined in kotlin.collections
@InlineOnly public inline operator fun kotlin.text.StringBuilder /* = java.lang.
    StringBuilder */.set(index: Int, value: Char): Unit defined in kotlin.text
list[0] = 0
^
error: no set method providing array access
list[0] = 0
    ^
```

我们看一下报错信息就知道为什么错了。我们在用上面的方法修改集合中的元素时，实际上就是调用了 set 方法，但是 Kotlin 的只读集合中是没有这个方法的，所以当然不能修改其中的值。通过上面的例子我们可以发现，Kotlin 的可变集合与只读集合的区别其实就是，Kotlin 将可变集合中的修改、添加、删除等方法移除之后，原来的可变集合就变成了只读集合。

也就是说，只读集合中只有一些可以用来"读"的方法，比如获取集合的大小、遍历集合等。这样做的好处是可以让代码看上去更容易理解，并且在某种程度上也能使代码更加安全。比如，我们实现一个将 a 列表中的元素添加到 b 列表中的方法：

```
fun merge(a: List<Int>, b: MutableList<Int>) = {
    for (item in a) {
        b.add(item)
    }
}
```

可以发现，a 列表仅仅只是遍历一下，而真正发生改变的是 b 列表。这样做的好处是，我们很容易就知道函数 mergeList 不会修改 a，因为 a 是只读的，而函数很可能会修改列表 b。

然而，我们并不能说只读列表就是无法被改变的。在 Kotlin 中，我们将 List 称为只读列表而不是可变列表是有原因的，因为在某些情况下只读列表确实是可以被改变的，比如：

```
>>> val writeList: MutableList<Int> = mutableListOf(1, 2, 3, 4)
>>> val readList: List<Int> = writeList
>>> readList
[1, 2, 3, 4]
```

在上面的代码中，我们首先定义了一个可变列表 writeList，然后我们又定义了一个只读列表 readList，该列表与 writeList 指向了同一个集合对象，因为 MutableList 是 List 的子类，所以我们是可以这样去做的。我们现在修改这个集合：

```
>>> writeList[0] = 0
>>> readList
[0, 2, 3, 4]
```

可以发现只读列表 readList 发生了改变，就是说在这种情况下我们是可以修改只读集合的。所以我们只能说只读列表在某些情况下是安全的，但是它并不总是安全的。

在另一种情况下，只读集合也是能够被修改的。我们说，Kotlin 的集合都是基于 Java 来进行构建的，并且 Kotlin 与 Java 是兼容的。这就意味着我们可以在 Kotlin 的集合操作中调用在 Java 中定义的方法。这样就很容易出现问题了，因为在 Java 中是不区分只读集合与可变集合的。比如，我们用 Java 的代码定义了一个集合操作：

```
public static List<Int> foo(List<Int> list) = {
    for (int i = 0; i < list.size(); i++) {
        list[i] = list[i] * 2;
    }
    return list;
}
```

当我们在 Kotlin 中去使用这个方法的时候：

```
fun bar(list: List<Int>) {
    println(foo(list))
}
```

由于 Java 不区分只读集合和可变集合，所以传入 bar 方法中的 list 就会被 foo 方法改变：

```
>>> val list = listOf(1, 2, 3, 4)
>>> bar(list)
[2, 4, 6, 8]
>>> list
[2, 4, 6, 8]
```

所以，当我们与 Java 进行互操作的时候就要考虑到这种情况。

6.4　惰性集合

在前面我们介绍了集合的一些函数式 API，也了解了集合库中一些常用的集合，这些工具能够在我们操作集合的时候提供很大的便利。但是前面的一些例子中，我们所操作的集合都是比较简短的，如果要处理有很多元素的集合，上面的一些操作可能会显得低效。为了解决这一问题，就需要使用本节所介绍的惰性集合。

6.4.1　通过序列提高效率

在前面几节中我们知道了许多的集合 API，所以我们可能经常会写出如下的代码：

```
val list = listOf(1, 2, 3, 4, 5)
list.filter {it > 2}.map {it * 2}
```

上面的写法很简洁，在处理集合时，类似于上面的操作的确能够帮助我们解决大部分的问题。但是，当 list 中的元素非常多的时候（比如超过 10 万），上面的操作在处理集合的时候就会显得比较低效。我们先来看看产生此种情况的原因是什么。

在前面我们介绍过，filter 方法和 map 方法都会返回一个新的集合，也就是说上面的操作会产生两个临时集合，因为 list 会先调用 filter 方法，然后产生的集合会再次调用 map 方法。如果 list 中的元素非常多，这将会是一笔不小的开销。为了解决这一问题，序列（Sequence）就出现了。

先来看看怎么使用序列：

```
list.asSequence().filter {it > 2}.map {it * 2}.toList()
```

首先通过 asSequence() 方法将一个列表转换为序列，然后在这个序列上进行相应的操作，最后通过 toList() 方法将序列转换为列表。

将 list 转换为序列，在很大程度上就提高了上面操作集合的效率。这是因为在使用序列的时候，filter 方法和 map 方法的操作都没有创建额外的集合，这样当集合中的元素数量巨大的时候，就减少了大部分开销。

在 Kotlin 中，序列中元素的求值是惰性的，这就意味着在利用序列进行链式求值的时候，不需要像操作普通集合那样，每进行一次求值操作，就产生一个新的集合保存中间数据。那么这里的惰性又是什么意思呢？先来看看它的定义：

在编程语言理论中，**惰性求值**（Lazy Evaluation）表示一种在需要时才进行求值的计算方式。在使用惰性求值的时候，表达式不在它被绑定到变量之后就立即求值，而是在该值被取用时才去求值。通过这种方式，不仅能得到性能上的提升，还有一个最重要的好处就是它可以构造出一个无限的数据类型。

通过上面的定义我们可以简单归纳出惰性求值的两个好处，一个是优化性能，另一个就是能够构造出无限的数据类型。这里只需要先知道这个概念，在后面我们会详细介绍。

6.4.2 序列的操作方式

在上一节中，我们知道了序列中元素的求值方式是采用惰性求值的，我们也了解到了惰性求值的一些好处。但是你可能会有一个疑问：惰性求值在序列中是如何体现的呢？本节我们就带着这个问题，通过序列中的两类操作方式，来具体理解一下序列是如何工作的。

还是这个例子：

```
list.asSequence().filter {it > 2}.map {it * 2}.toList()
```

在这个例子中，我们对序列总共执行了两类操作，第一类：

```
filter {it > 2}.map {it * 2}
```

filter 和 map 的操作返回的都是序列，我们将这类操作称为中间操作。还有一类：

```
toList()
```

这一类操作将序列转换为了 List，我们将这类操作称作为末端操作。其实，Kotlin 中序列的操作就分为两类，一类是中间操作，另一类则为末端操作。

1. 中间操作

在对普通集合进行链式操作的时候，有些操作会产生中间集合，当用这类操作来对序列进行求值的时候，它们就被称为中间操作，比如上面的 filter 和 map。每一次中间操作返回的都是一个序列，产生的新序列内部知道如何去变换原来序列中的元素。中间操作都是采用惰性求值的，比如：

```
list.asSequence().filter {
    println("filter($it)")
    it > 2
}.map {
    println("map($it)")
    it * 2
}
    //结果
kotlin.sequences.TransformingSequence@7d8abe58
```

可以看到，上面的操作中的 println 方法根本就没有被执行，这说明 filter 方法和 map 方法的执行被延迟了，这就是惰性求值的体现。惰性求值也被称为延迟求值，通过前面的定义我们知道，惰性求值仅仅在该值被需要的时候才会真正去求值。那么这个"被需要"的状态该怎么去触发呢？这就需要另外一个操作了——**末端操作**。

2. 末端操作

在对集合进行操作的时候，大部分情况下，我们在意的只是结果，而不是中间过程。末端操作就是一个返回结果的操作，它的返回值不能是序列，必须是一个明确的结果，比如列表、数字、对象等表意明确的结果。末端操作一般都放在链式操作的末尾，在执行末端操作的时候，会去触发中间操作的延迟计算，也就是将"被需要"这个状态打开了。我们给前面的那个例子加上末端操作：

```
list.asSequence().filter {
    println("filter($it)")
    it > 2
}.map {
    println("map($it)")
    it * 2
}.toList()
//结果
filter(1)
filter(2)
filter(3)
map(3)
filter(4)
map(4)
filter(5)
map(5)
[6, 8, 10]
```

可以看到，所有的中间操作都被执行了。仔细看看上面的结果，我们可以发现一些有趣的地方。作为对比，我们先来看看上面的操作如果不用序列而用列表来实现会有什么不同之处：

```
list.filter {
    println("filter($it)")
    it > 2
}.map {
    println("map($it)")
    it * 2
}
    //结果
filter(1)
filter(2)
filter(3)
filter(4)
filter(5)
map(3)
map(4)
map(5)
[6, 8, 10]
```

通过对比上面的结果，我们可以发现，普通集合在进行链式操作的时候会先在 list 上调用 filter，然后产生一个结果列表，接下来 map 就在这个结果列表上进行操作。而序列则不一样，序列在执行链式操作的时候，会将所有的操作都应用在一个元素上，也就是说，第 1 个元素执行完所有的操作之后，第 2 个元素再去执行所有的操作，以此类推。反映到我们这个例子上面，就是第 1 个元素执行了 filter 之后再去执行 map，然后第 2 个元素也是这样。

通过上面序列的返回结果我们还能发现，由于列表中的元素 1、2 没有满足 filter 操作中大于 2 的条件，所以接下来的 map 操作就不会去执行了。所以当我们使用序列的时候，如果 filter 和 map 的位置是可以相互调换的话，应该优先使用 filter，这样会减少一部分开销。

6.4.3　序列可以是无限的

在介绍惰性求值的时候，我们提到过一点，就是惰性求值最大的好处是可以构造出一个无限的数据类型。那么我们能否使用序列来构造出一个无限的数据类型呢？答案是肯定的。我们先思考一下，常见的无限的数据类型是什么？我们很容易就能想到数列，比如自然数数列就是一个无限的数列。

那接下来，该怎样去实现一个自然数数列呢？采用一般的列表肯定是不行的，因为构建一个列表必须列举出列表中元素，而我们是没有办法将自然数全部列举出来的。

我们知道，自然数是有一定规律的，就是后一个数永远是前一个数加 1 的结果，我们只需要实现一个列表，让这个列表描述这种规律，那么也就相当于实现了一个无限的自然数数列。好在 Kotlin 也给我们提供了这样一个方法，去创建无限的数列：

```
val naturalNumList = generateSequence(0) { it + 1 }
```

通过上面这一行代码，我们就非常简单地实现了自然数数列。上面我们调用了一个方法 generateSequence 来创建序列。我们知道序列是惰性求值的，所以上面创建的序列是不会把所有的自然数都列举出来的，只有在我们调用一个末端操作的时候，才去列举我们所需要的列表。比如我们要从这个自然数列表中取出前 10 个自然数：

```
>>> naturalNumList.takeWhile {it <= 9}.toList()
[0, 1, 2, 3, 4, 5, 6, 7, 8, 9]
```

关于无限数列这一点，我们不能将一个无限的数据结构通过穷举的方式呈现出来，而只是实现了一种表示无限的状态，让我们在使用时感觉它就是无限的。

6.4.4　序列与 Java 8 Stream 对比

在前面几节我们介绍了序列，如果你熟悉 Java 8 的话，当你看到序列的时候，你一定不会陌生。因为序列看上去就和 Java 8 中的流（Stream）比较类似。这里我们来列举一些

Java 8 Stream 中比较常见的特性，并与 Kotlin 中的序列进行比较。

1. Java 也能使用函数式风格 API

在 6.2 节中我们介绍了 Kotlin 中的许多函数式风格 API，这些 API 相比于 Java 中传统的集合操作显得优雅多了。但是当 Java 8 出来之后，在 Java 中也能像在 Kotlin 中那样操作集合了，比如 6.2.2 节中将性别为男的学生筛选出来就可以这样去做：

```
students.stream().filter (it -> it.sex == "m").collect(toList());
```

在上面的 Java 代码中，我们通过使用 stream 就能够使用类似于 filter 这种简洁的函数式 API 了。但是相比于 Kotlin，Java 的这种操作方式还是有些烦琐，因为如果要对集合使用这种 API，就必须先将集合转换为 stream，操作完成之后，还要将 stream 转换为 List，这种操作有点类似于 Kotlin 的序列。这是因为 Java 8 的流和 Kotlin 中的序列一样，也是惰性求值的，这就意味着 Java 8 的流也是存在中间操作和末端操作的（事实也确实如此），所以必须通过上面的一系列转换才行。

2. Stream 是一次性的

与 Kotlin 的序列不同，Java 8 中的流是一次性的。意思就是说，如果我们创建了一个 Stream，我们只能在这个 Stream 上遍历一次。这就和迭代器很相似，当你遍历完成之后，这个流就相当于被消费掉了，你必须再创建一个新的 Stream 才能再遍历一次。

```
Stream<Student> studentsStream = students.stream();
studentsStream.filter (it -> it.sex == "m").collect(toList());
studentsStream.filter (it -> it.sex == "f").collect(toList());  //你不能再继续在
    studentsStream上进行这种遍历操作，否则会报错
```

3. Stream 能够并行处理数据

Java 8 中的流非常强大，其中有一个非常重要的特性就是 Java 8 Stream 能够在多核架构上并行地进行流的处理。比如将前面的例子转换为并行处理的方式如下：

```
students.paralleStream().filter (it -> it.sex == "m").collect(toList());
```

只需要将 stream 换成 paralleStream 即可。当然使用流并行处理数据还有许多需要注意的地方，这里只是简单地介绍一下。并行处理数据这一特性是 Kotlin 的序列目前还没有实现的地方，如果我们需要用到处理多线程的集合还需要依赖 Java。

6.5　内联函数

在前面几节我们介绍了 Kotlin 中的集合，其中比较重要的一点就是 Kotlin 在集合 API 中大量使用了 Lambda，这使得我们在对集合进行操作的时候优雅了许多。但是这种方式的代价就是，在 Kotlin 中使用 Lambda 表达式会带来一些额外的开销。那么如何解决这一问题呢？这就是本节将要介绍的内容了。

这一节我们会介绍 Kotlin 中的内联函数，如果你之前只用 Java 开发，可能对它感到陌生。然而，本节并不是要探究一种比 Java 更加高级的语法特性，相反，Kotlin 中的内联函数显得有点尴尬，因为它之所以被设计出来，主要是为了优化 Kotlin 支持 Lambda 表达式之后所带来的开销。然而，在 Java 中我们却似乎并不需要特别关注这个问题，因为在 Java 7 之后，JVM 引入了一种叫作 **invokedynamic** 的技术，它会自动帮助我们做 Lambda 优化。那么，Kotlin 为何要引入内联函数这种手动的语法呢？接下来我们来具体了解下 Kotlin 中的内联函数。

6.5.1 优化 Lambda 开销

看过第 2 章的内容后我们知道，在 Kotlin 中每声明一个 Lambda 表达式，就会在字节码中产生一个匿名类。该匿名类包含了一个 invoke 方法，作为 Lambda 的调用方法，每次调用的时候，还会创建一个新的对象。可想而知，Lambda 语法虽然简洁，但是额外增加的开销也不少。尤其对 Kotlin 这门语言来说，它当今优先要实现的目标，就是在 Android 这个平台上提供良好的语言特性支持。如果你熟悉 Android 开发，肯定了解 Java 6 是当今 Android 主要采用的开发语言，Kotlin 要在 Android 中引入 Lambda 语法，必须采用某种方法来优化 Lambda 带来的额外开销，也就是内联函数。

1. invokedynamic

在讲述内联函数具体的语法之前，我们先来看看 Java 中是如何解决这个问题的。与 Kotlin 这种在编译期通过硬编码生成 Lambda 转换类的机制不同，Java 在 SE 7 之后通过 invokedynamic 技术实现了在运行期才产生相应的翻译代码。在 invokedynamic 被首次调用的时候，就会触发产生一个匿名类来替换中间码 invokedynamic，后续的调用会直接采用这个匿名类的代码。这种做法的好处主要体现在：

❏ 由于具体的转换实现是在运行时产生的，在字节码中能看到的只有一个固定的 invokedynamic，所以需要静态生成的类的个数及字节码大小都显著减少；

❏ 与编译时写死在字节码中的策略不同，利用 invokedynamic 可以把实际的翻译策略隐藏在 JDK 库的实现，这极大提高了灵活性，在确保向后兼容性的同时，后期可以继续对翻译策略不断优化升级；

❏ JVM 天然支持了针对该方式的 Lambda 表达式的翻译和优化，这也意味着开发者在书写 Lambda 表达式的同时，可以完全不用关心这个问题，这极大地提升了开发的体验。

2. 内联函数

invokedynamic 固然不错，但 Kotlin 不支持它的理由似乎也很充分。我们有足够的理由相信，其最大的原因是 Kotlin 在一开始就需要兼容 Android 最主流的 Java 版本 SE 6，这导致它无法通过 invokedynamic 来解决 Android 平台的 Lambda 开销问题。

> 我们也可以通过阅读 Kotlin 团队核心成员在其官方论坛上的发言，来证实这一猜想。发言网址如下：https://discuss.kotlinlang.org/t/aop-invokedynamic-interceptable/660

因此，作为另一种主流的解决方案，Kotlin 拥抱了内联函数，在 C++、C# 等语言中也支持这种特性。简单来说，我们可以用 inline 关键字来修饰函数，这些函数就成为了内联函数。它们的函数体在编译期被嵌入每一个被调用的地方，以减少额外生成的匿名类数，以及函数执行的时间开销。

所以如果你想在用 Kotlin 开发时获得尽可能良好的性能支持，以及控制匿名类的生成数量，就有必要来学习下内联函数的相关语法。

6.5.2　内联函数具体语法

我们来通过一个实际的例子，看看 Kotlin 的内联函数具体是如何操作的。

```
fun main(args: Array<String>) {
    foo {
        println("dive into Kotlin...")
    }
}
fun foo(block: () -> Unit) {
    println("before block")
    block()
    println("end block")
}
```

首先，我们声明了一个高阶函数 foo，可以接收一个类型为 () -> Unit 的 Lambda，然后在 main 函数中调用它。以下是通过字节码反编译的相关 Java 代码：

```
public static final void main(@NotNull String[] args) {
    Intrinsics.checkParameterIsNotNull(args, "args");
    foo((Function0)null.INSTANCE);
}
public static final void foo(@NotNull Function0 block) {
    Intrinsics.checkParameterIsNotNull(block, "block");
    String var1 = "before block";
    System.out.println(var1);
    block.invoke();
    var1 = "end block";
    System.out.println(var1);
}
```

如我们所知，调用 foo 就会产生一个 Function0 类型的 block 类，然后通过 invoke 方法来执行，这会增加额外的生成类和调用开销。现在，我们给 foo 函数加上 inline 修饰符，如下：

```
inline fun foo(block: () -> Unit) {
    println("before block")
    block()
```

```
    println("end block")
}
```

再来看看相应的 Java 代码：

```java
public static final void main(@NotNull String[] args) {
    Intrinsics.checkParameterIsNotNull(args, "args");
    String var1 = "before block";
    System.out.println(var1);
    // block函数体在这里开始粘贴
    String var2 = "dive into Kotlin...";
    System.out.println(var2);
    // block函数体在这里结束粘贴
    var1 = "end block";
    System.out.println(var1);
}

public static final void foo(@NotNull Function0 block) {
    Intrinsics.checkParameterIsNotNull(block, "block");
    String var2 = "before block";
    System.out.println(var2);
    block.invoke();
    var2 = "end block";
    System.out.println(var2);
}
```

果然，foo 函数体代码及被调用的 Lambda 代码都粘贴到了相应调用的位置。试想下，如果这是一个工程中公共的方法，或者被嵌套在一个循环调用的逻辑体中，这个方法势必会被调用很多次。通过 inline 的语法，我们可以彻底消除这种额外调用，从而节约了开销。

内联函数典型的一个应用场景就是 Kotlin 的集合类。如果你看过 Kotlin 的集合类 API 文档或者源码实现就会发现，集合函数式 API，如 map、filter 都被定义成内联函数，如：

```kotlin
inline fun <T, R> Array<out T>.map(
    transform: (T) -> R
): List<R>

inline fun <T> Array<out T>.filter(
    predicate: (T) -> Boolean
): List<T>
```

这个很容易理解，由于这些方法都接收 Lambda 作为参数，同时都需要对集合元素进行遍历操作，所以把相应的实现进行内联无疑是非常适合的。

内联函数不是万能的

以下情况我们应避免使用内联函数：

❏ 由于 JVM 对普通的函数已经能够根据实际情况智能地判断是否进行内联优化，所以我们并不需要对其使用 Kotlin 的 inline 语法，那只会让字节码变得更加复杂；

❏ 尽量避免对具有大量函数体的函数进行内联，这样会导致过多的字节码数量；

❑ 一旦一个函数被定义为内联函数，便不能获取闭包类的私有成员，除非你把它们声明为 internal。

6.5.3　noinline：避免参数被内联

通过以上例子我们已经知道，如果在一个函数的开头加上 inline 修饰符，那么它的函数体及 Lambda 参数都会被内联。然而现实中的情况比较复杂，有一种可能是函数需要接收多个参数，但我们只想对其中部分 Lambda 参数内联，其他的则不内联，这个又该如何处理呢？

解决这个问题也很简单，Kotlin 在引入 inline 的同时，也新增了 noinline 关键字，我们可以把它加在不想要内联的参数开头，该参数便不会具有内联的效果。我们再来修改下上述的例子，然后再应用 noinline：

```kotlin
fun main(args: Array<String>) {
    foo ({
        println("I am inlined...")
    }, {
        println("I am not inlined...")
    })
}
inline fun foo(block1: () -> Unit, noinline block2: () -> Unit) {
    println("before block")
    block1()
    block2()
    println("end block")
}
```

同样的方法，再来看看反编译的 Java 版本：

```java
public static final void main(@NotNull String[] args) {
    Intrinsics.checkParameterIsNotNull(args, "args");
    Function0 block2$iv = (Function0)null.INSTANCE;
    String var2 = "before block";
    System.out.println(var2);
    // block1 被内联了
    String var3 = "I am inlined...";
    System.out.println(var3);
    // block2 还是原样
    block2$iv.invoke();
    var2 = "end block";
    System.out.println(var2);
}
public static final void foo(@NotNull Function0 block1, @NotNull Function0 block2) {
    Intrinsics.checkParameterIsNotNull(block1, "block1");
    Intrinsics.checkParameterIsNotNull(block2, "block2");
    String var3 = "before block";
```

```
    system.out.println(var3);
    block1.invoke();
    block2.invoke();
    var3 = "end block";
    System.out.println(var3);
}
```

可以看出，foo 函数中的 block2 参数在带上 noinline 之后，反编译后的 Java 代码中并没有将其函数体代码在调用处进行替换。

6.5.4 非局部返回

Kotlin 中的内联函数除了优化 Lambda 开销之外，还带来了其他方面的特效，典型的就是非局部返回和**具体化参数类型**。我们先来看下 Kotlin 如何支持非局部返回。

以下是我们常见的局部返回的例子：

```
fun main(args: Array<String>) {
    foo()
}
fun localReturn() {
    return
}
fun foo() {
    println("before local return")
    localReturn()
    println("after local return")
    return
}
// 运行结果
before local return
after local return
```

正如我们所熟知的，localReturn 执行后，其函数体中的 return 只会在该函数的局部生效，所以 localReturn() 之后的 println 函数依旧生效。我们再把这个函数换成 Lambda 表达式的版本：

```
fun main(args: Array<String>) {
    foo { return }
}
fun foo(returning: () -> Unit) {
    println("before local return")
    returning()
    println("after local return")
    return
}
// 运行结果
Error:(2, 11) Kotlin: 'return' is not allowed here
```

这时，编译报错了，就是说在 Kotlin 中，正常情况下 Lambda 表达式不允许存在 return

关键字。这时候，内联函数又可以排上用场了。我们把 foo 进行内联后再试试看：

```
fun main(args: Array<String>) {
    foo { return }
}
inline fun foo(returning: () -> Unit) {
    println("before local return")
    returning()
    println("after local return")
    return
}
// 运行结果
before local return
```

编译顺利通过了。但结果与我们的局部返回效果不同，Lambda 的 return 执行后直接让 foo 函数退出了执行。如果你仔细思考一下，可能很快就想出了原因。因为内联函数 foo 的函数体及参数 Lambda 会直接替代具体的调用，所以实际产生的代码中，return 相当于是直接暴露在 main 函数中，所以 returning() 之后的代码自然不会被执行。这个也就是所谓的非局部返回。

使用标签实现 Lambda 非局部返回

另外一种等效的方式，是通过标签利用 @ 符号来实现 Lambda 非局部返回。同样以上的例子，我们可以在不声明 inline 修饰符的情况下，这么做来实现相同的效果：

```
fun main(args: Array<String>) {
    foo { return@foo }
}
fun foo(returning: () -> Unit) {
    println("before local return")
    returning()
    println("after local return")
    return
}
// 运行结果
before local return
```

非局部返回尤其在循环控制中显得特别有用，比如 Kotlin 的 forEach 接口，它接收的就是一个 Lambda 参数，由于它也是一个内联函数，所以我们可以直接在它调用的 Lambda 中执行 return 退出上一层的程序。

```
fun hasZeros(list: List<Int>): Boolean {
    list.forEach {
        if (it == 0) return true // 直接返回foo函数结果
    }
    return false
}
```

6.5.5　crossinline

值得注意的是，非局部返回虽然在某些场合下非常有用，但可能也存在危险。因为有时候，我们内联的函数所接收的 Lambda 参数常常来自于上下文其他地方。为了避免带有 return 的 Lambda 参数产生破坏，我们还可以使用 crossinline 关键字来修饰该参数，从而杜绝此类问题的发生。就像这样子：

```kotlin
fun main(args: Array<String>) {
    foo { return }
}
inline fun foo(crossinline returning: () -> Unit) {
    println("before local return")
    returning()
    println("after local return")
    return
}
// 运行结果
Error:(2, 11) Kotlin: 'return' is not allowed here
```

6.5.6　具体化参数类型

除了非局部返回之外，内联函数还可以帮助 Kotlin 实现具体化参数类型。Kotlin 与 Java 一样，由于运行时的**类型擦除**，我们并不能直接获取一个参数的类型。然而，由于内联函数会直接在字节码中生成相应的函数体实现，这种情况下我们反而可以获得参数的具体类型。我们可以用 reified 修饰符来实现这一效果。

```kotlin
fun main(args: Array<String>) {
    getType<Int>()
}

inline fun <reified T> getType() {
    print(T::class)
}
// 运行结果
class kotlin.Int
```

这个特性在 Android 开发中也格外有用。比如在 Java 中，当我们要调用 startActivity 时，通常需要把具体的目标视图类作为一个参数。然而，在 Kotlin 中，我们可以用 reified 来进行简化：

```kotlin
inline fun <reified T : Activity> Activity.startActivity() {
    startActivity(Intent(this, T::class.java))
}
```

这样，我们进行视图导航就非常容易了。如：

```kotlin
startActivity<DetailActivity>()
```

6.6　本章小结

（1）Lambda 简化表达

Lambda 是 Kotlin 中非常重要的语法特性，Lambda 简洁的语法及 Kotlin 语言深度的支持，使它在用 Kotlin 编程时得到极大程度的应用。比如与 Java 函数式接口结合、结合可接收类型、集合中的函数式 API 等。

（2）集合 API

Kotlin 的集合中有许多非常好用的高阶函数式 API，这些 API 吸取了 Lambda 表达式简洁的特性。在操作集合的时候，通过使用 Kotlin 集合库中提供的 API，能够使复杂的操作变得清晰而优雅。

（3）可变集合与只读集合

Kotlin 的集合是基于 Java 来构建的，但是 Kotlin 提供了可变集合与只读集合。当需要对集合进行改变的时候，我们使用可变集合。若只需要对集合进行诸如遍历这种读取操作时，我们选择只读集合。但是 Kotlin 的只读集合不是不可变的，当只读集合持有可变集合的引用时，或者当 Kotlin 与 Java 进行互操作的时候，只读集合是可能被改变的。所以在面对这些情况的时候，我们需要额外注意。

（4）惰性集合

在处理数量庞大的集合时，如果在一般的集合上进行链式操作的话，会产生许多中间集合，这将会带来不小的开销。为了解决这一问题，Kotlin 引入了惰性集合，也就是序列（Seq）。在对数量级较大的集合进行操作时，我们先将集合转换成序列，然后进行相关操作，这样在进行链式操作的时候不会产生中间变量，降低了开销。另外序列可以是无限的，只需要在创建序列的时候实现一种无限的状态，就可以创建无限的序列，比如自然数序列。

（5）中间操作与末端操作

序列的两种操作方式分别是中间操作与末端操作。在对普通集合进行链式操作的时候，有些操作会产生中间集合，当用这类操作来对序列进行求值的时候，它们就被称为中间操作，每一次中间操作返回的都是一个序列，内部知道如何去变换原来序列中的元素。末端操作就是一个返回结果的操作，末端操作一般都放在链式操作的末尾，在执行末端操作的时候，就会触发中间操作的延迟计算。

（6）内联函数

内联函数的设计与 Kotlin 这门语言本身的定位有关。由于把为 Android 开发提供良好语言特性支持作为首要目标之一，Kotlin 当前采用了内联函数对 Lambda 带来的额外开销进行优化，这使其能够服务于 Android 当前最主流的 Java 6，而不是 Java 在 SE 7 后引入的 invokedynamic。此外，内联函数还能够带来其他的语言特性支持，如非局部返回、具体化参数类型等。

Chapter 7 第 7 章

多态和扩展

上一章我们了解了 Kotlin 中集合的构造及操作，相信你们已经能感受到函数式操作的强大。Kotlin 作为一门工程化的语言，拥有一些令开发者心旷神怡的特性。本章将带领大家一步步了解 Kotlin 中一个比较重要的特性——扩展（Extensions）。Kotlin 的扩展其实是多态的一种表现形式，在深入了解扩展之前，让我们先探讨一下多态的不同技术手段。

7.1　多态的不同方式

熟悉 Java 的读者对多态应该不会陌生，它是面向对象程序设计（OOP）的一个重要特征。当我们用一个子类继承一个父类的时候，这就是**子类型多态**（Subtype polymorphism）。另一种熟悉的多态是**参数多态**（Parametric polymorphism），我们在第 5 章所讨论的泛型就是其最常见的形式。此外，也许你还会想到 C++ 中的运算符重载，我们可以用**特设多态**（Ad-hoc polymorphism）来描述它。相比子类型多态和参数多态，可能你对特设多态会感到有些许陌生。其实这是一种更加灵活的多态技术，在 Kotlin 中，一些有趣的语言特性，如运算符重载、扩展都很好地支持这种多态。在本节接下来的内容中，我们将通过具体的例子来进一步展现各种多态的特点，并介绍更加深入的 Kotlin 语言特性。

7.1.1　子类型多态

无论在前端、移动端还是后台开发中，数据持久化操作都是必不可少的。在 Android 中，原生就支持 Sqlite 的操作，一般我们会继承 Sqlite 操作的相关类：

```
class CustomerDatabaseHelper(context:Context): SQLiteOpenHelper(context,
    "kotlinDemo.db", cursorFactory , db.version){
```

```
override fun onUpgrade(p0: SQLiteDatabase?, p1: Int, p2: Int) {}
override fun onCreate(db: SQLiteDatabase) {
    val sql = "CREATE TABLE if not exists $tableName ( id integer PRIMARY KEY
        autoincrement, uniqueKey VARCHAR(32))" // 此处省略其他参数
    db.execSQL(sql)
}
}
```

然后我们就可以使用父类 DatabaseHelper 的所有方法。这种用子类型替换超类型实例的行为，就是我们通常说的子类型多态。

7.1.2　参数多态

在完成数据库的创建之后，现在我们要把客户（Customer）存入客户端数据库中。可能会写这样一个方法：

```
fun persist(customer: Customer) {
    db.save(customer.uniqueKey, customer)
}
```

如果代码成功执行，我们就成功地将 customer 以键值对的方式存入数据库（上述例子中以 uniqueKey 对应 customer，便于查询等操作）。

但是，随着需求的变动，我们可能还会持久化多种类型的数据。如果每种类型都写一个 presist 方法，多少有些烦琐，通常我们会抽象一个方法来处理不同类型的持久化。因为我们采用键值对的方式存储，所以需要获取不同类型对应的 uniqueKey：

```
interface KeyI {
    val uniqueKey : String
}

class ClassA(override val uniqueKey: String) : KeyI {
    ...
}

class ClassB(override val uniqueKey: String) : KeyI {
    ...
}
```

这样，class A、B 都已经具备 uniqueKey。我们可以将 persist 进行如下改写：

```
fun <T: KeyI> persist(t: T) {
    db.save(t.uniqueKey, t)
}
```

以上的多态形式我们可以称之为**参数多态**，其实最常见的参数多态的形式就是泛型。

参数多态在程序设计语言与类型论中是指声明与定义函数、复合类型、变量时不指定其具体的类型，而把这部分类型作为参数使用，使得该定义对各种具体类型都适用，所以它建立在运行时的参数基础上，并且所有这些都是在不影响类型安全的前提下进行的。

7.1.3　对第三方类进行扩展

进一步思考，假使当对应的业务类 ClassA、ClassB 是第三方引入的，且不可被修改时，如果我们要想给它们扩展一些方法，比如将对象转化为 Json，利用之前介绍的多态技术就会显得比较麻烦。

幸运的是，Kotlin 支持扩展的语法，利用扩展我们就能给 ClassA、ClassB 添加方法或属性，从而换一种思路来解决上面的问题。

```
fun ClassA.toJson(): String = {
    ......
}
```

如上我们给 ClassA 类扩展了一个将对象转换为 Json 的 toJson 方法。需要注意的是，扩展属性和方法的实现运行在 ClassA 实例，它们的定义操作并不会修改 ClassA 类本身。这样就为我们带来了一个很大的好处，即被扩展的第三方类免于被污染，从而避免了一些因父类修改而可能导致子类出错的问题发生。

当然，在 Java 中我们可以依靠其他的办法比如设计模式来解决，但相较而言依靠扩展的方案显得更加方便且合理，这其实也是另一种被称为**特设多态**的技术。下节我们就来了解下这种多态，然后再介绍 Kotlin 中另外一种同样可服务于它的语言特性——运算符重载。

7.1.4　特设多态与运算符重载

除了子类型多态、参数多态以外，还存在一种更灵活的多态形式——**特设多态**（Ad-hoc polymorphism）。可能你对特设多态这个概念并不是很了解，我们来举一个具体的例子。

当你想定义一个通用的 sum 方法时，也许会在 Kotlin 中这么写：

```
fun <T> sum(x: T, y: T) : T = x + y
```

但编译器会报错，因为某些类型 T 的实例不一定支持加法操作，而且如果针对一些自定义类，我们更希望能够实现各自定制化的"加法语义上的操作"。如果把参数多态做的事情打个比方：它提供了一个工具，只要一个东西能"切"，就用这个工具来切割它。然而，现实中不是所有的东西都能被切，而且材料也不一定相同。更加合理的方案是，你可以根据不同的原材料来选择不同的工具来切它。

再换种思路，我们可以定义一个通用的 Summable 接口，然后让需要支持加法操作的类来实现它的 plusThat 方法。就像这样子：

```
interface Sumable<T> {
    fun plusThat(that: T): T
}

data class Len(val v: Int) : Sumable<Len> {
    override fun plusThat(that: Len) = Len(this.v + that.v)
}
```

可以发现，当我们在自定义一个支持 plusThat 方法的数据结构如 Len 时，这种做法并没有什么问题。然而，如果我们要针对不可修改的第三方类扩展加法操作时，这种通过子类型多态的技术手段也会遇到问题。

于是，你又想到了 Kotlin 的扩展，我们要引出另一种叫作"特设多态"的技术了。相比更通用的参数多态，特设多态提供了"量身定制"的能力。参考它的定义，特设多态可以理解为：一个多态函数是有多个不同的实现，依赖于其实参而调用相应版本的函数。

针对以上的例子，我们完全可以采用扩展的语法来解决问题。此外，Kotlin 原生支持了一种语言特性来很好地解决问题，这就是**运算符重载**。借助这种语法，我们可以完美地实现需求。代码如下：

```
data class Area(val value: Double)

operator fun Area.plus(that: Area): Area {
    return Area(this.value + that.value)
}
fun main(args: Array<String>) {
    println(Area(1.0) + Area(2.0)) // 运行结果: Area(value=3.0)
}
```

下面我们来具体介绍下 Kotlin 中运算符重载的语法。相信你已经注意到了 operator 关键字，以及 Kotlin 中内置可重载的运算符 plus。先来看看 operator，它的作用是：**将一个函数标记为重载一个操作符或者实现一个约定**。

注意，这里的 plus 是 Kotlin 规定的函数名。除了重载加法，我们还可以通过重载减法（minus）、乘法（times）、除法（div）、取余（mod）（Kotlin1.1 版本开始被 rem 替代）等函数来实现重载运算符。此外，你可以再回忆一下第 2 章中遇到的一些基础语法，它们也是利用这种神奇的语言特性来实现的，如：

```
a in b // 转换为 b.contains(a)
f(a)   // 转换为 f.invoke(a)
```

我们将在第 9 章中展示如何利用 Kotlin 运算符重载的语法，来简化经典的设计模式。

7.2　扩展：为别的类添加方法、属性

在上一节中，你已经了解到，扩展是 Kotlin 实现特设多态的一种非常重要的语言特性。在本节中，我们将继续探讨这种技术。

7.2.1　扩展与开放封闭原则

对开发者而言，业务需求总是在不断变动的。熟悉设计模式的读者应该知道，在修改现有代码的时候，我们应该遵循**开放封闭原则**，即：软件实体应该是可扩展，而不可修改的。也就是说，对扩展开放，而对修改是封闭的。

开放封闭原则概念

开放封闭原则（OCP，Open Closed Principle）是所有面向对象原则的核心。软件设计本身所追求的目标就是封装变化、降低耦合，而开放封闭原则正是对这一目标的最直接体现。其他的设计原则，很多时候是为实现这一目标服务的，例如以替换原则实现最佳的、正确的继承层次，就能保证不会违反开放封闭原则。

实际情况并不乐观，比如在进行 Android 开发的时候，为了实现某个需求，我们引入了一个第三方库。但某一天需求发生了变动，当前库无法满足，且库的作者暂时没有升级的计划。这时候也许你就会开始尝试对库源码进行修改。这就违背了开放封闭原则。随着需求的不断变更，问题可能就会如滚雪球般增长。

Java 中一种惯常的应对方案是让第三方库类继承一个子类，然后添加新功能。然而，正如我们在第 3 章中谈论过的那样，强行的继承可能违背 "里氏替换原则"。

更合理的方案是依靠扩展这个语言特性。Kotlin 通过扩展一个类的新功能而无须继承该类，在大多数情况下都是一种更好的选择，从而我们可以合理地遵循软件设计原则。

7.2.2 使用扩展函数、属性

扩展函数的声明非常简单，它的关键字是 <Type>。此外我们需要一个 "**接收者类型（recievier type）**"（通常是类或接口的名称）来作为它的前缀。

以 MutableList<Int> 为例，我们为其扩展一个 exchange 方法，代码如下：

```
fun MutableList<Int>.exchange(fromIndex:Int, toIndex:Int) {
    val tmp = this[fromIndex]
    this[fromIndex] = this[toIndex]
    this[toIndex] = tmp
}
```

MutableList<T> 是 Kotlin 标准库 Collections 中的 List 容器类，这里作为 recievier type，exchange 是扩展函数名。其余和 Kotlin 声明一个普通函数并无区别。

Kotlin 的 this 要比 Java 更灵活，这里扩展函数体里的 this 代表的是**接收者类型的对象**。

这里需要注意的是：Kotlin 严格区分了接收者是否可空。如果你的函数是可空的，你需要重写一个可空类型的扩展函数。

我们可以非常方便地对该函数进行调用，代码如下：

```
val list = mutableListOf(1,2,3)
list.exchange(1,2)
```

1. 扩展函数的实现机制

扩展函数的使用如此方便，会不会对性能造成影响呢？为了解决这个疑惑，我们有必要对 Kotlin 扩展函数的实现进行探究。我们以之前的 MutableList<Int>.exchange 为例，它对应的 Java 代码如下：

```java
import java.util.List;
import kotlin.Metadata;
import kotlin.jvm.internal.Intrinsics;
import org.jetbrains.annotations.NotNull;

@Metadata(
    mv = {1, 1, 1},
    bv = {1, 0, 0},
    k = 2,
    d1 = {"\u0000\u0012\n\u0000\n\u0002\u0010\u0002\n\u0002\u0010!\n\u0002\
        u0010\b\n\u0002\b\u0003\u001a  \u0010\u0000\u001a\u00020\u0001*\b\
        u0012\u0004\u0012\u00020\u00030\u0022\u0006\u0010\u0004\u001a\u00020\
        u00032\u0006\u0010\u0005\u001a\u00020\u0003 ̈\u0006\u0006"},
    d2 = {"exchange", "", "", "", "fromIndex", "toIndex", "production sources for
        module FPKotlin"}
)
public final class ExSampleKt {
    public static final void exchange(@NotNull List $receiver, int fromIndex, int
        toIndex) {
        Intrinsics.checkParameterIsNotNull($receiver, "$receiver");
        int tmp = ((Number)$receiver.get(fromIndex)).intValue();
        $receiver.set(fromIndex, $receiver.get(toIndex));
        $receiver.set(toIndex, Integer.valueOf(tmp));
    }
}
```

结合以上 Java 代码可以看出，我们可以将扩展函数近似理解为静态方法。而熟悉 Java 的读者应该知道静态方法的特点：它独立于该类的任何对象，且不依赖类的特定实例，被该类的所有实例共享。此外，被 public 修饰的静态方法本质上也就是全局方法。

综上所述，我们可以得出结论：扩展函数不会带来额外的性能消耗。

2. 扩展函数的作用域

既然扩展函数不会带来额外的性能消耗，那我们就可以放心地使用它。它的作用域范围是怎么样的呢？一般来说，我们习惯将扩展函数直接定义在包内，例如之前的 exchange 例子，我们可以将其放在 com.example.extension 包下：

```kotlin
package com.example.extension

fun MutableList<Int>.exchange(fromIndex:Int, toIndex:Int) {
    val tmp = this[fromIndex]
    this[fromIndex] = this[toIndex]
    this[toIndex] = tmp
}
```

我们知道在同一个包内是可以直接调用 exchange 方法的。如果需要在其他包中调用，只需要 import 相应的方法即可，这与调用 Java 全局静态方法类似。除此之外，实际开发时我们也可能会将扩展函数定义在一个 Class 内部统一管理。

```
class Extends {
    fun MutableList<Int>.exchange(fromIndex:Int, toIndex:Int) {
        val tmp = this[fromIndex]
        this[fromIndex] = this[toIndex]
        this[toIndex] = tmp
    }
}
```

当扩展函数定义在 Extends 类内部时，情况就与之前不一样了：这个时候你会发现，之前的 exchange 方法无法调用了（之前调用位置在 Extends 类外部）。你可能会猜想，是不是它被声明为 private 方法了？那我们尝试在 exchange 方法前加上 public 关键字：

```
public fun MutableList<Int>.exchange(fromIndex:Int, toIndex:Int) { … }
```

结果不尽如人意，此时我们依旧无法调用到（实际上 Kotlin 中成员方法默认就是用 public 修饰的）。是什么原因呢？借助 IDEA 我们可以查看到它对应的 Java 代码，这里展示关键部分：

```
public static final class Extends {
    public final void exchange(@NotNull List $receiver, int fromIndex, int toIndex) {
        Intrinsics.checkParameterIsNotNull($receiver, "$receiver");
        int tmp = ((Number)$receiver.get(fromIndex)).intValue();
        $receiver.set(fromIndex, $receiver.get(toIndex));
        $receiver.set(toIndex, Integer.valueOf(tmp));
    }
}
```

我们看到，exchange 方法上已经没有 static 关键字的修饰了。所以当扩展方法在一个 Class 内部时，我们只能在该类和该类的子类中进行调用。此外你可能还会想到：如果我用 private 修饰这个扩展函数，又会有什么结果？这个问题留给读者自行探究。

3. 扩展属性

与扩展函数类似，我们还能为一个类添加扩展属性。比如我们想给 MutableList<Int> 添加一个判断一个判断和是否为偶数的属性 sumIsEven：

```
val MutableList<Int>.sumIsEven: Boolean
    get() = this.sum() % 2 == 0
```

这样就可以像调用扩展函数一样调用它了：

```
val list = mutableListOf(2,2,4)
list.sumIsEven
```

但是，如果你准备给这个属性添加上默认值，并且写出如下代码：
// 编译错误：扩展属性不能有初始化器

```
val MutableList<Int>.sumIsEven: Boolean = false
    get() = this.sum() % 2 == 0
```

以上代码编译不能通过，这是为什么呢？

其实，与扩展函数一样，其本质也是对应 Java 中的静态方法（我们反编译成 Java 代码后可以看到一个 getSumIsEven 的静态方法，与扩展函数类似）。由于扩展没有实际地将成员插入类中，因此对扩展属性来说幕后字段是无效的。这就是为什么扩展属性不能有初始化器的原因。它们的行为只能由显式提供的 getters 和 setters 定义。

幕后字段

在 Kotlin 中，如果属性中存在访问器使用默认实现，那么 Kotlin 会自动提供幕后字段 filed，其仅可用于自定义 getter 和 setter 中。

7.2.3 扩展的特殊情况

经过上一节，我们对 Kotlin 的扩展函数已经有了基本的认识，相信大部分读者已经被扩展函数所吸引，并且已经想好如何利用扩展函数进行实战。但在此之前，还是让我们先看一些扩展中特殊的情况，或者说是扩展的局限之处。

1. 类似 Java 的静态扩展函数

在 Kotlin 中，如果你需要声明一个静态的扩展函数，开发者必须将其定义在伴生对象（companion object）上。所以我们需要这样定义带有伴生对象的类：

```
class Son {
    companion object {
        val age = 10
    }
}
```

Son 类中已经有一个伴生对象，如果我们现在不想在 Son 中定义扩展函数，而是在 Son 的伴生对象上定义，可以这么写：

```
fun Son.Companion.foo() {
    println("age = $age")
}
```

这样，我们就能在 Son 没有实例对象的情况下，也能调用到这个扩展函数，语法类似于 Java 的静态方法。

```
object Test {
    @JvmStatic
    fun main(args: Array<String>) {
        Son.foo()
    }
}
```

一切看起来都很顺利，但是当我们想让第三方类库也支持这样的写法时，我们发现，并不是所有的第三方类库中的类都存在伴生对象，我们只能通过它的实例来进行调用，但这样会造成很多不必要的麻烦。

2. 成员方法优先级总高于扩展函数

已知我们有如下类：

```
class Son {
    fun foo() = println("son called member foo")
}
```

它包含一个成员方法 foo()，假如我们哪天心血来潮，想对这个方法做特殊实现，利用扩展函数可能会写出如下代码：

```
fun Son.foo() = println("son called extention foo")

object Test {
    @JvmStatic
    fun main(args: Array<String>) {
        Son().foo()
    }
}
```

在我们的预期中，我们希望调用的是扩展函数 foo()，但是输出结果为：son called member foo。这表明：当扩展函数和现有类的成员方法同时存在时，Kotlin 将会默认使用类的成员方法。看起来似乎不够合理，并且很容易引发一些问题：我定义了新的方法，为什么还是调用到了旧的方法？

但是换一个角度思考，在多人开发的时候，如果每个人都对 Son 扩展了 foo 方法，是不是很容易造成混淆。对于第三方类库来说甚至是一场灾难：我们把不应该更改的方法改变了。所以在使用时，我们必须注意：**同名的类成员方法的优先级总高于扩展函数**。

3. 类的实例与接收者的实例

前面的例子中提到过，我们发现 Kotlin 中的 this 比在 Java 中更灵活。以扩展函数为例，当在扩展函数里调用 this 时，指代的是接收者类型的实例。那么如果这个扩展函数声明在一个 object 内部，我们如何通过 this 获取到类的实例呢？参考如下代码：

```
class Son{
    fun foo(){
        println("foo in Class Son")
    }
}

object Parent {
    fun foo() {
        println("foo in Class Parent")
    }

    @JvmStatic
    fun main(args: Array<String>) {
        fun Son.foo2() {
            this.foo()
```

```
            this@Parent.foo()
        }

        Son().foo2()
    }
}
```

这里我们可以用 this@ 类名来强行指定调用的 this。另外值得一提的是：如果 Son 扩展函数在 Parent 类内，我们将无法对其调用。

```
class Son{
    fun foo(){
        println("foo in Class Son")
    }
}

class Parent {
    fun foo() {
        println("foo in Class Parent")
    }

    fun Son.foo2() {
        this.foo()
        this@Parent.foo()
    }
}

object Test {
    @JvmStatic
    fun main(args: Array<String>) {
        Son().foo2()
    }
}
```

这是为什么呢？来看看 Parent 对应的 Java 代码，以下为核心部分：

```
public final class Parent {
    public final void foo() {
        String var1 = "foo in Class Parent";
        System.out.println(var1);
    }

    public final void foo2(@NotNull Son $receiver) {
        Intrinsics.checkParameterIsNotNull($receiver, "$receiver");
        $receiver.foo();
        this.foo();
    }
}
```

即使我们设置访问权限为 public，它也只能在该类或者该类的子类中被访问，如果我们设置访问权限为 private，那么在子类中也不能访问这个扩展函数。原因在 7.2.2 节中已经介绍。

7.2.4　标准库中的扩展函数：run、let、also、takeIf

本节让我们看看 Kotlin 标准库中利用扩展实现的几个函数。

Kotlin 标准库中有一些非常实用的扩展函数，除了之前我们接触过的 apply、with 函数之外，我们再来了解下 let、run、also、takeIf。

1. run

先来看下 run 方法，它是利用扩展实现的，定义如下：

```
public inline fun <T, R> T.run(block: T.() -> R): R = block()
```

简单来说，run 是任何类型 T 的通用扩展函数，run 中执行了返回类型为 R 的扩展函数 block，最终返回该扩展函数的结果。

在 run 函数中我们拥有一个单独的作用域，能够重新定义一个 nickName 变量，并且它的作用域只存在于 run 函数中。

```
fun testFoo() {
    val nickName = "Prefert"

    run {
        val nickName = "YarenTang"
        println(nickName) // YarenTang
    }
    println(nickName)      // Prefert
}
```

这个范围函数本身似乎不是很有用。但是相比范围，还有一点不错的是，它返回范围内最后一个对象。

例如现在有这么一个场景：用户点击领取新人奖励的按钮，如果用户此时没有登录则弹出 loginDialog，如果已经登录则弹出领取奖励的 getNewAccountDialog。我们可以使用以下代码来处理这个逻辑：

```
run {
    if (!islogin) loginDialog else getNewAccountDialog
}.show()
```

2. let

在第 5 章介绍可空类型的时候，我们接触了 let 方法，来看看它的定义：

```
public inline fun <T, R> T.let(block: (T) -> R): R = block(this)
```

我们在第 6 章对 apply 进行过介绍，let 和 apply 类似，唯一不同的是返回值：apply 返回的是原来的对象，而 let 返回的是闭包里面的值。细心的读者应该察觉到，我们在第 5 章介绍可空类型的时候，大量使用了 let 语法，简单回顾一下：

```
data class Student(age: Int)
class Kot {
```

```
val student: Student? = getStu()
fun dealStu() {
    val result = student?.let {
        println(it.age)
        it.age
    }
}
```

由于 let 函数返回的是闭包的最后一行，当 student 不为 null 的时候，才会打印并返回它的年龄。与 run 一样，它同样限制了变量的作用域。

3. also

also 是 Kotlin 1.1 版本中新加入的内容，它像是 let 和 apply 函数的加强版。

```
public inline fun <T> T.also(block: (T) -> Unit): T { block(this); return this }
```

与 apply 一致，它的返回值是该函数的接收者：

```
class Kot {
    val student: Student? = getStu()
    var age = 0
    fun dealStu() {
        val result = student?.also { stu ->
            this.age += stu.age
            println(this.age)
            println(stu.age)
            this.age
        }
    }
}
```

我将它的隐式参数指定为 stu，假设 student? 不为空，我们会发现返回了 student，并且总年龄 age 增加了。

值得注意的是：如果使用 apply，由于它内部是一个扩展函数，this 将指向 stu 而不是 Kot，此处我们将无法调用到 Kot 下的 age。

4. takeIf

如果我们不仅仅只想判空，还想加入条件，这时 let 可能显得有点不足。让我们来看看 takeIf。

```
public inline fun <T> T.takeIf(predicate: (T) -> Boolean): T? = if (predicate(this))
    this else null
```

这个函数也是在 Kotlin1.1 中新增的。当接收器满足某些条件时它才会执行。如果我们想对成年的学生操作，可以这样写：

```
val result = student.takeIf { it.age >= 18 }.let { ... }
```

我们发现，这与第 6 章集合中的 filter 异曲同工，不过 takeIf 只操作单条数据。与 takeIf 相反的还有 takeUnless，即接收器不满足特定条件才会执行。

除了这些函数外，Kotlin 标准库中还有很多方便的扩展函数，由于篇幅限制，这些乐趣留给读者自行探索。

7.3　Android 中的扩展应用

纸上得来终觉浅，本节我们将通过几个 Android 中的例子，带领读者一起来感受实际开发中扩展函数带来的便捷。

7.3.1　优化 Snackbar

让我们看一下实际项目中常用的例子：Snackbar。几年前，它被添加到 Android 支持库中，以取代作为用户和应用程序之间的消息传递接口长期服务的 Toast。它解决了一些问题并引入了一种全新的外观，基本使用方式如下：

```
Snackbar.make(parentView, message_text, duration)
    .setAction(action_text, click_listener)
    .show();
```

但是实际中使用它的 API 会给代码增加不必要的复杂性：我们不希望每次都定义我们想要显示消息的时间，并且在填充一堆参数后，为什么我们还要额外调用 show()？

著名的开源项目 Anko 拥有 Snackbar 的辅助函数，使其更易于使用并使代码更简洁：

```
snackbar(parentView, action_text, message_text) { click_listener }
```

其中一些参数是可选的，所以我们一般这么使用：

```
snackbar(parentView, "message")
```

---

anko 中的 snackbar 的部分源码如下：

```
inline fun View.snackbar(message: Int, @StringRes actionText: Int, noinline
    action: (View) -> Unit) = Snackbar
    .make(this, message, Snackbar.LENGTH_SHORT)
    .setAction(actionText, action)
    .apply { show() }
```

但是这样就够了吗？我们想让它更短，对于大多数情况，我们需要的唯一参数是消息。所以我们的调用方式是：

```
snackbar("message")
```

因为我们关心的仅仅是在屏幕底部显示我们的消息，所以需要消除视图参数。幸运的是，借助扩展函数，在 Activity 中获取根视图可以通过使用 Anko 中的 find (android.R.id.content) 来完成。改良后的 Activity 的扩展方法如下所示：

```
inline fun Activity.snackbar(message: String) = snackbar(find (R.id.content), message)
```

除了在 Activity 中，我们通常还在哪里使用 Snackbar 呢？ Android UI 中还有两个重要的组件：Fragment 和 View。在 Fragment 中，有一个它所在的 Activity 的引用。所以实现我们的解决方案要容易得多：

```
inline fun Fragment.snackbar(message: String) = snackbar(activity.find (R.id.
    content), message)
```

而 View 并不一定附加在 Activity 上，我们要做出防御式判断，即：在我们尝试显示 Snackbar 之前，我们必须确保 View 的 context 属性隐藏了一个 Activity 实例：

```
inline fun View.snackbar(message: String) {
    val activity = context
    if (activity is Activity) snackbar(activity.find(android.R.id.content), message)
    else throw IllegalStateException("视图必须要承载在Activity上.")
}
```

小练习

上述例子结合 Anko 的 find(R.id) 使用，你是否能够改写为不依赖 Anko 呢？动手尝试一下吧！

7.3.2　用扩展函数封装 Utils

在 Java 中，我们习惯将常用的代码放到对应的工具类中，例如 ToastUtils、NetworkUtils、ImageLaoderUtils 等。以 NetworkUtils 为例，该类中我们通常会放入 Android 经常需要使用的网络相关方法。比如，我们现在有一个判断手机网络是否可用的方法：

```
public class NetworkUtils {
    public static boolean isMobileConnected(Context context) {
        if (context != null) {
            ConnectivityManager mConnectivityManager = (ConnectivityManager)
                    context
                            .getSystemService(Context.CONNECTIVITY_SERVICE);
            NetworkInfo mMobileNetworkInfo = mConnectivityManager
                    .getNetworkInfo(ConnectivityManager.TYPE_MOBILE);
            if (mMobileNetworkInfo != null) {
                return mMobileNetworkInfo.isAvailable();
            }
        }
        return false;
    }
}
```

在需要调用的地方，我们通常会这样写：

```
Boolean isConnected = NetworkUtils.isMobileConnected(context);
```

虽然用起来比没封装之前优雅了很多，但是每次都要传入 context，造成的烦琐我们先不计较，重要是可能会让调用者忽视 context 和 mobileNetwork 间的强联系。作为代码的使用者，我们更希望在调用时省略 NetworkUtils 类名，并且让 isMobileConnected 可以看起来像 context 的一个属性或方法。我们期望的是下面这样的使用方式：

```
Boolean isConnected = context.isMobileConnected();
```

由于 Context 是 Andorid SDK 自带的类，我们无法对其进行修改，在 Java 中目前只能通过继承 Context 新增静态成员方法来实现。如果你阅读过前面的内容，应该知道在 Kotlin 中，我们通过扩展函数就能简单地实现：

```
fun Context.isMobileConnected(): Boolean {
    val mNetworkInfo = connectivityManager.activeNetworkInfo
    if (mNetworkInfo != null) {
        return mNetworkInfo.isAvailable
    }
    return false
}
```

我们只需将以上代码放入对应文件中即可。这时我们已经摆脱了类的束缚，使用方式如下：

```
val isConnected = context.isMobileConnected();
```

值得一提的是，在 Android 中对 Context 的生命周期需要进行很好地把控。这里我们应该使用 ApplicationContext，防止出现生命周期不一致导致的内存泄漏或者其他问题。

除了上述方法，我们还有许多这样通用的代码，我们可以将它们放入不同的文件下。包括上面提到的 Snackbar，我们也可以为其创建一个 SnackbarUtils，这样会提供非常多的便利。但是需要注意的是，我们不能滥用这个特性（具体的原因在 7.4.2 节会再介绍）。

7.3.3 解决烦人的 findViewById

对于 Android 开发者来说，对 findViewById() 这个方法一定不会陌生：在我们对视图控件操作前，我们需要通过 findViewById 方法来找到其对应的实例。因为一个界面里视图控件的数量可能会非常多，所以在 Android 开发早期我们通常都会看到一大片的 findViewById(R.id.view_id) 样板代码。举一个最常见的例子：

```
import android.support.v7.app.AppCompatActivity;
import android.os.Bundle;
import android.widget.Button;
import android.widget.EditText;

public class LoginActivity extends AppCompatActivity {
    Button loginButton;
    EditText nameEditText;
    EditText passwordEditText;
    ...
    @Override
    protected void onCreate(Bundle savedInstanceState) {
```

```
            super.onCreate(savedInstanceState);
            setContentView(R.layout.activity_login);

            loginButton = findViewById(R.id.btn_login);
            nameEditText = findViewById(R.id.et_name);
            passwordEditText = findViewById(R.id.et_password);
            ...
        }
    }
```

在一个登录界面中，至少包含登录按钮（loginButton）、登录名输入框（nameEditText）、密码输入框（passwordEditText），实际情况只会更复杂。在老版本 SDK 中，findBiewById 获取到的类型是 View，我们还需要进行类型强制转换。

```
    loginButton = (Button)findViewById(R.id.btn_login);
```

幸运的是，在 Kotlin 中我们可以利用扩展函数来简化这个烦琐的过程：

```
fun <T : View> Activity._view(@IdRes id: Int): T {
    return findViewById(id) as T
}
```

现在，在兼容老版本的情况下，我们可以将代码改为这样：

```
    loginButton = _view(R.id.btn_login);
    nameEditText = _view(R.id.et_name);
    passwordEditText = _view(R.id.et_password);
```

现在调用起来是比较方便了，但是部分极简主义的读者可能会想：当前我们还是需要创建 loginButton、nameEditText、passwordEditText 的实例，但是这些实例似乎只充当了一个"临时变量"的角色，我们依靠它进行一些点击事件绑定（onlick）、赋值操作后好像就没什么用处了。能不能将其也省略掉，直接对 R.id.* 操作呢？答案是可以，在 Kotlin 中我们可以利用高阶函数，做如下改动（此处以简化 onclick 为例子）：

```
fun Int.onClick(click: ()->Unit){
        // _view 为我们之前定义的简化版findViewById
    val tmp = _view <View>(this).apply {
        setOnClickListener{
            click()
        }
    }
}
```

我们就可以这样绑定登录按钮的点击事件：

```
R.id.btn_login.onClick { println("Login…") }
```

可能有强迫症的读者会受不了 R.id.xx 这样的写法，并且每次都要写 R.id 前缀，某种情况下也会造成烦琐。那还有更简洁的写法吗？答案是肯定的，Kotlin 为我们提供了扩展插件，gradle 默认就集成了：

```
apply plugin: 'kotlin-android-extensions'
```

回到最原始的 LoginActivity，我们只用额外 import kotlinx.android.synthetic.main.activity_ login.*，即可直接用视图中组件的 id 名称来操作视图：

```
btn_login.setOnClickListener {
    println("MainKotlinActivity onClick Button")
}
```

这时候，或许还会有读者疑惑：虽然是省略了 R.id. 几个字符，但是引入是否会造成性能问题？值得引入、使用 kotlin-android-extensions 吗？还是用惯常的做法，让我们先对其反编译，看看其对应 Java 代码中是如何实现的：

```
public final class MainActivity extends BaseActivity {
    private HashMap _$_findViewCache;

    protected void onCreate(@Nullable Bundle savedInstanceState) {
        super.onCreate(savedInstanceState);
        this.setContentView(2131296283);
    ((TextView)this._$_findCachedViewById(id.label)).setText((CharSequence)"Dive
        Into Kotlin");
    ((TextView)this._$_findCachedViewById(id.label)).setOnClickListener((OnClick
        Listener)null.INSTANCE);
    ((Button)this._$_findCachedViewById(id.btn)).setOnClickListener((OnClickList
        ener)null.INSTANCE);
    }

    public View _$_findCachedViewById(int var1) {
        if(this._$_findViewCache == null) {
            this._$_findViewCache = new HashMap();
        }

        View var2 = (View)this._$_findViewCache.get(Integer.valueOf(var1));
        if(var2 == null) {
            var2 = this.findViewById(var1);
            this._$_findViewCache.put(Integer.valueOf(var1), var2);
        }

        return var2;
    }

    public void _$_clearFindViewByIdCache() {
        if(this._$_findViewCache != null) {
            this._$_findViewCache.clear();
        }
    }

}
```

你会惊喜地发现，在第一次使用控件的时候，在缓存集合中进行查找，有就直接使用，

没有就通过 findViewById 进行查找, 并添加到缓存集合中。其还提供了 $clearFindViewById
Cache() 方法用于清除缓存, 在我们想要彻底替换界面控件时可以使用。

> 注意　Fragment 的 onDestroyView() 方法中默认调用了 $clearFindViewByIdCache() 清除缓存, 而 Activity 没有。

当然, 我们并没有完全离开 findViewById, 只是 Kotlin 的扩展插件利用缓存的方式让我们开发更方便、更快捷。

还有很多场景都利用了扩展函数, 由于篇幅的限制, 这里不再介绍。感兴趣的读者可以了解一下 Google 推出的 Android 扩展库 Android KXT (https://github.com/android/android-ktx)。

7.4　扩展不是万能的

如果你已经看过任何 KotlinConf 演讲, 可能经常看到, 扩展函数被称为 Kotlin 最有魅力的特性之一。确实如此, 扩展可以让你的代码更加通透。但在使用的同时, 有一些值得注意的地方。

7.4.1　调度方式对扩展函数的影响

Kotlin 是一种静态类型语言, 我们创建的每个对象不仅具有运行时, 还具有编译时类型, 开发人员必须明确指定 (在 Kotlin 中可以推断)。在使用扩展函数时, 要清楚地了解静态和动态调度之间的区别。

1. 静态与动态调度

由于这个内容可能大部分读者都没有接触过, 所以我们举一个 Java 例子, 帮助大家理解。已知我们有以下类:

```
class Base {
    public void fun() {
        System.out.println(("I'm Base foo!"));
    }
}
class Extended extends Base {
    @Override
    public void fun() {
        System.out.println(("I'm Extended foo!"));
    }
}

Base base = new Extended();
base.fun();
```

对于以上代码，我们声明一个名为 base 的变量，它具有编译时类型 Base 和运行时类型 Extended。当我们调用时，base.foo() 将动态调度该方法，这意味着运行时类型（Extended）的方法被调用。

当我们调用重载方法时，调度变为静态并且仅取决于编译时类型。

```
void foo(Base base) {
    ...
}
void foo(Extended extended) {
    ...
}
public static void main(String[] args) {
    Base base = new Extended();
    foo(base);
}
```

在这种情况下，即使 base 本质上是 Extended 的实例，最终还是会执行 Base 的方法。

2. 扩展函数始终静态调度

可能你会好奇，这和扩展有什么关系？我们知道，扩展函数都有一个接收器（receiver），由于接收器实际上只是字节代码中编译方法的参数，因此你可以重载它，但不能覆盖它。这可能是成员和扩展函数之间最重要的区别：前者是**动态调度**的，后者总是**静态调度**的。

为了便于理解，我们举一个例子：

```
open class Base
class Extended: Base()
fun Base.foo() = "I'm Base.foo!"
fun Extended.foo() = "I'm Extended.foo!"
fun main(args: Array<String>) {
    val instance: Base = Extended()
    val instance2 = Extended()
    println(instance.foo())
    println(instance2.foo())
}
```

正如我们所说，由于只考虑了编译时类型，第 1 个打印将调用 Base.foo()，而第 2 个打印将调用 Extended.foo()。

```
I'm Base.foo!
I'm Extended.foo!
```

3. 类中的扩展函数

如果我们在类的内部声明扩展函数，那么它将不是静态的。如果该扩展函数加上 open 关键字，我们可以在子类中进行重写（override）。这是否意味着它将被动态调度？这是一个比较尴尬的问题：当在类内部声明扩展函数时，它同时具有调度接收器和扩展接收器。

调度接收器和扩展接收器的概念

　　扩展接收器（extension receiver）：与 Kotlin 扩展密切相关的接收器，表示我们为其定义扩展的对象。

　　调度接收器（dispatch receiver）：扩展被声明为成员时存在的一种特殊接收器，它表示声明扩展名的类的实例。

```
class X {
    fun Y.foo() = " I'm Y.foo"
}
```

　　在上面的例子中，X 是调度接收器而 Y 是扩展接收器。如果将扩展函数声明为 open，则它的调度接收器只能是动态的，而扩展接收器总是在编译时解析。

　　这样说你可能还不是很明白，我们还是举一个例子帮助理解：

```
open class Base
class Extended : Base()
open class X {
    open fun Base.foo() {
        println("I'm Base.foo in X")
    }
    open fun Extended.foo() {
        println("I'm Extended.foo in X")
    }
    fun deal(base: Base) {
        base.foo()
    }
}
class Y : X() {
    override fun Base.foo() {
        println("I'm Base.foo in Y")
    }
    override fun Extended.foo() {
        println("I'm Extended.foo in Y")
    }
}
X().deal(Base())      // 输出 I'm Base.foo in X
Y().deal(Base())      // 输出 I'm Base.foo in Y —— 即 dispatch receiver 被动态处理
X().deal(Extended())  // 输出 I'm Base.foo in X —— 即 extension receiver 被静态处理
Y().deal(Extended())  // 输出 I'm Base.foo in Y
```

　　聪明的你可能会注意到，Extended 扩展函数始终没有被调用，并且此行为与我们之前在静态调度例子中所看到的一致。决定两个 Base 类扩展函数执行哪一个，直接因素是执行 deal 方法的类的运行时类型。

　　通过以上例子，我们可以总结出扩展函数几个需要注意的地方：

　　❏　如果该扩展函数是顶级函数或成员函数，则不能被覆盖；

　　❏　我们无法访问其接收器的非公共属性；

❑ 扩展接收器总是被静态调度。

7.4.2 被滥用的扩展函数

扩展函数在开发中为我们提供了非常多的便利，但是在实际应用中，我们可能会将这个特性滥用。

在上一节中，我们提到过一些常用的方法封装到 Utils 类中，其中就包括 ImageLoaderUtsils。这里以其中加载网络图片为例：

```kotlin
fun Context.loadImage(url: String, imageView : ImageView){ GlideApp.with(this)
        .load(url)
        .placeholder(R.mipmap.img_default)
        .error(R.mipmap.ic_error)
        .into(imageView)
}

// ImageActivity.kt 中使用
...
this.loadImage(url, imgView)
...
```

也许你在用的时候并没有感觉出什么奇怪的地方，但是实际上，我们并没有以任何方式扩展现有类。上述代码仅仅为了在函数调用的时候省去参数，这是一种滥用扩展机制的行为。

我们知道，Context 作为 "God Object"，已经承担了很多责任。我们基于 Context 扩展，还很可能产生 ImageView 与传入上下文周期不一致导致的很多问题。

正确的做法应该是在 ImageView 上进行扩展：

```kotlin
fun ImageView.loadImage(url: String){ GlideApp.with(this.context)
        .load(url)
        .placeholder(R.mipmap.img_default)
        .error(R.mipmap.ic_error)
        .into(this)
    }
```

这样在调用的时候，不仅省去了更多的参数，而且 ImageView 的生命周期也得到了保证。

实际项目中，我们还需要考虑网络请求框架替换及维护的问题，一般会对图片请求框架进行二次封装：

```kotlin
object ImageLoader {
    fun with(context: Context, url: String, imageView: ImageView) {
        GlideApp.with(context)
                .load(url)
                .placeholder(R.mipmap.img_default)
                .error(R.mipmap.ic_error)
                .into(imageView)
    }
    ...
}
```

所以，虽然扩展函数能够提供许多便利，我们还是应该注意在恰当的地方使用它，否则会造成不必要的麻烦。

7.5　本章小结

（1）多态

多态在语言使用中发挥了不可或缺的作用。计算机科学中的多态是在 1967 年由克里斯托弗·斯特雷奇（Christopher Strachey）提出的一个概念。他同时指定，特设多态以及参数多态是主要的多态表现形式。

（2）特设多态

与参数多态相对，是为了应对特殊情况下所做的特殊处理。在 Kotlin 中，扩展以及重载都是特设多态的一种。它符合面向对象设计基本原则之一——开放封闭原则。

（3）扩展函数

作为 Kotlin 的特色之一，为我们提供了非常多的便利。由于扩展函数的实质对应 Java 中的静态方法，我们在使用的时候应该以 Java 中静态方法对其进行规范。

（4）扩展函数接收器

扩展函数有两个接收器的概念：调度接收器和扩展接收器。调度方式不同，会影响扩展函数，常见的影响有：

- ❑ 如果它是顶级函数或成员函数，则不能被覆盖。
- ❑ 我们无法访问其接收器的非公共属性。
- ❑ 扩展接收器总是被静态调度。

（5）正确使用扩展函数

扩展函数固然方便，但是方便之下带来了滥用的情况。在新特性面前，我们不能过于喜新厌旧，应结合面向对象思想和设计模式来进行规范。

元　编　程

在之前学习 Java 的时候，Java 的反射是一个比较难而且重要的知识点。但是在很多框架和工具类中，你都能见到 Java 反射的影子，而且很多问题使用反射解决会更加方便。但是本章会告诉你，Java 的反射只是元编程的一种方式。本章我们将会以元编程作为开篇，然后讲述反射在 Kotlin 中是如何使用的，最后介绍 Kotlin 的注解，以及如何解析我们自己定义的注解。

在正式讨论元编程之前，我们先来看一个将 data class 转换成 Map 的例子。这个需求非常常见，相信大部分程序员都编写过类似的数据转换代码。

```kotlin
data class User(val name: String, val age: Int)

object User {
    fun toMap(a: User): Map<String, Any> {
        return hashMapOf("name" to name, "age" to age)
    }
}
```

以上实现非常简单，对任何一个稍有经验的程序员都不构成任何难度。但是要完美地实现这个需求却需要考虑更多。上述方案就有一个缺点：对每一个新的类型我们都需要重复实现 toMap 函数，因为每个类型拥有不同属性。

这显然是一种不好的实践，它有两个问题：

- **违背了 DRY（Don't Repeat Yourself）**原则。这些实现虽然代码不完全一样，但是结构雷同，在 data class 数量非常多的情况下，会出现大量类似的样板代码。
- **很容易将属性名写错**。所有属性名都需要人工编写，很难保证 100% 正确，在 data class 多的情况下，这个问题将变得更加严重。

当然，相信你已经开始思考如何用反射来实现这个函数了。

8.1 程序和数据

我们先用反射来实现一下这个函数。由于所有类型只需要一个函数，所以我们可以定义全局的 Mapper 对象来完成这个需求。

```
object Mapper {
    fun <A : Any> toMap(a: A): Map<String.Any?> {
        // 获取A中所有的属性
        return a::class.memberProperties.map { m ->
            val p = m as KProperty
            p.name to p.call(a)
        }.toMap()
    }
}
Mapp.toMap(new User("humora", 17))
```

利用反射我们完美地实现了需求：

❑ **能适用于所有 data class**。只需要调用一个 Mapper.toMap 函数我们就能将所有类型转化成 Map。

❑ **不再需要手工创建 Map**。所有的属性名都是自动根据 KClass 对象获取的，不存在写错的可能。

现在我们来审视一下上述代码中的 a::class。a::class 的类型是 KClass，是 Kotlin 中描述类型的类型（通常被称为 metaclass）。如果我们将 User 看成是描述现实概念的数据结构，那么在传入参数类型为 User 时，a::class 则可以看成描述 User 类型的数据。这样描述数据的数据就可以称之为元数据。那么元数据究竟与我们说的元编程有何关联呢？

8.1.1 什么是元编程

前面已经提到，描述数据的数据可以称之为元数据。我们将程序看成描述需求的数据，那么描述程序的数据就是程序的元数据。如前文例子中的 a::class 就是描述传入类型 A 的元数据。而像这样操作元数据的编程就可以称之为元编程。

很多人可能会抱怨：说了这么多，元编程不就是反射吗？这个说法是不全面的，元编程可以用一句话概括：**程序即是数据，数据即是程序**。

注意这句话包含两个方面意思：

❑ 前半句指的是访问描述程序的数据，如我们通过反射获取类型信息；

❑ 后半句则是指将这些数据转化成对应的程序，也就是所谓代码生成。

反射就是获取描述程序信息的典型例子，相信你已经十分熟悉了，我们不赘述其概念。而代码生成则相对陌生一些，先来看一个来自维基百科的简单例子：

```
#!/bin/sh
# metaprogram
echo '#!/bin/sh' > program
```

```
for i in $(seq 992)
do
    echo "echo $i" >> program
done
chmod +x program
```

这个脚本创建了一个名为 program 的文件，并通过 echo 命令将代码写入该文件。这就是一个典型的生成代码的例子。这个例子将程序作为程序的输出。

看到这里大家应该对元编程的概念有了基本了解。这是一个非常简单的概念，不需要理解什么深奥的数学公式也能掌握。

仔细思考之后不难发现，元编程就像高阶函数一样，是一种更高阶的抽象，高阶函数将函数作为输入或输出，而元编程则是将程序本身作为输入或输出。

同时我们也会思考，元数据经过操作之后能不能直接作为程序使用？也就"程序即数据，数据即程序"这句话中前后的数据是否指的是同一种数据。

对于这个问题不同语言有不同答案，在 Kotlin 中我们显然没法将一个 KClass 修改之后将其反过来生成一个新的 class 来使用；但是在 Lisp 中，一切都可以视为 LinkedList，而 Lisp 的宏则允许直接将这些 LinkedList 作为程序的一部分。

像 Lisp 这样的一致性，我们称之为**同像性**（homoiconicity）。

同像性

在计算机编程中，同像性（homoiconicity，来自希腊语单词 homo，意为与符号含义表示相同）是某些编程语言的特殊属性，它意味着一个程序的结构与其句法是相似的，因此易于通过阅读程序来推测程序的内在涵义。如果一门编程语言具备了同像性，说明该语言的文本表示（通常指源代码）与其抽象语法树（AST）具有相同的结构（即，AST 和语法是同形的）。该特性允许使用相同的表示语法，将语言中的所有代码当成资料来存取以及转换，提供了"代码即数据"的理论前提。

总结一下目前我们得到的信息：

1）元编程是指操作元数据的编程。它通常需要获取程序本身的信息或者直接生成程序的一部分或者两者兼而有之。

2）元编程可以消除某些样板代码。如前文例子那样，原本需要对每个类型编写特定转化代码，而现在只需要统一的一个函数即可实现。

然而元编程不是只有优点，同样也存在缺点：

1）它有一定的学习成本，在没听说过相关的技术之前，程序员们通常会感觉到摸不着头脑。

2）它编写的代码不够直接，需要进一步思考才能被理解。

前面例子中，在不使用反射的情况下，代码非常直接；而用了反射之后，你必须对 Kotlin 的 reflection api 有所了解才能阅读。这还是比较简单的情况，在一些支持宏的编程语言中，这些代码将会变得更加难以理解。所以在工程实践中，我们推崇 Least Power 原则，即使用最初级的、最简单的、能满足你需求的技术，而不能单纯为了炫耀而采用某些高级的特性或技术。

8.1.2　常见的元编程技术

理解了元编程的概念之后，我们继续讨论元编程技术常见的实现手段。目前主流的实现方式包括：

- ❑ **运行时通过 API 暴露程序信息**。我们多次提及的反射就是这种实现思路。
- ❑ **动态执行代码**。多见于脚本语言，如 JavaScript 就有 eval 函数，可以动态地将文本作为代码执行。
- ❑ **通过外部程序实现目的**。如编译器，在将源文件解析为 AST 之后，可以针对这些 AST 做各种转化。这种实现思路最典型的例子是我们常常谈论的语法糖，编译器会将这部分代码 AST 转化为相应的等价的 AST，这个过程通常被称为 desuger（解语法糖）。

以上便是常见的实现思路，我们看看这些思路在编程语言中的体现。

什么是 AST

　　抽象语法树是源代码语法结构的一种抽象表示。它以树状的形式表现编程语言的语法结构，树上的每个节点都表示源代码中的一种结构。之所以说语法是"抽象"的，是因为这里的语法并不会表示出真实语法中出现的每个细节。比如，嵌套括号被隐含在树的结构中，并没有以节点的形式呈现；而类似于 if-condition-then 这样的条件跳转语句，可以使用带有两个分支的节点来表示。（维基百科）

---

1. 反射

这是读者们最熟悉的技术，但是可能大部分读者没想过反射这个词的确切含义。

反射，有时候也称为自反，是指元语言（即前文提到的描述程序的数据结构）和要描述的语言是同一种语言的特性。

Kotlin 中的 KClass 就是如此，它是一个 Kotlin 的类，同时它的实例又能作为描述其他类的元数据。像这样用 Kotlin 描述 Kotlin 自身信息的行为就是所谓的反射或者自反。

不难看出，自反实际上更贴合这个定义，也容易理解。除了 Kotlin 和 Java 以外，还有许多编程语言，如 Ruby、Python 等都支持反射技术。

除了我们熟悉的运行时反射之外，也有许多语言支持编译期反射，编译期反射通常需要和宏等技术结合使用，编译器将当前程序的信息作为输入传入给宏，并将其结果作为程序的一部分。

2. 宏

尽管很多编程语言都支持所谓的**"宏"**，但它们各自的实现却不那么相同。

学过 C 语言程序员都知道，C 语言编译器通常具有一个预处理功能，支持在编译时将相应的宏调用展开成具体内容，实质上就是简单的文本替换。举个简单的例子：

```
#define SWAP(a,b) {int _temp = a; a = b; b = _temp}
int main() {
    int i = 0;
    int j = 1;
    SWAP(i, J);
    return 0;
}
```

上述代码定义了交换两个整型的宏 SWAP，编译器在编译 SWAP 时直接将其替换为 int temp = a; a = b; b = temp。

这种简单粗暴的方式虽然有时候有效，但存在一个非常严重的问题。上述例子中，假如调用宏代码已经定义了名为 temp 变量则会造成重复定义。

其他诸如 Lisp 和 Scala 这样的语言中的宏更加强大，如前文所说，它们会直接在宏展开时暴露抽象语法树（AST），你可以在宏定义中直接操作这些 AST，并生成需要的 AST 作为程序返回。

由于 Kotlin 目前不支持宏，而且短期内看起来也没有要支持宏的迹象，这里不展开论述这些复杂的宏实现。

3. 模板元编程

这可以说是 C++ 的招牌特性，甚至有本名为《 Morden C++ Design 》的书通篇都是围绕这一特性来展示各种奇技淫巧。C++ 的模板元编程还具备图灵完备性，理论上可以完成所有的编程任务。由于模板元编程和 Kotlin 关系并不大，本文不再展开叙述。

4. 路径依赖类型

维基百科上将此特性归为一种元编程，支持路径依赖类系的语言通常可以在编译的时候从类型层面避免大部分 bug。由于这个特性通常只在一些学术型编程语言如 Haskell、Scala 中出现，实践中应用并不广泛，我们不在此具体讨论。

8.2 Kotlin 的反射

反射是大部分程序员都非常熟悉的技术，很多著名的开源框架，如 Spring 等，都不可避免地使用了反射技术。

反射技术的引入可以说是极大增加了 Java 编程语言的灵活性，使得一些以前难以实现的需求得以实现，大幅度减轻了开发人员重复编码的工作量。

Kotlin 既然声称能 100% 兼容 Java，那自然也是支持所有 Java 支持的反射特性。

8.2.1 Kotlin 和 Java 反射

Kotlin 被称为更好的 Java，显然 Java 是 Kotlin 的主要平台，所以本节我们着重讨论

Java 平台下的 Kotlin 的反射。

首先通过两张图来对比 Kotlin 和 Java 反射基本数据结构，如图 8-1、图 8-2 所示。

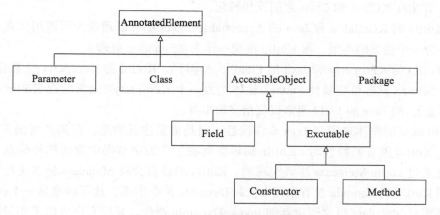

图 8-1　Java 反射的基本数据结构

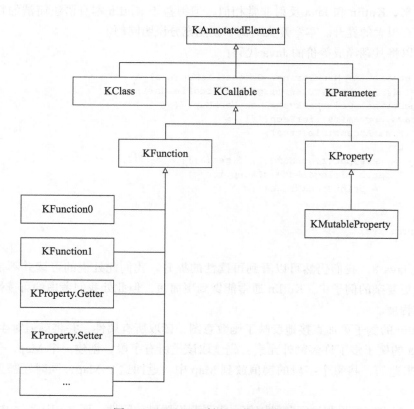

图 8-2　Kotlin 反射的基本数据结构

观察以上二图不难发现：

1）Kotlin 的 KClass 和 Java 的 Class 可以看作同一个含义的类型，并且可以通过 .java 和 .kotlin 方法在 KClass 和 Class 之间互相转化。

2）Kotlin 的 KCallable 和 Java 的 AccessiableObject 都可以理解为可调用元素。Java 中构造方法为一个独立的类型，而 Kotlin 则统一作为 KFunction 处理。

3）Kotlin 的 KProperty 和 Java 的 Field 不太相同。Kotlin 的 KProperty 通常指相应的 Getter 和 Setter（只有可变属性 Setter）整体作为一个 KProperty（通常情况 Kotlin 并不存在字段的概念），而 Java 的 Field 通常仅仅指字段本身。

Kotlin 的反射整体来说与 Java 非常接近，但是需要注意的是，在某些情况下（通常是碰到一些 Kotlin 独有的特性时）Kotlin 编译器会在生产的字节码中存储额外信息，这些信息目前是通过 kotlin.Metadata 注解实现的。Kotlin 编译器会将 Metadata 标注这些类。前文我们提到 Kotlin 的 Lambda 没有采用 invokeDynamic 指令实现，这可能也是一个很大原因。要实现将现有 Metadata 机制适应新的 invokeDynamic 指令，显然有巨大的工作量和兼容性问题，稍有不慎就可能会导致 bug 频出。

整体看来，Kotlin 和 Java 反射非常相似，但得益于 Kotlin 本身语法简洁的特点，在可读性上还是有很大的提升。本章开头的例子就能充分说明问题。

我们可以将其翻译成等价的 Java 代码：

```java
public static <A> Map<String, Object> toMap(A a) {
    Field[] fs = a.getClass().getDeclaredFields();
    Map<String, Object> kvs = new HashMap<>();
    Arrays.stream(fs).forEach((f) -> {
        f.setAccessible(true);
        try {
            kvs.put(f.getName(), f.get(a));
        } catch (IllegalAccessException e) {
            e.printStackTrace();
        }
    });
    return kvs;
}
```

即使是 Java 8，我们仍然可以看到可读性的提升。我们此处说的可读并不是指代码长度，虽然在更复杂的例子中，Kotlin 通常能做到更简短，但此处我们考虑的可读性是指代码容易理解的程度。

1）Kotlin 的例子更加直接地反映了函数意图：读取所有属性，并将键值对生成 Map；

2）Java 的例子多了许多额外元素：先读取该类所有字段，创建一个 Map，使用 stream 的 forEach 来遍历，将每个字段的键值放到 Map 中，返回这个 Map，同时还需要处理可能的异常；

3）Java 版本直接强制访问字段键值，需强制设置可访问性；而 Kotlin 版本中 KProperty 的 call 函数实际上是直接调用 Getter，这是更合理的方案。

从功能来看上述两者是一致的,但是 Kotlin 代码显然更加容易理解,函数实现直接体现了函数意图;而 Java 版本则多了额外信息。Kotlin 用更少的元素表达同样或者更多的内涵,这也就是我们说的优雅。

8.2.2 Kotlin 的 KClass

尽管 Kotlin 的反射和 Java 非常相似,但是它仍旧有一些独特的地方,主要是集中在 Kotlin 中独有,Java 没有与之对应的特性。KClass 的特别属性或者函数如表 8-1 所示。

表 8-1　KClass 特别属性或者函数

属性或函数名称	含　义
isCompanion	是否伴生对象
isData	是否数据类
isSealed	是否密封类
objectInstance	object 实例(如果是 object)
companionObjectInstance	伴生对象实例
declaredMemberExtensionFunctions	扩展函数
declaredMemberExtensionProperties	扩展属性
memberExtensionFunctions	本类及超类扩展函数
memberExtensionProperties	本类及超类扩展属性
starProjectedType	泛型通配类型

这些有助于我们实现 Kotlin 特性相关的反射逻辑,例如获取 object 实例等。以下这个自然数编码的例子展示了这些用法。

```
import kotlin.reflect.full.*
sealed class Nat {
    companion object { object Zero : Nat() }
    val Companion._0
        get() = Zero

    fun <A: Nat> Succ<A>.preceed(): A { return this.prev }
}

data class Succ<N: Nat>(val prev: N) : Nat()

fun <A : Nat> Nat.plus(other: A): Nat = when {
    other is Succ<*> -> Succ(this.plus(other.prev))// a + S(b) = S(a + b)
    else -> this
}
```

上述表格中方法的调用结果如表 8-2 所示。

表 8-2   上述方法的调用结果

方 法	结 果
Nat.Companion::class.isCompanion	true
Nat::class.isSealed	true
Nat.Companion::class.objectInstance	nat.Nat$Companion@2473b9ce
Nat::class.companionObjectInstance	nat.Nat$Companion@2473b9ce
Nat::class.declaredMemberExtensionProperties.map {it.name}	[preceed]
Nat::class.declaredMemberExtensionFunctions.map {it.name}	[]
Succ::class.memberExtensionFunctions.map {it.name}	[preceed]
Nat::class.declaredMemberExtensionProperties.map{it.name}	[_0]
Succ::class.declaredMemberExtensionProperties.map { it.name }	[]
Succ::class.memberExtensionProperties.map {it.name}	[_0]
Succ::class.starProjectedType	nat.Succ<*>

值得一提的是，declaredMemberExtensionFunctions 这类函数返回的结果指的是这个类中声明的扩展函数，而不是在其他位置声明的本类的扩展函数。

例如，上面例子中，Nat::class.declaredMemberExtensionFunctions 返回了该类中定义的 Succ.preceed 扩展函数，而没有返回定义在类外的 Nat.plus 函数。

所以这一系列方法作用就像"鸡肋"，更多时候我们希望获得的是此类扩展方法。遗憾的是，目前没有直接方案可以获取某个类的所有扩展函数。

除了上述根据类名获取 KClass 对象的方法以外，Kotlin 还支持根据具体的实例获得 KClass。语法与上面类似，也是用 ::class 表示获取 class 对象：Nat.Compantion._1::class。

8.2.3   Kotlin 的 KCallable

在上文和 Java 对比的时候我们提到 Kotlin 把 Class 中的属性（Property）、函数（Funciton）甚至构造函数都看作 KCallable，因为它们是可调用的，它们都是 Class 的成员。那我们如何获取一个 Class 的成员呢？

幸运的是，上文提到的 KClass 给我们提供了一个 members 方法，它的返回值就是一个 Collection<KCallable<*>>。接下来看看 KCallabe 为我们提供了哪些有用的 API，如表 8-3 所示。

表 8-3   KCallabe 提供的 API

API	描 述
isAbstract:Boolean<KParameter>	此 KCallable 是否为抽象的
isFinal:Boolean	此 KCallable 是否为 final
isOpen:Boolean	此 KCallable 是否为 open
name:String	此 KCallable 的名称

（续）

API	描　述
parameters: List<KParameter>	调用此 KCallable 需要的参数
returnType:KType	此 KCallable 的返回类型
typeParameters:List<KTypeParameter>	此 KCallable 的类型参数
visibility:KVisibility?	此 KCallable 的可见性
call(vararg args: Any?): R	给定参数调用此 KCallable

通过对 KCallable 的 API 的浏览，你会发现，这些 API 和 Java 中的反射的 API 很相似，都是对 KCallable（Class 成员）的信息的获取。你可能对 call 这个函数理解得不够透彻，其实它就是通过反射执行这个 KCallable 对应的逻辑。套用上面 Nat 的例子：

```
val _1 = Succ(Nat.Companion.Zero)
val preceed = _1::class.members.find { it.name == "preceed" }
println(preceed?.call(_1, _1) == Nat.Companion.Zero)
```

可以看到，调用 call 就执行了对应逻辑。值得注意的是，如果 KCallable 代表的是扩展函数，则除了传入对象实例外还需要额外传入接收者实例。

有时候，我们不仅想使用反射来获取一个类的属性，还想更改它的值，在 Java 中可以通过 Field.set(...) 来完成对字段的更改操作，但是在 Kotlin 中，并不是所有的属性都是可变的，因此我们只能对那些可变的属性进行修改操作。通过图 8-2 我们知道，KMutableProperty 是 KProperty 的一个子类，那我们如何识别一个属性是 KMutableProperty 还是 KProperty 呢？我们使用 when 表达式可以轻松解决这个问题。还是以上面的 Person 类作为例子，我们想把 address 属性的值改为 Hefei，如何去做呢？

```
data class Person(val name:String,val age:Int,var address:String)
fun KMutablePropertyShow() {
    val p = Person("极跑科技",8,"HangZhou")
    val props = p::class.memberProperties
    for(prop in props){
        when(prop) {
            is KMutableProperty<*> -> prop.setter.call(p,"Hefei")
            else -> prop.call(p)
        }
    }
    println(p.address)

}
```

运行的结果为 Hefei，我们已经通过反射成功地修改了 address 的值。再去仔细看一下 Kotlin 官方关于 KMutableProperty 的 API，发现只比 KProperty 多了一个 setter 函数。

8.2.4 获取参数信息

到此我们已经介绍了如何使用反射来获取 Kotlin 中的类、属性和函数。让我们更进一步，看看如何使用 Kotlin 的反射来获取参数信息。Kotlin 把参数分为 3 个类别，分别是函数的参数（KParameter）、函数的返回值（KType）及类型参数（KTypeParameter）。下面我们就来看看如何获取它们及它们的用法。

1. KParameter

使用 KCallabel.parameters 即可获取一个 List<KParameter>，它代表的是函数（包括扩展函数）的参数。让我们先来浏览一下它的 API，如表 8-4 所示。

表 8-4　API 及其描述

API	描述
index:Int	返回该参数在参数列表里面的 index
isOptional:Boolean	该参数是否为 Optional
isVararg:Boolean	该参数是否为 vararg
kind:Kind	该参数的 kind
name:Sting?	该参数的名称
type:KType	该参数的类型

我们还是使用上面的 Person 类来打印一下所有 KCallable 的参数的类型，代码如下：

```
fun KParameterShow() {
    val p = Person("极跑科技",8,"HangZhou")
    for(c in Person::class.members) {
        print("${c.name} -> ")
        for(p in c.parameters){
            print("${p.type}" + " -- ")
        }
        println()
    }
}
```

运行结果：

```
address -> Person
name -> Person
detailAddress -> Person,kotlin.String
isChild -> Person
equals -> kotlin.Any,kotlin.Any?
hashCode -> kotlin.Any
toString -> kotlin.Any
```

通过上面的运行结果我们发现，对于属性和无参数的函数，它们都有一个隐藏的参数为类的实例，而对于声明参数的函数，类的实例作为第 1 个参数，而声明的参数作为后续的参数。对于那些从 Any 继承过来的参数，Kotlin 默认它们的第 1 个参数为 Any。

值得一提的是，Java 中尝试获取参数名有可能返回 arg0、arg1，而不是代码中指定的参数名称。若要获得参数名则可能需要指定 -parameters 编译参数。

2. KType

上面例子中，我们用 KParameter 的 type 属性获得 KCallable 的参数类型，现在我们来看看如何获得 KCallable 的返回值类型。每一个 KCallabe 都可以使用 returnType 来获取返回值类型，它的结果类型是一个 KType，代表着 Kotlin 中的类型。它的 API 如表 8-5 所示。

表 8-5　KType 的 API 及其描述

API	描　　述
arguments:List\<KTypeProjection\>	该类型的类型参数
classifier:KClassifier?	该类型在类声明层面的类型，如该类型为 List\<String\>，那么通过 classifier 得到结果为 List（忽略类型参数）
isMarkedNullable:Boolean	该类型是否标记为可空类型

还是使用 Person 类来做演示，这里我们在 Person 类中添加了一个返回值为 List\<String\> 的 friendsName 方法，用来演示 classifilerAPI：

```
fun friendsName(): List<String> {
    return  listOf("Yison", "Jilen")
}
```

我们的演示代码如下：

```
Person::class.members.forEach {
    println("${it.name} -> ${it.returnType.classifier}")
}
```

运行结果如下：

```
address -> class kotlin.String
age -> class kotlin.Int
name -> class kotlin.String
detailAddress -> class kotlin.String
friendsName -> class kotlin.collections.List
isChild -> class kotlin.Boolean
equals -> class kotlin.Boolean
hashCode -> class kotlin.Int
toString -> class kotlin.String
```

通过对运行结果的分析我们发现，classifierAPI 其实就是获取该参数在类层面对应的类型，如 Int -> class kotlin.Int，List\<String\> -> class kotlin.collections.List。

3. KTypeParameter

对于函数和类来说，还一个重要的参数——类型参数，在 KClass 和 KCallable 中我们可以通过 typeParameters 来获取 class 和 callable 的类型参数，它返回的结果集是 List\<KTypeParameter\>，不存在类型参数时就返回一个空的 List。在之前的 Person 中我们添加一个带类型参数的方法，代码如下：

```
fun <A> get (a: A): A {
    return a
}
```

然后我们可以使用下面的代码来获取 get 方法和 List<String> 的类型参数：

```
fun KTypeParameterShow() {
    for (c in Person::class.members) {
        if(c.name .equals("get")) {
            println(c.typeParameters)
        }
    }
    val list = listOf<String>("How")
    println(list::class.typeParameters)
}
```

运行的结果如下：

```
[A]
[E]
```

8.3　Kotlin 的注解

前面我们提及过注解 kotlin.Metadata，这是实现 Kotlin 大部分独特特性反射的关键，Kotlin 将这些信息直接以注解形式存储在字节码文件中，以便运行时反射可以获取这些数据。

由于 Kotlin 兼容 Java，所以所有 Java 可以添加注解的地方，Kotlin 也都可以。并且Kotlin 也简化了注解创建语法，创建注解就像创建 class 一样简单，只需额外在 class 前增加 annotation 关键字即可。

```
annotation class FooAnnotation(val bar: String)
```

上面的代码就直接创建了 FooAnnotation 注解，和创建其他 Kotlin 的类一样，正如前文所说，只要在前面加上 annotation，这个类就变成了注解，和等价的 Java 代码相比较，确实简化了很多。同时和 Java 一样，注解的参数只能是常量，并且仅支持下列类型：

❏ 与 Java 对应的基本类型；

❏ 字符串；

❏ Class 对象（KClass 或者 Java 的 Class）；

❏ 其他注解；

❏ 上述类型数组。注意基本类型数组需要指定为对应的 XXXArray，例如 IntArray，而不是 Array<Int>。

有了注解之后我们就可以将注解应用在代码中。那么哪些代码可以添加注解呢？熟悉Java 的读者应该已经想到了 @Target 元注解，它可以指定注解作用的位置。类似 @Target这样标注在注解上的注解我们称之为元注解。Java 有下列 5 个元注解。

❏ Documented 文档（通常是 API 文档）中必须出现该注解。

❑ Inherited 如果超类标注了该类型，那么其子类型也将自动标注该注解而无须指定。
❑ Repeatable 这个注解在同一位置可以出现多次。
❑ Retention 表示注解用途，有 3 种取值。
❑ Source。仅在源代码中存在，编译后 class 文件中不包含该注解信息。
❑ CLASS。class 文件中存在该注解，但不能被反射读取。
❑ RUNTIME。注解信息同样保存在 class 文件中并且可以在运行时通过反射获取。
❑ Target 表明注解可应用于何处。

Kotlin 也有相应类似的元注解在 kotlin.annotation 包下，如表 8-6 所示。

表 8-6　Kotliu 与 Java 的元注解

Kotlin	Java
kotlin.annotation.Retention	java.lang.annotation.Retention
kotlin.annotation.Target	java.lang.annotation.Target
kotlin.annotation.Documented	java.lang.annotation.Documented
kotlin.annotation.Repeatable	java.lang.annotation.Repeatable

注意到，Kotlin 目前不支持 Inherited，理论上实现继承没有很大难度，但当前版本还不支持。

通过上面对比我们发现，Kotlin 和 Java 注解整体上是保持一致的，熟悉 Java 注解的读者应该很容易将这部分知识迁移到 Kotlin。同样，Kotlin 也有 @Target 元注解，和 Java 相似，它控制注解可以作用的位置。

8.3.1　无处不在的注解

和 Java 一样，Kotlin 的注解可以出现代码的各个位置，例如方法、属性、局部变量、类等。此外注解还能作用于 Lambda 表达式、整个源文件。

前文已经指出，Java 注解标注的位置可以通过元注解 @Target 指定，Kotlin 也一样，并且 Kotlin 在 Java 的基础上增加一些可以标注的位置，这些位置是在 AnnotationTarget 枚举中定义的，我们只需看看 AnnotationTarget 有多少种取值就能知道它能作用于多少个位置，如表 8-7 所示。

表 8-7　Target 的取值

Kotlin(AnnotationTarget)	Java(Target)	说　　明
CLASS	TYPE	作用于类
ANNOTATION_CLASS	ANNOTATION_TYPE	作用于注解本身（即元注解）
TYPE_PARAMETER	TYPE_PARAMETER	作用于类型参数
PROPERTY	NA	作用于属性
FIELD	FIELD	作用于字段（属性通常包含字段 Getter 以及 Setter）
LOCAL_VARIABLE	LOCAL_VARIABLE	作用于局部变量
VALUE_PARAMETER	NA	作用于 val 参数

（续）

Kotlin(AnnotationTarget)	Java(Target)	说　　　明
CONSTRUCTOR	CONSTRUCTOR	作用于构造函数
FUNCTION	METHOD	作用于函数 (Java 只有 Method)
PROPERTY_GETTER	NA	作用于 Getter
PROPERTY_SETTER	NA	作用于 Setter
TYPE	TYPE_USE	作用于类型
EXPRESSION	NA	作用于表达式
FILE	PACKAGE	作用于文件开头 / 包声明（两者有细微区别）
TYPEALIAS	NA	作用于类型别名

观察表 8-7 不难发现，Kotlin 支持几乎所有 Java 可以标注的位置，并且增加了一些 Kotlin 独有的位置。

下面就是一个简单 Kotlin 注解使用例子：

```
annotation class Cache(val namespace: String, val expires: Int)
annotation class CacheKey(val keyName: String, val buckets: IntArray)

@Cache(namespace = "hero", expires = 3600)
data class Hero(
    @CacheKey(keyName = "heroName", buckets = intArrayOf(1,2,3))
    val name: String,
    val attack: Int,
    val defense: Int,
    val initHp: Int
)
```

细心的你可能已经发现，Kotlin 的代码常常会表达多重含义。例如，上述例子中的 name 除了生成了一个不可变的字段之外，实际上还包含了 Getter，同时又是其构造函数的一个参数。

这就带来一个问题，@CacheKey 注解究竟是作用于何处？

8.3.2　精确控制注解的位置

为了解决这个问题，Kotlin 引入精确的注解控制语法，如表 8-8 所示。假如我们有注解 annotation class CacheKey。

表 8-8　精确的注释控制语法

用　　法	含　　义
@file:CacheKey	CacheKey 注解作用于文件
@property:CacheKey	CacheKey 注解作用于属性
@field:CacheKey	CacheKey 注解作用于字段
@get:CacheKey	CacheKey 注解作用于 Getter

（续）

用　　法	含　　义
@set:CacheKey	CacheKey 注解作用于 Setter
@receiver:CacheKey	CacheKey 注解作用于扩展函数或属性
@param:CacheKey	CacheKey 注解作用于构造函数参数
@setparam:CacheKey	CacheKey 注解作用 Setter 的参数
@delegate:CacheKey	CacheKey 注解作用于存储代理实例的字段

举个例子：

```
@Cache(namespace = "hero", expires = 3600)
data class Hero(
    @property:CacheKey(keyName = "heroName", buckets = intArrayOf(1, 2, 3))
    val name: String,
    @field:CacheKey(keyName = "atk", buckets = intArrayOf(1, 2, 3))
    val attack: Int,
    @get:CacheKey(keyName = "def", buckets = intArrayOf(1, 2, 3))
    val defense: Int,
    val initHp: Int
)
```

上述 CacheKey 注解分别作用在属性、字段和 Getter 上。

8.3.3 获取注解信息

代码标记上注解之后，注解本身也成了代码的一部分，我们自然而然就会想到如何利用这些注解信息。Kotlin 当然也提供方法获取注解信息。

1. 通过反射获取注解信息

一个自然而然的方案是通过反射去获取注解信息，这有一个前提就是这个注解的 Retentaion 标注为 Runtime 或者没有显示指定（注默认为 Runtime）。前文中我们已经了解到如何通过反射获取类及其成员，获取了这些数据之后，很容易就可以通过 API 获取其注解信息。如：

```
annotation class Cache(val namespace: String, val expires: Int)
annotation class CacheKey(val keyName: String, val buckets: IntArray)


@Cache(namespace = "hero", expires = 3600)
data class Hero(
    @CacheKey(keyName = "heroName", buckets = intArrayOf(1,2,3))
    val name: String,
    val attack: Int,
    val defense: Int,
    val initHp: Int
)

fun main(args: Array<String>) {
    val cacheAnnotation = Hero::class.annotations.find{ it is Cache} as Cache?
```

```
    println("namespace ${cacheAnnotion?.namespace}")
    println("expires ${cacheAnnotion?.expires}")
}
```

显而易见，通过反射获取注解信息是在运行时发生的，和 Java 一样存在一定的性能开销，当然这种开销大部分时候可以忽略不计。此外前面提到的注解标准位置也会影响注解信息的获取。例如 @file:CacheKey 这样标准的注解，则无法通调用 KProperty.annotions 获取到该注解信息。

2. 注解处理器

众所周知，JSR269 引入了**注解处理器**（annotation processors），允许我们在编译过程中挂钩子实现代码生成。得益于此，如 dagger 之类的框架实现了编译时依赖注入这样原本只能通过运行时反射支持的特性。

在了解什么是注解处理器之前，我们先来看看编译器的主要工作，如图 8-3 所示。

如图 8-3 所示，我们可以把编译器看成一个输入为源代码，输出为目标代码的程序。这个程序的第一步是将源文件解析为 **AST**（抽象语法树），实现这部分的程序通常被称为**解析器**（parser）。

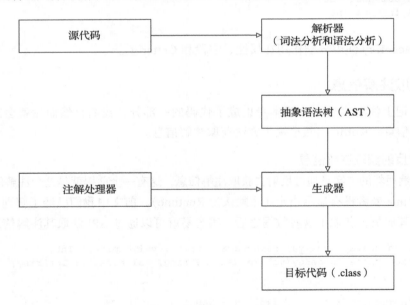

图 8-3 编译器的主要工作

解析器解析完毕会将 AST 传给注解处理器。

需要澄清一点，JSR269 脱胎于 javac，对于 eclipse ecj 之类的编译器通常有自己的 AST，它需要额外适配到 JSR269 定义的 AST。

这里本来应该是代码生成的最佳场合，理论上应该可以实现对 AST 进行修改，然而 JSR269 是只读 API，这就限制了你不能修改任何传入注解处理器的 AST。如果要实现代码生成，只能非常蹩脚地将代码以字符串形式写入另一个文件，这不得不说是一个非常大的遗憾。
下面来看一个例子：

```kotlin
import javax.annotation.processing.*
import javax.lang.model.element.ElementKind
import javax.lang.model.element.TypeElement
import kotlin.reflect.full.memberProperties
import javax.tools.JavaFileObject

annotation class MapperAnnotation

class MapperProcessor : AbstractProcessor() {

    private fun genMapperClass(pkg: String, clazzName: String, props: List<String>):
        String {
        TODO()
    }

    override fun process(set: MutableSet<out TypeElement>?, env: RoundEnvironment?):
        Boolean {
        val el = env?.getElementsAnnotatedWith(MapperAnnotation::class.java)?.
            firstOrNull()
        if (el?.kind == ElementKind.CLASS) {
            val pkg = el.javaClass.`package`.name
            val cls = el.javaClass.simpleName
            val props = el.javaClass.kotlin.memberProperties.map { it.name }
            val mapperClass = genMapperClass(pkg, cls, props)
            val jfo = processingEnv.filer.createSourceFile(
                    cls + "Mapper")
            val writer = jfo.openWriter()
            writer.write(mapperClass)
            writer.close()

        }
        return true;
    }
}
```

在这个例子中，我们根据 Mapper 注解获取对应的类系信息，并生成一个 XXXMapper
类，里面实现自动转化为 Mapper 的方法。可以看到，Annotation Processor 没有能力直接修
改 AST，而只能创建一个文件，并将代码写入该文件。
就像上面的 geMapperClass 函数，我们只能以字符串形式生成 Java 代码：

```kotlin
private fun genMapperClass(pkg: String, clazzName: String, props: List<String>):
    String {
        return """
            package $pkg;
            import java.util.*;
            public class ${clazzName}Mapper {
```

```
                        public Map<String, Object> toMap($clazzName a) {
                          Map<String, Object> m = new HashMap<String, Object>();
                          ${
                          props.map {
                              "m.put(\"${it}\",a.${it})"
                          }
                          }
                        }
                    }
                """
            }
```

注解处理器的使用方法也和 Java 一样：

1）添加注解处理器信息。这需要在 classpath 里包含 META-INFO/services/javax.annotation.processing.Processor 文件，并将注解处理器包名和类名写入该文件。

2）使用 kapt 插件。如果是 gradle 工程可以通过 apply plugin: 'kotlin-kapt' 添加注解处理器支持。

kapt 也支持生成 Kotlin 代码。如上述例子中，我们可以将 genMapperClass 中的代码替换为 Kotlin 代码，并且将其存储在 processingEnv.options["kapt.kotlin.generated"] 目录中。

虽然 annotation processor 允许开发人员访问程序 AST，但没有提供行之有效的代码生成方案，目前仅有的代码生成方案也仅仅是将代码以字符串的形式写入新文件，而无法做到直接将生成的 AST 作为程序。这也说明了 Java 和 Kotlin 目前不具备同像性。

8.4　本章小结

（1）元编程

编程语言自身描述自身的一种手段，主要分为运行时期的元编程和编译时期的元编程，不同的编程语言对它们的支持程度不尽相同。

（2）Kotlin 反射

Kotlin 目前只支持运行时期的元编程——反射，涉及的类有主要有 KClass，KCallable，KParameter，KFunction，KProperty 等。我们已经详细介绍了它们的用法。总的来说，Kotlin 的元编程和 Java 的非常接近，但得益于本身语法特性，Kotlin 的反射 API 使用更加简洁高效。

（3）注解

一种可以代替配置文件的手段，可以通过反射在运行期间获取。具体介绍了如何定义及使用注解，以及如何控制注解作用的位置。

（4）注解处理器

介绍了注解处理器的原理和使用方法，但是比较遗憾的是，Kotlin 目前和 Java 一样没有简单优雅的代码生成方案，开发人员要么通过注解处理器手工将代码写入文件，要么直接依赖 javac 的 tree api 牺牲可移植性。这两种方案不管哪种都不是很理想，使用起来颇为费力。

潜入篇

Kotlin 探索

Chapter 9 第 9 章

设 计 模 式

设计模式是一个老生常谈的东西了，它不是一个类、包或类库，而是软件工程中解决特定问题的一种指南。我们通常所说的经典的设计模式，是指软件设计领域的四位大师（GoF）在《设计模式：可复用面向对象软件的基础》中所阐述的 23 种设计模式。

这些二十几年前就提出来的代码设计的总结，主要采用了类和对象的方式，至今依旧被广泛用于 C++、Java 等面向对象的语言。然而，Kotlin 是一门多范式的语言，在之前的章节中我们已经感受过它如何用函数式的语言特性，在程序设计中会带来更多的可能性。我们已经知道，Kotlin 中不需要所谓的"单例模式"，因为它在语言层面就已经支持了这一特性。所以也有人说，设计模式无非只是一些编程语言没有支持的特性罢了。某种程度上看确实如此，然而也未必准确，因为越高级的语法特性伴随而来的设计模式也会更加高级。

因此，本章的主要内容是通过 Kotlin 的语言特性，来重新思考 Java 中常见的设计模式，由此我们可以进一步认识 Kotlin 语言特点，以及了解如何在实际代码设计中运用它们。

需要注意的是，本章内容论述的形式依旧采用了 GoF 针对常见设计模式的分类方式，即创建型模式、行为型模式、结构型模式。同时，基于 Kotlin 崭新的语言特性，我们在 23 种常见的设计模式中，实现或替代了 Java 中部分典型的设计模式。其中访问者模式已经在第 4 章进行过详细介绍，在 Kotlin 中可以利用模式匹配和 when 表达式对其改良，本章将不会重复提及。

9.1　创建型模式

在程序设计中，我们做得最多得事情之一就是去创建一个对象。创建对象虽然看起来简单，但实际的业务或许十分复杂，这些对象的类可能存在子父类继承关系，或者代表了

系统中各种不同的结构和功能。因此，创建怎样的对象，如何且何时创建它们，以及对类
和对象的配置，都是实际代码编写中需要考虑的问题。

本节将探讨 Kotlin 中几种最主流的创建型设计模式：工厂方法模式、抽象工厂模式以
及构建者模式。

9.1.1　伴生对象增强工厂模式

工厂模式是我们最熟悉的设计模式之一，在有些地方会把工厂模式细分为简单工厂、
工厂方法模式以及抽象工厂。本节我们主要介绍简单工厂的模式，它的核心作用就是通过
一个工厂类隐藏对象实例的创建逻辑，而不需要暴露给客户端。典型的使用场景就是当拥
有一个父类与多个子类的时候，我们可以通过这种模式来创建子类对象。

假设现在有一个电脑加工厂，同时生产个人电脑和服务器主机。我们用熟悉的工厂模
式设计描述其业务逻辑：

```kotlin
interface Computer {
    val cpu: String
}

class PC(override val cpu: String = "Core") : Computer
class Server(override val cpu: String = "Xeon") : Computer

enum class ComputerType {
    PC, Server
}

class ComputerFactory {
    fun produce(type: ComputerType): Computer {
        return when (type) {
            ComputerType.PC -> PC()
            ComputerType.Server -> Server()
        }
    }
}
```

以上代码通过调用 ComputerFactory 类的 produce 方法来创建不同的 Computer 子类对
象，这样我们就把创建实例的逻辑与客户端之间实现解耦，当对象创建的逻辑发生变化时
（如构造参数的数量发生变化），该模式只需要修改 produce 方法内部的代码即可，相比直接
创建对象的方式更加利于维护。

现在我们用设计好的类写一段测试的代码：

```kotlin
>>> val comp = ComputerFactory().produce(ComputerType.PC)
>>> println(comp.cpu)
Core
```

这是我们用 Kotlin 模仿 Java 中很标准的工厂模式设计，它改善了程序的可维护性，但
创建对象的表达上却显得不够简洁。当我们在不同的地方创建 Computer 的子类对象时，我

们都需要先创建一个 ComputerFactory 类对象。在 3.5.2 节中我们了解到 Kotlin 天生支持了单例，接下来我们就用 object 关键字以及其相关的特性来进一步简化以上的代码设计。

1. 用单例代替工厂类

我们已经知道的是，Kotlin 支持用 object 来实现 Java 中的单例模式。所以，我们可以实现一个 ComputerFactory 单例，而不是一个工厂类。

```kotlin
object ComputerFactory { // 用object代替class
    fun produce(type: ComputerType): Computer {
        return when (type) {
            ComputerType.PC -> PC()
            ComputerType.Server -> Server()
        }
    }
}
```

然后，我们就可以如此调用：

```kotlin
ComputerFactory.produce(ComputerType.PC)
```

此外，由于我们通过传入 Computer 类型来创建不同的对象，所以这里的 produce 又显得多余。如果你阅读过第 7 章，那么就会了解 Kotlin 还支持运算符重载，因此我们可以通过 operator 操作符重载 invoke 方法来代替 produce，从而进一步简化表达：

```kotlin
object ComputerFactory {
    operator fun invoke(type: ComputerType): Computer {
        return when (type) {
            ComputerType.PC -> PC()
            ComputerType.Server -> Server()
        }
    }
}
```

依靠 Kotlin 这一特性，我们再创建一个 Computer 对象就显得非常简洁，与直接创建一个具体类实例显得没有太大区别：

```kotlin
ComputerFactory(ComputerType.PC)
```

2. 伴生对象创建静态工厂方法

当前的工厂模式实现已经足够优雅，然而也许你依旧觉得不够完美：我们是否可以直接通过 Computer() 而不是 ComputerFactory() 来创建一个实例呢？

提到这个问题，也许我们还想到了《Effective Java》一书的第 1 条指导原则：**考虑用静态工厂方法代替构造器**。相信你已经想到了 Kotlin 中的伴生对象，它代替了 Java 中的 static，同时在功能和表达上拥有更强的能力。通过在 Computer 接口中定义一个伴生对象，我们就能够实现以上的需求，代码如下：

```kotlin
interface Computer {
```

```
    val cpu: String

    companion object {
        operator fun invoke(type: ComputerType): Computer {
            return when (type) {
                ComputerType.PC -> PC()
                ComputerType.Server -> Server()
            }
        }
    }
}
```

然后再来测试下：

```
>>> Computer(ComputerType.PC)
Core
```

在不指定伴生对象名字的情况下，我们可以直接通过 Computer 来调用其伴生对象中的方法。当然，如果你觉得还是 Factory 这个名字好，那么也没有问题，我们可以用 Factory 来命名 Computer 的伴生对象，如下：

```
interface Computer {
    val cpu: String

    companion object Factory {
        operator fun invoke(type: ComputerType): Computer {
            return when (type) {
                ComputerType.PC -> PC()
                ComputerType.Server -> Server()
            }
        }
    }
}
```

调用方法如下：

```
Computer.Factory(ComputerType.PC)
```

3. 扩展伴生对象方法

依靠伴生对象的特性，我们已经很好地实现了经典的工厂模式。同时，这种方式还有一种优势，它比原有 Java 中的设计更加强大。假设实际业务中我们是 Computer 接口的使用者，比如它是工程引入的第三方类库，所有的类的实现细节都得到了很好地隐藏。那么，如果我们希望进一步改造其中的逻辑，Kotlin 中伴生对象的方式同样可以依靠其扩展函数的特性，很好地实现这一需求。

比如我们希望给 Computer 增加一种功能，通过 CPU 型号来判断电脑类型，那么就可以如下实现：

```
fun Computer.Companion.fromCPU(cpu: String): ComputerType? = when(cpu) {
    "Core" -> ComputerType.PC
```

```
    "Xeon" -> ComputerType.Server
    else -> null
}
```

如果指定了伴生对象的名字为 Factory，那么就可以如下实现：

```
fun Computer.Factory.fromCPU(cpu: String): ComputerType? = ...
```

9.1.2 内联函数简化抽象工厂

在第 6 章中，我们了解到 Kotlin 中的内联函数有一个很大的作用，就是可以具体化参数类型。利用这一特性，我们还可以改进一种更复杂的工厂模式，称为**抽象工厂**。

工厂模式已经能够很好地处理一个产品等级结构的问题，在上一节中，我们已经用它很好地解决了电脑厂商生产服务器、PC 机的问题。进一步思考，当问题上升到多个产品等级结构的时候，比如现在引入了品牌商的概念，我们有好几个不同的电脑品牌，比如 Dell、Asus、Acer，那么就有必要再增加一个工厂类。然而，我们并不希望对每个模型都建立一个工厂，这会让代码变得难以维护，所以这时候我们就需要引入抽象工厂模式。

抽象工厂模式

为创建一组相关或相互依赖的对象提供一个接口，而且无须指定它们的具体类。

在抽象工厂的定义中，我们也可以把"一组相关或相互依赖的对象"称作"产品族"，在上述的例子中，我们就提到了 3 个代表不同电脑品牌的产品族。下面我们就利用抽象工厂，来实现具体的需求：

```
interface Computer
class Dell: Computer
class Asus: Computer
class Acer: Computer

class DellFactory: AbstractFactory() {
    override fun produce() = Dell()
}

class AsusFactory: AbstractFactory() {
    override fun produce() = Asus()
}

class AcerFactory: AbstractFactory() {
    override fun produce() = Acer()
}

abstract class AbstractFactory {
    abstract fun produce(): Computer
```

```
    companion object {
        operator fun invoke(factory: AbstractFactory): AbstractFactory {
            return factory
        }
    }
}
```

可以看出，每个电脑品牌拥有一个代表电脑产品的类，它们都实现了 Computer 接口。此外每个品牌也还有一个用于生产电脑的 AbstractFactory 子类，可通过 AbstractFactory 类的伴生对象中的 invoke 方法，来构造具体品牌的工厂类对象。

```
fun main(args: Array<String>) {
    val dellFactory = AbstractFactory(DellFactory())
    val dell = dellFactory.produce()
    println(dell)
}
```

运行该测试用例，结果如下：

```
Dell@1f32e575
```

由于 Kotlin 语法的简洁，以上例子的抽象工厂类的设计也比较直观。然而，当你每次创建具体的工厂类时，都需要传入一个具体的工厂类对象作为参数进行构造，这个在语法上显然不是很优雅。下面我们就来看看，如何用 Kotlin 中的内联函数来改善这一情况。我们所需要做的，就是去重新实现 AbstractFactory 类中的 invoke 方法。

```
abstract class AbstractFactory {
    abstract fun produce(): Computer

    companion object {
        inline operator fun <reified T : Computer> invoke(): AbstractFactory =
            when (T::class) {
            Dell::class -> DellFactory()
            Asus::class  -> AsusFactory()
            Acer::class  -> AcerFactory()
            else              -> throw IllegalArgumentException()
        }
    }
}
```

这下我们的 invoke 方法定义的前缀变长了很多，但是不要害怕，如果你已经掌握了内联函数的具体应用，应该会很容易理解它。我们来分析下这段代码：

1）通过将 invoke 方法用 inline 定义为内联函数，我们就可以引入 reified 关键字，使用具体化参数类型的语法特性；

2）要具体化的参数类型为 Computer，在 invoke 方法中我们通过判断它的具体类型，来返回对应的工厂类对象。

我们来看看如何用上述重写的方法，来改善工厂类的创建语法表达：

```kotlin
fun main(args: Array<String>) {
    val dellFactory = AbstractFactory<Dell>()
    val dell = dellFactory.produce()
    println(dell)
}
```

现在我们终于可以用类似创建一个泛型类对象的方式，来构建一个抽象工厂具体对象了。不管是工厂方法还是抽象工厂，利用 Kotlin 的语言特性，我们在一定程度上改进、简化了 Java 中设计模式的实现。在下一节中，我们将继续讨论 Kotlin 中的构建者模式，这也是一种非常经典的设计模式。

9.1.3 用具名可选参数而不是构建者模式

在 Java 开发中，你是否写过这样像蛇一样长的构造函数：

```java
// Boolean 类型的参数表示 Robot 是否含有对应固件
Robot robot = new Robot(1, true, true, false, false, false, false, false, false)
```

刚写完时回头看你还能看懂，一天后你可能已经忘记大半了，再过一个星期你已经不知道这是什么东西了。面对这样的业务场景时，我们惯常的做法是通过 **Builder（构建者）模式**来解决。

构建者模式

构建者模式与单例模式一样，也是 Gof 设计模式中的一种。它主要做的事情就是将一个复杂对象的构建与它的表示分离，使得同样的构建过程可以创建不同的表示。

工厂模式和构造函数都存在相同的问题，就是不能很好地扩展到大量的可选参数。假设我们现在有个机器人类，它含有多个属性：代号、名字、电池、重量、高度、速度、音量等。很多产品都不具有其中的某些属性，比如不能走、不能发声，甚至有的机器人也不需要电池。

一种糟糕的做法就是设计一个一开头你所看到 Robot 类，把所有的属性都作为构造函数的参数。或者，你也可能采用过**重叠构造器（telescoping constructor）模式**，即先提供一个只有必要参数的构造函数，然后再提供其他更多的构造函数，分别具有不同情况的可选属性。虽然这种模式在调用的时候改进不少，但同样存在明显的缺点。因为随着构造函数的参数数量增加，很快我们就会失去控制，代码变得难以维护。

构建者模式可以避免以上的问题，我们用 Kotlin 来实现 Java 中的构建者模式，如代码清单 9-1 所示。

代码清单 9-1

```kotlin
class Robot private constructor(
    val code: String,
```

```
        val battery: String?,
        val height: Int?,
        val weight: Int?) {

    class Builder(val code: String) {
        private var battery: String? = null
        private var height: Int? = null
        private var weight: Int? = null

        fun setBattery(battery: String?): Builder {
            this.battery = battery
            return this
        }
        fun setHeight(height: Int): Builder {
            this.height = height
            return this
        }
        fun setWeight(weight: Int): Builder {
            this.weight = weight
            return this
        }
        fun build(): Robot {
            return Robot(code, battery, height, weight)
        }
    }
}
```

为了避免代码过于冗长，以上的例子我们只选择了 4 个属性，其中 code（机器人代号）为必需属性，battery（电池）、height（高度）、weight（重量）为可选属性。我们再看看如何用这种方式来声明一个 Robot 对象：

```
val robot = Robot.Builder("007")
    .setBattery("R6")
    .setHeight(100)
    .setWeight(80)
    .build()
```

我们来分析下它的具体思路：
- ❏ Robot 类内部定义了一个嵌套类 Builder，由它负责创建 Robot 对象；
- ❏ Robot 类的构造函数用 private 进行修饰，这样可以确保使用者无法直接通过 Robot 声明实例；
- ❏ 通过在 Builder 类中定义 set 方法来对可选的属性进行设置；
- ❏ 最终调用 Builder 类中的 build 方法来返回一个 Robot 对象。

这种链式调用的设计看起来确实优雅了不少，同时对于可选参数的设置也显得比较语义化，它有点近似 2.3.8 节中介绍的柯里化语法。此外，构建者模式另外一个好处就是解决了多个可选参数的问题，当我们创建对象实例时，只需要用 set 方法对需要的参数进行赋值即可。

然而，构建者模式也存在一些不足：

1）如果业务需求的参数很多，代码依然会显得比较冗长；

2）你可能会在使用 Builder 的时候忘记在最后调用 build 方法；

3）由于在创建对象的时候，必须先创建它的构造器，因此额外增加了多余的开销，在某些十分注重性能的情况下，可能就存在一定的问题。

事实上，当用 Kotlin 设计程序时，我们可以在绝大多数情况下避免使用构建者模式。《Effective Java》在介绍构建者模式时，是这样子描述它的：**本质上 builder 模式模拟了具名的可选参数，就像 Ada 和 Python 中的一样**。幸运的是，Kotlin 也是这样一门拥有具名可选参数的编程语言。

2. 具名的可选参数

Kotlin 中的函数和构造器都支持这一特性，我们已经在第 3 章介绍过相关知识，现在再来回顾下。它主要表现为两点：

1）在具体化一个参数的取值时，可以通过带上它的参数名，而不是它在所有参数中的位置决定；

2）由于参数可以设置默认值，这允许我们只给出部分参数的取值，而不必是所有的参数。

因此，我们可以直接使用 Kotlin 中原生的语法特性来实现构建者模式的效果。现在重新设计以上的 Robot 例子：

```
class Robot(
    val code: String,
    val battery: String? = null,
    val height: Int? = null,
    val weight: Int? = null
)
val robot1 = Robot(code = "007")
val robot2 = Robot(code = "007", battery = "R6")
val robot3 = Robot(code = "007", height = 100, weight = 80)
```

可以发现，相比构建者模式，通过具名的可选参数构造类具有很多优点：

1）代码变得十分简单，这不仅表现在 Robot 类的结构体代码量，我们在声明 Robot 对象时的语法也要更加简洁；

2）声明对象时，每个参数名都可以是显式的，并且无须按照顺序书写，非常方便灵活；

3）由于 Robot 类的每个对象都是 val 声明的，相较构建者模式者中用 var 的方案更加安全，这在要求多线程并发安全的业务场景中会显得更有优势。

此外，如果你的类的功能足够简单，更好的思路是用 data class 直接声明一个数据类。如你所知，数据类同样支持以上的所有特性。

3. require 方法对参数进行约束

我们再来看看那构建者模式的另外一个作用，就是可以在 build 方法中对参数添加约束条件。举个例子，假设一个机器人的重量必须根据电池的型号决定，那么在未传入电池型号之前，你便不能对 weight 属性进行赋值，否则就会抛出异常。现在我们再来重新改下代码清单 9-1 中的 build 方法实现：

```
fun build(): Robot {
    if (weight != null && battery == null) {
        throw IllegalArgumentException("Battery should be determined when setting
            weight.");
    } else {
        return Robot(code, battery, height, weight)
    }
}
```

运行下具体的测试用例：

```
val robot = Robot.Builder("007")
    .setWeight(100)
    .build()
```

然后就会发现以下的异常信息：

```
Exception in thread "main" java.lang.IllegalArgumentException: Battery should be
    determined when setting weight.
```

这种在 build 方法中对参数进行约束的手段，可以让业务变得更加安全。那么，通过具名的可选参数来构造类的方案该如何实现呢？

显然，我们同样可以在 Robot 类的 init 方法中增加以上的校验代码。然而在 Kotlin 中，我们在类或函数中还可以使用 require 关键字进行函数参数限制，本质上它是一个内联的方法，有点类似于 Java 中的 assert。

```
class Robot(
    val code: String,
    val battery: String? = null,
    val height: Int? = null,
    val weight: Int? = null
) {
    init {
        require(weight == null || battery != null) {
            "Battery should be determined when setting weight."
            }
    }
}
```

不难发现，如果我们在创建 Robot 对象时有不符合 require 条件的行为，就会导致抛出异常。

```
>>> val robot = Robot(code="007", weight = 100)
java.lang.IllegalArgumentException: Battery should be determined when setting weight.
```

可见，Kotlin 的 require 方法可以让我们的参数约束代码在语义上变得更加友好。总的来说，在 Kotlin 中我们应该尽量避免使用构建者模式，因为 Kotlin 支持具名的可选参数，这让我们可以在构造一个具有多个可选参数类的场景中，设计出更加简洁并利于维护的代码。

9.2 行为型模式

当我们用创建型模式创建出类对象之后，就需要在不同对象之间划分职责、产生交互。那些用来识别对象之间的常用交流模式就是本节要讲述的行为型模式。类似上一节，我们同样会用 Kotlin 的语法来重新思考几种主流的行为型模式，包括：观察者模式、策略模式、模板方法模式、迭代器模式、责任链模式及状态模式。

9.2.1 Kotlin 中的观察者模式

观察者模式是我们接触最多的设计模式之一，尤其是在 Android 开发中，诸多设计都是基于观察者模式来实现的，如 MVC 架构、rxJava 类库的设计等。同时，我们也肯定逃不了用该模式来管理视图变化的逻辑响应。我们先来看看它的定义：

观察者模式定义了一个一对多的依赖关系，让一个或多个观察者对象监听一个主题对象。这样一来，当被观察者状态发生改变时，需要通知相应的观察者，使这些观察者对象能够自动更新。

简单来说，观察者模式无非做两件事情：

❏ **订阅者**（也称为观察者 observer）添加或删除对**发布者**（也称为观察者 publisher）的状态监听；

❏ 发布者状态改变时，将事件通知给监听它的所有观察者，然后观察者执行响应逻辑。

Java 自身的标准库提供了 java.util.Observable 类和 java.util.Observer 接口，来帮助实现观察者模式。接下来我们就采用它们来实现一个动态更新股价的例子。

```kotlin
import java.util.*

class StockUpdate: Observable() {
    val observers = mutableSetOf<Observer>();

    fun setStockChanged(price: Int) {
        this.observers.forEach { it.update(this, price) }
    }
}

class StockDisplay: Observer {
    override fun update(o: Observable, price: Any) {
        if (o is StockUpdate) {
            println("The latest stock price is ${price}.")
        }
    }
}
```

在上述例子中，我们首先创建了一个可被观察的发布者类 StockUpdate，它维护了一个监听其变化的观察者对象 observers，通过它的 add 和 remove 方法来进行管理。当

StockUpdate 类对象执行 setStockChanged 方法之后，表明股价已经改变，那么就会将更新的股价传递给观察者，执行其 update 方法来执行响应逻辑。这些观察者都是 StockDisplay 的对象，当发现接收到的订阅者类型为 StockUpdate 时，就会打印最新的股价。

下面我们就来创建一个测试用例：

```
fun main(args: Array<String>) {
    val su = StockUpdate()
    val sd = StockDisplay()
    su.observers.add(sd)
    su.setStockChanged(100)
}
// 运行结果
The latest stock price is 100.
```

由于 Kotlin 在语法上相比 Java 要更简洁，所以如果用 Java 实现以上的例子会需要更多的代码。然而它们的实现的思路是一样的，都是利用了 Java 标准库中的类和方法。事实上，Kotlin 的标准库额外引入了可被观察的委托属性，也可以利用它来实现同样的场景。

1. Observable

我们先用这一委托属性来改造以上的程序，然后再分析其相关的语法。

```
import kotlin.properties.Delegates

interface StockUpdateListener {
    fun onRise(price: Int)
    fun onFall(price: Int)
}

class StockDisplay: StockUpdateListener {
    override fun onRise(price: Int) {
        println("The latest stock price has risen to ${price}.")
    }
    override fun onFall(price: Int) {
        println("The latest stock price has fell to ${price}.")
    }
}

class StockUpdate {
    var listeners = mutableSetOf<StockUpdateListener>()

    var price: Int by Delegates.observable(0) { _, old, new ->
        listeners.forEach {
            if (new > old) it.onRise(price) else it.onFall(price)
        }
    }
}
```

在该版本中，我们让需求变得更加的具体，当股价上涨或下跌时，我们会打印不同的个性化报价文案。如果你仔细思考，会发现实现 java.util.Observer 接口的类只能覆写

update 方法来编写响应逻辑，也就是说如果存在多种不同的逻辑响应，我们也必须通过在该方法中进行区分实现，显然这会让订阅者的代码显得臃肿。换个角度，如果我们把发布者的事件推送看成一个第三方服务，那么它提供的 API 接口只有一个，API 调用者必须承担更多的职能。

显然，使用 Delegates.observable() 的方案更加灵活。它提供了 3 个参数，依次代表委托属性的元数据 KProperty 对象、旧值以及新值。通过额外定义一个 StockUpdateListener 接口，我们可以把上涨和下跌的不同响应逻辑封装成接口方法，从而在 StockDisplay 中实现该接口的 onRise 和 onFall 方法，实现了解耦。

同样，我们来运行下该方案的测试用例：

```
fun main(args: Array<String>) {
    val su = StockUpdate()
    val sd = StockDisplay()
    su.listeners.add(sd)
    su.price = 100
    su.price = 98
}
// 运行结果
The latest stock price has risen to 100.
The latest stock price has fell to 98.
```

2. Vetoable

有些时候，我们并不希望监控的值可以被随心所欲地修改。实际上，你可能希望对某些改值的情况进行否决。Kotlin 的标准库中除了提供 observable 这个委托属性之外，还提供了另外一个属性：vetoable。顾名思义，veto 代表的是"否决"的意思，vetoable 提供了一种功能，在被赋新值生效之前提前进行截获，然后判断是否接受它。

通过以下的例子你可以更好地了解 vetoable 的使用：

```
import kotlin.properties.Delegates

var value: Int by Delegates.vetoable(0) { prop, old, new ->
    new > 0
}
>>> value = 1
>>> println(value)
1
>>> value = -1
>>> println(value)
1
```

我们创建了一个可变的 Int 对象 value，同时用 by 关键字增加了 Delegates.vetoable 委托属性。它的初始化值为 0，只接收被正整数赋值。所以，当我们试图把 value 改成 -1 的时候，打印的结果仍然为旧值 1。

9.2.2 高阶函数简化策略模式、模板方法模式

本节我们会同时讨论**策略模式**、**模板方法模式**，一方面它们解决的问题比较类似，另一方面这两种设计模式都可以依靠 Kotlin 中的高阶函数特性进行改良。

1. 遵循开闭原则：策略模式

假设现在有一个表示游泳运动员的抽象类 Swimmer，有一个游泳的方法 swim，表示如下：

```
class Swimmer {
    fun swim() {
        println("I am swimming...")
    }
}
```

我们用 Swimmer 类来创建一个对象 shaw：

```
val shaw = Swimmer()
>>> shaw.swim()
I am swimming...
```

由于 shaw 在游泳方面很有天赋，他很快掌握了蛙泳、仰泳、自由泳多种姿势。所以我们必须对 Swim 方法进行改造，变成代表 3 种不同游泳姿势的方法。

```
class Swimmer {
    fun breaststroke() {
        println("I am breaststroking...")
    }
    fun backstroke() {
        println("I am backstroke...")
    }
    fun freestyle() {
        println("I am freestyling...")
    }
}
```

然而这并不是一个很好的设计。首先，并不是所有的游泳运动员都掌握了这 3 种游泳姿势，如果每个 Swimmer 类对象都可以调用所有方法，显得比较危险。其次，后续难免会有新的行为方法加入，通过修改 Swimmer 类的方式违背了开放封闭原则。

因此，更好的做法是将游泳这个行为封装成接口，根据不同的场景我们可以调用不同的游泳方法。比如 shaw 计划周末游自由泳，其他时间则游蛙泳。策略模式就是一种解决这种场景很好的思路。

策略模式定义了算法族，分别封装起来，让它们之间可以相互替换，此模式让算法的变化独立于使用算法的客户。

本质上，策略模式做的事情就是**将不同的行为策略（Strategy）进行独立封装，与类在逻辑上解耦**。然后根据不同的上下文（Context）切换选择不同的策略，然后用类对象进行

调用。下面我们用熟悉的方式重新实现游泳的例子：

```kotlin
interface SwimStrategy {
    fun swim()
}
class Breaststroke: SwimStrategy {
    override fun swim() {
        println("I am breaststroking...")
    }
}
class Backstroke: SwimStrategy {
    override fun swim() {
        println("I am backstroke...")
    }
}
class Freestyle: SwimStrategy {
    override fun swim() {
        println("I am freestyling...")
    }
}
class Swimmer(val strategy: SwimStrategy) {
    fun swim() {
        strategy.swim()
    }
}
fun main(args: Array<String>) {
    val weekendShaw = Swimmer(Freestyle())
    weekendShaw.swim()
    val weekdaysShaw = Swimmer(Breaststroke())
    weekdaysShaw.swim()
}
// 运行结果
I am freestyling...
I am breaststroking...
```

这个方案实现了解耦和复用的目的，且很好实现了在不同场景切换采用不同的策略。然而，该版本的代码量也比之前多了很多。下面我们来看看Kotlin如何用高阶函数来简化策略模式。

2. 高阶函数抽象算法

我们用高阶函数的思路来重新思考下策略类，显然将策略封装成一个函数然后作为参数传递给Swimmer类会更加的简洁。由于策略类的目的非常明确，仅仅是针对行为算法的一种抽象，所以高阶函数式是一种很好的替代思路。

现在，利用高阶函数我们重新实现这个例子：

```kotlin
fun breaststroke() { println("I am breaststroking...")  }
fun backstroke() { println("I am backstroking...")  }
fun freestyle() { println("I am freestyling...") }
```

```
class Swimmer(val swimming: () -> Unit) {
    fun swim() {
        swimming()
    }
}
fun main(args: Array<String>) {
    val weekendShaw = Swimmer(::freestyle)
    weekendShaw.swim()
    val weekdaysShaw = Swimmer(::breaststroke)
    weekdaysShaw.swim()
}
```

代码量一下子变得非常少，而且结构上也更加容易阅读。由于策略算法都封装成了一个个函数，我们在初始化 Swimmer 类对象时，可以用函数引用的语法（参见 2.3 节）传递构造参数。当然，我们也可以把函数用 val 声明成 Lambda 表达式，那么在传递参数的时候会变得更加简洁直观。

3. 模板方法模式：高阶函数代替继承

另一个可用高阶函数函数改良的设计模式，就是**模板方法模式**。某种程度上，模板方法模式和策略模式要解决的问题是相似的，它们都可以分离通用的算法和具体的上下文。然而，如果说策略模式采用的思路是将算法进行委托，那么传统的模板方法模式更多是基于继承的方式实现的。现在来看看模板方法模式的定义：

定义一个算法中的操作框架，而将一些步骤延迟到子类中，使得子类可以不改变算法的结构即可重定义该算法的某些特定步骤。

与策略模式不同，模板方法模式的行为算法具有更明晰的大纲结构，其中完全相同的步骤会在抽象类中实现，可个性化的某些步骤则在其子类中进行定义。举个例子，如果我们去市民事务中心办事时，一般都会有以下几个具体的步骤：

1）排队取号等待；

2）根据自己的需求办理个性化的业务，如获取社保清单、申请市民卡、办理房产证；

3）对服务人员的态度进行评价。

这是一个典型的适用模板方法模式的场景，办事步骤整体是一个算法大纲，其中步骤1）和步骤3）都是相同的算法，而步骤2）则可以根据实际需求个性化选择。接下来我们就用代码实现一个抽象类，它定义了这个例子的操作框架：

```
abstract class CivicCenterTask {
    fun execute() {
        this.lineUp()
        this.askForHelp()
        this.evaluate()
    }
    private fun lineUp() {
        println("line up to take a number");
```

```
    }
    private fun evaluate() {
        println("evaluaten service attitude");
    }
    abstract fun askForHelp()
}
```

其中 askForHelp 方法是一个抽象方法。接下来我们再定义具体的子类来继承 CivicCenter-
Task 类，然后对抽象的步骤进行实现。

```
class PullSocialSecurity: CivicCenterTask {
    override fun askForHelp() {
        println("ask for pulling the social security")
    }
}
class ApplyForCitizenCard: CivicCenterTask {
    override fun askForHelp() {
        println("apply for a citizen card")
    }
}
```

然后写个测试用例来创建这些子类，进行调用：

```
val pss = PullSocialSecurity()
>>> pss.execute()
line up to take a number
ask for pulling the social security
evaluaten service attitude

val afcc = ApplyForCitizenCard()
>>> afcc.execute()
line up to take a number
apply for a citizen card
evaluaten service attitude
```

不出意料，两者的步骤 2）的执行结果是不一样的。

不得不说，模板方式模式的代码复用性已经非常高了，但是我们还是得根据不同的业
务场景都定义一个具体的子类。幸运的是，在 Kotlin 中我们同样可以用改造策略模式的类
似思路，来简化模板方法模式。依靠高阶函数，我们可以在只需一个 CivicCenterTask 类的
情况下，代替继承实现相同的效果。

```
class CivicCenterTask {
    fun execute(askForHelp: () -> Unit) {
        this.lineUp()
        askForHelp()
        this.evaluate()
    }
    private fun lineUp() {
        println("line up to take a number");
    }
```

```
    private fun evaluate() {
        println("evaluaten service attitude");
    }
}

fun pullSocialSecurity() {
    println("ask for pulling the social security")
}
fun applyForCitizenCard() {
    println("apply for a citizen card")
}
```

代码量果真又减少了许多。再来看看该方案如何调用逻辑：

```
val task1 = CivicCenterTask()
>>> task1.execute(::pullSocialSecurity)
line up to take a number
ask for pulling the social security
evaluaten service attitude

val task2 = CivicCenterTask()
>>> task2.execute(::applyForCitizenCard)
line up to take a number
apply for a citizen card
evaluaten service attitude
```

如你所见，在高阶函数的帮助下，我们可以更加轻松地实现模板方式模式。

9.2.3　运算符重载和迭代器模式

迭代器（iterator）是 Java 中我们非常熟悉的东西了，数据结构如 List 和 Set 都内置了迭代器，我们可以用它提供的方法来顺序地访问一个聚合对象中各个元素。

有些时候，我们会定义某些容器类，这些类中包含了大量相同类型的对象。如果你想给这个容器类的对象直接提供迭代的方法，如 hasNext、next、first 等，那么就可以自定义一个迭代器。然而通常情况下，我们不需要自己再实现一个迭代器，因为 Java 标准库提供了 java.util.Iterator 接口，你可以用容器类实现该接口，然后再实现需要的迭代器方法。

这种设计模式就是**迭代器模式**，它的核心作用就是将遍历和实现分离开来，在遍历的同时不需要暴露对象的内部表示。迭代器模式非常容易理解，你可能已经非常熟悉。但我们还是举个具体的例子来介绍下这种模式，接着引出 Kotlin 中相关的语法特性，继而进行改良。

1. 方案 1：实现 Iterator 接口

```
data class Book(val name: String)
class Bookcase(val books: List<Book>): Iterator<Book> {
    private val iterator: Iterator<Book>
    init {
```

```
        this.iterator = books.iterator()
    }
    override fun hasNext() = this.iterator.hasNext()
    override fun next() = this.iterator.next()
}

fun main(args: Array<String>) {
    val bookcase = Bookcase(
        listOf(Book("Dive into Kotlin"), Book("Thinking in Java"))
        )
    while(bookcase.hasNext()) {
        println("The book name is ${bookcase.next().name}")
    }
}
// 运行结果
The book name is Dive into Kotlin
The book name is Thinking in Java
```

由于 Bookcase 对象拥有与 List<Book> 实例相同的迭代器, 我们就可以直接调用后者迭代器所有的方法。一种更简洁的遍历打印方式如下:

```
for (book in bookcase) {
    println("The book name is ${book.name}")
}
```

2. 方案 2: 重载 iterator 方法

我们说过, Kotlin 还有更好的解决方案。Kotlin 有一个非常强大的语言特性, 那就是利用 operator 关键字内置了很多运算符重载功能。我们就可以通过重载 Bookcase 类的 iterator 方法, 实现一种语法上更加精简的版本:

```
data class Book(val name: String)
class Bookcase(val books: List<Book>) {
    operator fun iterator(): Iterator<Book> = this.books.iterator()
}
```

很棒吧? 我们用一行代码就实现了以上所有的效果。还没完, 由于 Kotlin 还支持扩展函数, 这意味着我们可以给所有的对象都内置一个迭代器。

3. 方案 3: 通过扩展函数

假设现在的 Book 是引入的一个类, 你并不能修改它的源码, 下面我们就演示如何用扩展的语法来给 Bookcase 类对象增加迭代的功能:

```
data class Book(val name: String)
class Bookcase(val books: List<Book>) {}

operator fun Bookcase.iterator(): Iterator<Book> = books.iterator()
```

代码依旧非常简洁, 假如你想对迭代器的逻辑有更多的控制权, 那么也可以通过 object 表达式来实现:

```
operator fun Bookcase.iterator(): Iterator<Book> = object : Iterator<Book> {
    val iterator = books.iterator()
    override fun hasNext() = iterator.hasNext()
    override fun next() = iterator.next()
}
```

总的来说，迭代器模式并不是一种很常用的设计模式，但通过它我们可以进一步了解 Kotlin 中的扩展函数的应用，以及运算符重载功能的强大之处。

9.2.4 用偏函数实现责任链模式

如果你拥有一定程度的 Java 开发经验，想必接触过**责任链模式**。假设我们遇到这样的业务需求场景：希望使得多个对象都有机会处理某种类型的请求。那么可能就需要考虑是否可以采用责任链模式。

典型的例子就是 Servlet 中的 Filter 和 FilterChain 接口，它们就采用了责任链模式。利用责任链模式我们可以在接收到一个 Web 请求时，先进行各种 filter 逻辑的操作，filter 都处理完之后才执行 servlet。在这个例子中，不同的 filter 代表了不同的职责，最终它们形成了一个责任链。

简单来说，责任链模式的目的就是**避免请求的发送者和接收者之间的耦合关系，将这个对象连成一条链，并沿着这条链传递该请求，直到有一个对象处理它为止**。

现在我们来举一个更加具体的例子。计算机学院的学生会管理了一个学生会基金，用于各种活动和组织人员工作的开支。当要发生一笔支出时，如果金额在 100 元之内，可由各个分部长审批；如果金额超过了 100 元，那么就需要会长同意；但假使金额较大，达到了 500 元以上，那么就需要学院的辅导员陈老师批准。此外，学院里还有一个不宣的规定，经费的上限为 1000 元，如果超出则默认打回申请。

当然我们可以用最简单的 if-else 来实现经费审批的需求。然而根据开闭原则，我们需要将其中的逻辑进行解耦。下面我们就用面向对象的思路结合责任链模式，来设计一个程序。

```
data class ApplyEvent(val money: Int, val title: String)

interface ApplyHandler {
    val successor: ApplyHandler?
    fun handleEvent(event: ApplyEvent)
}

class GroupLeader(override val successor: ApplyHandler?): ApplyHandler {
    override fun handleEvent(event: ApplyEvent) {
        when {
            event.money <= 100 -> println("Group Leader handled application:
                ${event.title}.")
            else -> when(successor) {
                is ApplyHandler -> successor.handleEvent(event)
```

```
                else -> println("Group Leader: This application cannot be handdle.")
            }
        }
    }
}

class President(override val successor: ApplyHandler?): ApplyHandler {
    override fun handleEvent(event: ApplyEvent) {
        when {
        event.money <= 500 -> println("President handled application: ${event.
            title}.")
        else -> when(successor) {
            is ApplyHandler -> successor.handleEvent(event)
            else -> println("President: This application cannot be handdle.")
            }
        }
    }
}

class College(override val successor: ApplyHandler?): ApplyHandler {
    override fun handleEvent(event: ApplyEvent) {
        when {
            event.money > 1000 -> println("College: This application is refused.")
            else -> println("College handled application: ${event.title}.")
        }
    }
}
```

在这个例子中，我们声明了 GroupLeader、President、College 三个类来代表学生会部长、分部长、会长及学院，它们都实现了 ApplyHandler 接口。接口包含了一个可空的后继者对象 successor，以及对申请事件的处理方法 handleEvent。

当我们把一个申请经费的事件传递给 GroupLeader 对象进行处理时，它会根据具体的经费金额来判断是否将申请转交给 successor 对象，也就是 President 类来处理。以此类推，最终形成了一个责任链的机制。

```
fun main(args: Array<String>) {
    val college = College(null)
    val president = President(college)
    val groupLeader = GroupLeader(president)

    groupLeader.handleEvent(ApplyEvent(10, "buy a pen"))
    groupLeader.handleEvent(ApplyEvent(200, "team building"))
    groupLeader.handleEvent(ApplyEvent(600, "hold a debate match"))
    groupLeader.handleEvent(ApplyEvent(1200, "annual meeting of the college"))
}
```

运行结果：

```
Group Leader handled application: buy a pen.
```

```
President handled application: team building.
College handled application: hold a debate match.
College: This application is refused.
```

现在我们再来重新思考下责任链的机理，你会发现整个链条的每个处理环节都有对其输入参数的校验标准，在上述例子中主要是对申请经费事件的金额有要求。当输入参数处于某个责任链环节的有效接收范围之内，该环节才能对其做出正常的处理操作。在编程语言中，我们有一个专门的术语来描述这种情况，这就是"**偏函数**"。

1. 实现偏函数类型：PartialFunction
我们来看看什么是偏函数？

偏函数

偏函数是个数学中的概念，指的是定义域 X 中可能存在某些值在值域 Y 中没有对应的值。

为了方便理解，我们可以把偏函数与普通函数进行比较。在一个普通函数中，我们可以给指定类型的参数传入任意该类型的值，比如 (Int) -> Unit，可以接收任何 Int 值。而在一个偏函数中，指定类型的参数并不接收任意该类型的值，比如：

```kotlin
fun mustGreaterThan5(x: Int): Boolean {
    if (x > 5) {
        return true
    } else throw Exception("x must be greator than 5")
}
```

```
>>> mustGreaterThan5(6)
true
```

```
>>> mustGreaterThan5(1)
java.lang.Exception: x must be greator than 5
    at Line57.mustGreaterThan5(Unknown Source) // 必须传入大于5的值
```

之所以提到偏函数是因为在一些函数式编程语言中，如 Scala，有一种 PartialFunction 类型，我们可以用它来简化责任链模式的实现。由于 Kotlin 的语言特性足够灵活强大，虽然它的标准库并没有支持 PartialFunction，然而一些开源库（如 funKTionale）已经实现了这个功能。我们来看看如何定义 PartialFunction 类型：

```kotlin
class PartialFunction<in P1, out R>(private val definetAt: (P1) -> Boolean,
    private val f: (P1) -> R) :(P1) -> R {
    override fun invoke(p1: P1): R {
        if(definetAt(p1)) {
            return f(p1)
        } else {
            throw IllegalArgumentException("Value: ($p1) isn't supported by this
                function")
```

```
        }
    }
    fun isDefinedAt(p1: P1) = definetAt(p1)
}
```

现在来分析下 PartialFunction 类的具体作用：

❑ 声明类对象时需接收两个构造参数，其中 definetAt 为校验函数，f 为处理函数；

❑ 当 PartialFunction 类对象执行 invoke 方法时，definetAt 会对输出参数 p1 进行有效性校验；

❑ 如果校验结果通过，则执行 f 函数，同时将 p1 作为参数传递给它；反之则抛出异常。

想必你已经发现，PartialFunction 类可以解决责任链模式中各个环节对于输入的校验及处理逻辑的问题，但是依旧有一个问题需要解决，就是如何将请求在整个链条中进行传递。

接下来我们再利用 Kotlin 的扩展函数给 PartialFunction 类增加一个 orElse 方法。在此之前，我们先注意下这个类中的 isDefinedAt 方法，它其实并没有什么特殊之处，仅仅只是作为拷贝 definetAt 的一个内部方法，为了在 orElse 方法中能够被调用。

```
infix fun <P1, R> PartialFunction<P1, R>.orElse(that: PartialFunction<P1, R>):
    PartialFunction<P1, R> {
    return PartialFunction({ this.isDefinedAt(it) || that.isDefinedAt(it) }) {
        when {
            this.isDefinedAt(it) -> this(it)
            else -> that(it)
        }
    }
}
```

可以看出，在 orElse 方法中可以传入另一个 PartialFunction 类对象 that，它也就是责任链模式中的后继者。当 isDefinedAt 方法执行结果为 false 的时候，那么就调用 that 对象来继续处理申请。

这里用 infix 关键字来让 orElse 成为一个中缀函数，从而让链式调用的语法变得更加直观。

2. 用 orElse 构建责任链

接下来我们就用设计好的 PartialFunction 类及扩展的 orElse 方法，来重新实现一下最开始的例子。首先来看看如何用 PartialFunction 定义 groupLeader 对象：

```
data class ApplyEvent(val money: Int, val title: String)

val groupLeader = {
    val definetAt: (ApplyEvent) -> Boolean = { it.money <= 200 }
    val handler: (ApplyEvent) -> Unit = { println("Group Leader handled application:
        ${it.title}.") }
    PartialFunction(definetAt, handler)
}()
```

这里我们借助了自运行 Lambda 的语法来构建一个 PartialFunction 的对象 groupLeader。definetAt 用于校验申请的经费金额是否在学生会部长可审批的范围之内，handler 函数用来处理通过金额校验后的审批操作。

同理，我们用类似的方法再定义剩下的 president 和 college 对象：

```
val president = {
    val definetAt: (ApplyEvent) -> Boolean = { it.money <= 500 }
    val handler: (ApplyEvent) -> Unit = { println("President handled application:
        ${it.title}.") }
    PartialFunction(definetAt, handler)
}()

val college = {
    val definetAt: (ApplyEvent) -> Boolean = { true }
    val handler: (ApplyEvent) -> Unit = {
        when {
            it.money > 1000 -> println("College: This application is refused.")
            else -> println("College handled application: ${it.title}.")
        }
    }
    PartialFunction(definetAt, handler)
}()
```

最后，我们再用 orElse 来构建一个基于责任链模式和 PartialFunction 类型的中缀表达式 applyChain：

```
val applyChain = groupLeader orElse president orElse college
```

然后我们再运行一个测试用例：

```
>>> applyChain(ApplyEvent(600, "hold a debate match"))
College handled application: hold a debate match.
```

借助 PartialFunction 类的封装，我们不仅大幅度减少了程序的代码量，而且在构建责任链时，可以用 orElse 获得更好的语法表达。

9.2.5　ADT 实现状态模式

我们在第 4 章中介绍了什么是 ADT（代数数据类型），以及如何用它结合模式匹配来抽象业务。ADT 是函数式语言中一种强大的语言特性，这一节我们会继续介绍如何用它来实现**状态模式**。

状态模式与策略模式存在某些相似性，它们都可以实现某种算法、业务逻辑的切换。以下是状态模式的定义：

状态模式允许一个对象在其内部状态改变时改变它的行为，对象看起来似乎修改了它的类。

状态模式具体表现在：

❑ 状态决定行为，对象的行为由它内部的状态决定。

❑ 对象的状态在运行期被改变时，它的行为也会因此而改变。从表面上看，同一个对象，在不同的运行时刻，行为是不一样的，就像是类被修改了一样。

再次与策略模式做比较，你也会发现两种模式之间的不同：策略模式通过在客户端切换不同的策略实现来改变算法；而在状态模式中，**对象通过修改内部的状态来切换不同的行为方法**。

现在我们就来看个饮水机的例子，假设一个饮水机有 3 种工作状态，分别为未启动、制冷模式、制热模式。如果你已经了解了第 4 章的内容，应该会很自然地联想到，可以用密封类来封装一个代表不同饮水机状态的 ADT。

```kotlin
sealed class WaterMachineState(open val machine: WaterMachine) {
    fun turnHeating() {
        if (this !is Heating) {
            println("turn heating")
            machine.state = machine.heating
        } else {
            println("The state is already heating mode.")
        }
    }
    fun turnCooling() {
        if (this !is Cooling) {
            println("turn cooling")
            machine.state = machine.cooling
        } else {
            println("The state is already cooling mode.")
        }
    }
    fun turnOff() {
        if (this !is Off) {
            println("turn off")
            machine.state = machine.off
        } else {
            println("The state is already off.")
        }
    }
}

class Off(override val machine: WaterMachine): WaterMachineState(machine)
class Heating(override val machine: WaterMachine): WaterMachineState(machine)
class Cooling(override val machine: WaterMachine): WaterMachineState(machine)
```

来分析下这段代码：

1）WaterMachineState 是一个密封类，拥有一个构造参数为 WaterMachine 类对象，我们等下再来定义它；

2）在 WaterMachineState 类外部我们分别定义了 Off、Heating、Cooling 来代表饮水机的 3 种不同的工作状态，它们都继承了 WaterMachineState 类的 machine 成员属性及 3 个状态切换的方法；

3）在每个切换状态的方法中，我们通过改变 machine 对象的 state，来实现切换饮水机状态的目的。

接下来我们再来设计下 WaterMachine 类：

```
class WaterMachine {
    var state: WaterMachineState
    val off = Off(this)
    val heating = Heating(this)
    val cooling = Cooling(this)

    init {
        this.state = off
    }
    fun turnHeating() {
        this.state.turnHeating()
    }
    fun turnCooling() {
        this.state.turnCooling()
    }
    fun turnOff() {
        this.state.turnOff()
    }
}
```

WaterMachine 类非常简单，它的内部主要包含了以下成员属性和方法：

❑ 引用可变的 WaterMachineState 类对象 state，用来表示当前饮水机所处的工作状态；

❑ 分别表示 3 种不同状态的成员属性，off、heating、cooling，它们也是 WaterMachineState 类的 3 种子类对象；它们通过传入 this 进行构造，从而实现在 WaterMachineState 状态类内部，改变 WaterMachine 类的 state 引用值；当 WaterMachine 类对象初始化时，state 默认为 off，即饮水机处于未启动状态；

❑ 3 个直接调用的饮水机操作方法，分别执行对应 state 对象的 3 种操作，供客户端调用。

夏天到了，办公室的小伙伴都喜欢喝冷水，早上一来就会把饮水机调整为制冷模式，但 Shaw 有吃泡面的习惯，他想泡面的时候，就会把饮水机变为制热，所以每次他吃了泡面，下一个喝水的同事就需要再切换回制冷。最后要下班了，Kim 就会关闭饮水机的电源。

为了满足以上的需求，我们就可以利用 WaterMachine 类设计一个 waterMachineOps 函数：

```
enum class Moment {
    EARLY_MORNING,  // 早上上班
    DRINKING_WATER, // 日常饮水
```

```
    INSTANCE_NOODLES, // Shaw 吃泡面
    AFTER_WORK        // 下班
}

fun waterMachineOps(machine: WaterMachine, moment: Moment) {
    when(moment) {
        Moment.EARLY_MORNING,
        Moment.DRINKING_WATER -> when(machine.state) {
            !is Cooling -> machine.turnCooling()
        }
        Moment.INSTANCE_NOODLES -> when(machine.state) {
            !is Heating -> machine.turnHeating()
        }
        Moment.AFTER_WORK -> when(machine.state) {
            !is Off -> machine.turnOff()
        }
        else -> Unit
    }
}
```

这个方法很好地处理了不同角色在不同需求场景下，应该对饮水机执行的不同操作。此外，正如我们之前在了解密封类和 when 表达式时所知晓的细节，当用 when 表达式与处理枚举类时，默认的情况必须用 else 进行处理。然而，由于密封类在类型安全上的额外设计，我们在处理 machine 对象的 state 对象时，则不需要考虑这一细节，在语言表达上要简洁得多。

最后，我们来测试下以上的 waterMachineOps 方法：

```
fun main(args: Array<String>) {
    val machine = WaterMachine()
    waterMachineOps(machine, Moment.DRINKING_WATER)
    waterMachineOps(machine, Moment.INSTANCE_NOODLES)
    waterMachineOps(machine, Moment.DRINKING_WATER)
    waterMachineOps(machine, Moment.AFTER_WORK)
}
```

执行结果如下：

```
turn cooling
turn heating
turn cooling
turn off
```

9.3 结构型模式

最后一种设计模式的大类是结构型模式，在对象被创建之后，对象的组成及对象之间的依赖关系就成了我们关注的焦点，这与程序的可维护性息息相关。在这一节中，我们会重点介绍**装饰者模式**，与 Java 中传统的设计方法不同，Kotlin 依靠类委托和扩展的语言特

性，给开发者提供了更多的选择。

9.3.1 装饰者模式：用类委托减少样板代码

在 Java 中，当我们要给一个类扩展行为的时候，通常有两种选择：

❑ 设计一个继承它的子类；

❑ 使用装饰者模式对该类进行装饰，然后对功能进行扩展。

目前为止，我们已经清楚地明白，不是所有场合都适合采用继承的方式来满足类扩展的需求（第 3 章讨论过"里氏替换原则"），所以很多时候装饰者模式成了我们解决此类问题更好的思路。

装饰者模式

　　在不必改变原类文件和使用继承的情况下，动态地扩展一个对象的功能。该模式通过创建一个包装对象，来包裹真实的对象。

总结来说，装饰者模式做的是以下几件事情：

❑ 创建一个装饰类，包含一个需要被装饰类的实例；

❑ 装饰类重写所有被装饰类的方法；

❑ 在装饰类中对需要增强的功能进行扩展。

可以发现，装饰者模式很大的优势在于符合"组合优于继承"的设计原则，规避了某些场景下继承所带来的问题。然而，它有时候也会显得比较啰唆，因为要重写所有的装饰对象方法，所以可能存在大量的样板代码。

在 Kotlin 中，我们可以让装饰者模式的实现变得更加优雅。猜想你已经想到了它的类委托特性，我们可以利用 by 关键字，将装饰类的所有方法委托给一个被装饰的类对象，然后只需覆写需要装饰的方法即可。

下面我们来实现一个具体的例子：

```kotlin
interface MacBook {
    fun getCost(): Int
    fun getDesc(): String
    fun getProdDate(): String
}

class MacBookPro: MacBook {
    override fun getCost() = 10000
    override fun getDesc() = "Macbook Pro"
    override fun getProdDate() = "Late 2011"
}

// 装饰类
class ProcessorUpgradeMacbookPro(val macbook: MacBook) : MacBook by macbook {
    override fun getCost() = macbook.getCost() + 219
```

```
    override fun getDesc() = macbook.getDesc() + ", +1G Memory"
}
```

如代码所示，我们创建一个代表 MacBook Pro 的类，它实现了 MacBook 的接口的 3 个方法，分别表示它的预算、机型信息，以及生产的年份。当你觉得原装 MacBook 的内存配置不够的时候，希望再加入一条 1G 的内存，这时候配置信息和预算方法都会受到影响。

所以通过 Kotlin 的类委托语法，我们实现了一个 ProcessorUpgradeMacbookPro 类，该类会把 MacBook 接口所有的方法都委托给构造参数对象 macbook。因此，我们只需通过覆写的语法来重写需要变更的 cost 和 getDesc 方法。由于生产年份是不会改变的，所以不需重写，ProcessorUpgradeMacbookPro 类会自动调用装饰对象的 getProdDate 方法。

运行一下测试用例：

```
fun main(args: Array<String>) {
    val macBookPro = MacBookPro()
    val processorUpgradeMacbookPro = ProcessorUpgradeMacbookPro(macBookPro)
    println(processorUpgradeMacbookPro.getCost())
    println(processorUpgradeMacbookPro.getDesc())
}
// 运行结果
10219
Macbook Pro, +1G Memory
```

总的来说，Kotlin 通过类委托的方式减少了装饰者模式中的样板代码，否则在不继承 Macbook 类的前提下，我们得创建一个装饰类和被装饰类的公共父抽象类。接下来，我们再来看看 Kotlin 中另一种代替装饰类的实现思路。

9.3.2 通过扩展代替装饰者

我们已经在第 7 章了解到"扩展"这种 Kotlin 中强大的语言特性，它很灵活的应用就是实现特设多态。特设多态可以针对不同的版本实现完全不同的行为，这与装饰者模式不谋而合，因为后者也是给一个特定对象添加额外行为。

在上一节中，我们已经了解了如何用类委托的语法来简化装饰者模式。实际上，在某些场景中，我们可以利用 Kotlin 的扩展语法来代替装饰类实现类似的目的。下面就来看一个具体的例子：

```
class Printer {
    fun drawLine() {
        println("————————")
    }
    fun drawDottedLine() {
        println("- - - - -")
    }
    fun drawStars() {
        println("********")
    }
}
```

这一次，我们定义了一个 Printer 绘图类，它有 3 个画图方法，分别可以绘制实线、虚线及星号线。接下来，我们新增了一个需求，就是希望在每次绘图开始和结束后有一段文字说明，来标记整个绘制的过程。

一种思路是对每个绘图的方法装饰新增的功能，然而这肯定显得冗余，尤其是未来 Printer 类可能新增其他的绘图方法，这不是一种优雅的设计思路。

现在我们来看看用扩展来代替装饰类，提供更好的解决方案：

```
fun Printer.startDraw(decorated: Printer.() -> Unit) {
    println("+++ start drawing +++")
    this.decorated()
    println("+++ end drawing +++")
}
```

你肯定对扩展方法的语法再熟悉不过了，上述代码中我们给 Printer 类扩展了一个 startDraw 方法，它包含一个可执行的 Printer 类方法 decorated，当我们调用 startDraw 时，会在 decorated 方法执行的前后，分别打印一段表明"绘图开始"和"绘图结束"的文字说明。

那么我们再来看看如何使用这个 startDraw 方法：

```
fun main(args: Array<String>) {
    Printer().run {
        startDraw {
            drawLine()
        }
        startDraw {
            drawDottedLine()
        }
        startDraw {
            drawStars()
        }
    }
}
```

还记得前面介绍的 run 方法吗？它接收一个 lambda 函数为参数，以闭包形式返回，返回值为最后一行的值或者指定的 return 的表达式。结合 run 的语法，我们就可以比较优雅地实现我们的需求。

以上测试结果如下：

```
+++ start drawing +++
———————————
+++ end drawing +++
+++ start drawing +++
- - - - -
+++ end drawing +++
+++ start drawing +++
********
+++ end drawing +++
```

9.4 本章小结

（1）改造工厂模式

Kotlin 的 object 是天生的单例，同时通过伴生对象的语法来创建更加简洁的工厂模式，以及静态工厂方法。此外，由于伴生对象也支持扩展，这使得 Kotlin 中改造后的工厂模式比 Java 中的更加灵活强大。

（2）内联函数简化抽象工厂

内联函数的一大奇特之处在于可以获取具体的参数类型，这一特性在实现抽象工厂的场景中大放光彩，我们终于可以用类似创建一个泛型类对象的方式，来构建一个抽象工厂具体对象。

（3）弱化构建者模式的使用

构建者模式的本质在于模拟了具名的可选参数，就像 Ada 和 Python 中的一样。幸运的是，Kotlin 也是这样一门拥有具名可选参数的编程语言。因此，在用 Kotlin 设计程序时，我们很少会使用构建者模式，而是直接利用类的原生特性来规避构造参数过长的问题。同时，我们还可以利用类原生的 require 方法对参数的值进行约束。

（4）用委托属性实现观察者模式

Kotlin 的标准库中直接支持了 observable 这一委托属性，这使其在实现观察者模式的时候相比 Java 要更加容易和方便。

（5）高阶函数简化设计模式

由于 Kotlin 支持高阶函数的语法，这给它在实现策略模式及模板方法模式时带来了便利。在策略模式中，我们可以用高阶函数来抽象算法，在模板方法模式中，可以直接利用高阶函数的特性来代替继承实现类似的效果。

（6）重载 iterator 方法

Kotlin 支持运算符重载功能，我们可以利用 operator 关键词来重载 iterator 方法，这个巧妙的特性可以替代传统 Java 中依赖 Iterator 接口的设计。同时，结合扩展函数的语法，我们可以实现更简洁、更加强大的迭代器模式。

（7）偏函数实现责任链模式

Kotlin 的语法使其能够构建一套基于偏函数的责任链模式语法，通过中缀表达式的形式，结合 orElse 方法，我们可以在调用责任链的时候更加直观优雅。

（8）ADT 实现状态模式

我们曾用了一章的篇幅来介绍什么是 ADT（代数数据类型），以及如何用它结合模式匹配来抽象业务。ADT 是函数式语言中一种强大的语言特性，利用它实现状态模式是一个很好的优势体现。

（9）装饰者模式实现新思路

相比 Java，Kotlin 在实现装饰者模式上有更多的选择。依靠类委托的语法，我们可以避免大量的样板代码。此外某些场景下，通过扩展来代替装饰类是更好的选择。

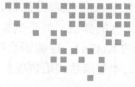

第 10 章 *Chapter 10*

函数式编程

迄今为止，你已经领略了 Kotlin 新增的函数式语言特性，以及如何改变熟悉的 Java 开发工作。在前一章中，我们展示了怎样利用 Kotlin 的新特性，去尝试改良传统经典的设计模式，也讨论了不一样的模式设计思路，给程序开发提供一种新的选择。

本章我们会深入"函数式编程"这个话题本身。在第 1 章中，我们介绍了 Kotlin 是一门集成面向对象与函数式的多范式语言，但它并没有像 Scala 那样彻底拥抱函数式编程。相对地，Kotlin 仅是克制地采纳了部分基础的函数式语言特性，如高阶函数、（部分）模式匹配的能力等。究其原因，是因为高度函数式化的编程方式是一种截然不同的思维，这与 Kotlin 的设计哲学相悖，因为它的定位是成为一门"更好的 Java 语言"。

另一方面，本书的第 3 部分的定位是"Kotlin 探索"。探索则意味着我们可以打破边界，去思考 Kotlin 语言特性的能力上限。尽管 Kotlin 并没有直接支持函数式语言的某些高级特性，如 Typeclass、高阶类型，但它的扩展却是一种非常强大的语言特性，利用它我们同样可以实现函数式编程中一些高级的数据结构和结构转换功能。

在本章接下来的内容中，我们将深入探索什么是函数式编程，以及函数式编程的优势。需要注意的是，如果你之前完全没有函数式编程的相关经验，在阅读本章内容的时候可能会显得吃力，建议结合其他函数式相关的书籍进行阅读，比如《 Learn You a Haskell for Great Good! 》。

10.1 函数式编程的特征

在开始之前，我们先来看看函数式编程的概念。定义"函数式编程"不是一件容易的事情，因为业界对于所谓的"函数式编程"有着不同的标准。如果你细心观察，肯定会发现函数式编程已经变得越来越流行，这里所指的语言并不是古老的 Haskell、ML 或 Lisp，它们是函数式语言的鼻祖，而是更加现代化的编程语言如 Scala、Clojure、JavaScript（包括我们正在讨论的 Kotlin），这些语言都在某种程度上宣称过自己是一门函数式的编程语言。那么，到底什么才是函数式语言呢？

10.1.1　函数式语言之争

其实，我们可以从狭义和广义两个方面去解读所谓的函数式语言。所谓狭义的函数式语言，有着非常简单且严格的语言标准，即只通过纯函数进行编程，不允许有副作用。这是以 Haskell 为代表的纯函数式语言所理解的函数式编程，你会发现在狭义的函数式语言中进行编程，纯函数就像是数学中函数一样，给它同样的输入，会有相同的输出，因此程序也非常适合推理，我们会稍后介绍函数式编程中这一非常棒的特性。

然而，纯函数式的编程语言也有着一些明显的劣势，典型的就是绝对的无副作用，以及所有的数据结构都是不可变的。这使得它在设计一些如今我们认为非常简单的程序的时候，也变得十分麻烦，如实现一个随机数函数。因此，站在纯函数式语言肩膀上发展过来的更现代化的编程语言，如 Scala 和 Kotlin，都允许了可变数据的存在，我们仍然可以在程序代码中拥有"状态"。此外，它们也都继承了 Java 中面向对象的特性。因此，在纯函数式语言的信徒看来，Scala、Kotlin 这些语言并不能称为真正意义上的函数式语言。

同时，也有很多人对此并不赞同。在他们看来，所谓函数式编程语言，不应该只是严格的刻板标准，它应该根据需求的变化而发展。Scala 的作者马丁就针对"函数式语言之争"的话题，发表过一篇文章来阐明类似的观点。在他看来，Scala 这种拥有更多语言特性选择的编程语言，是一种"后函数式"的编程语言，即它在几乎拥有所有函数式编程语言特性的同时，又符合了编程语言发展的趋势。从广义上看，任何"以函数为中心进行编程"的语言都可称为函数式编程。在这些编程语言中，我们可以在任何位置定义函数，同时也可以将函数作为值进行传递。

因此，广义的函数式编程语言并不需要强调函数是否都是"纯"的，我们来列举一些最常见的函数式语言特性：

- ❑ 函数是头等公民；
- ❑ 方便的闭包语法；
- ❑ 递归式构造列表（list comprehension）；
- ❑ 柯里化的函数；
- ❑ 惰性求值；
- ❑ 模式匹配；
- ❑ 尾递归优化。

如果是支持静态类型的函数式语言，那么它们还可能支持：

- ❑ 强大的泛型能力，包括高阶类型；

❑ Typeclass；

❑ 类型推导。

Kotlin 支持以上具有代表性的函数式语言特性列表中的绝大多数，因此它可以被称为广义上的函数式语言。在用 Kotlin 编程时，我们经常可以利用函数式的特性来设计程序。

读到这，相信你已经不会再纠结"到底什么才是函数式编程"这个问题本身，本章介绍的函数式编程也并不是唯一精准的定义。由于如今现代化编程语言中的函数式思想，几乎都可以追溯到纯函数式的编程语言，如 Haskell，因此本章接下来所探讨的函数式编程，主要是围绕狭义上的函数式语言的思想进行讨论，即仅通过纯函数来设计程序。

10.1.2　纯函数与引用透明性

在第 2 章我们已经介绍过什么是"副作用"。结合实际生活场景进行理解，我们在药品的说明书上可能会看到标明"副作用"的字眼，意为该药品除了发挥主要的药效以外，还会产生额外的不良反应。编程中的副作用也是类似的道理，一个带有副作用的函数的不良反应会让程序变得危险，也可能让代码变得难以测试。在了解"纯函数"之前，我们先来看一个带有副作用的程序设计。

```kotlin
sealed class Format
data class Print(val text: String): Format()
object Newline: Format()

val string = listOf<Format>(Print("Hello"), Newline, Print("Kotlin"))

fun unsafeInterpreter(str: List<Format>) {
    str.forEach {
        when(it) {
            is Print -> print(it.text)
            is Newline -> println()
        }
    }
}
```

我们创建一个名为 unsafeInterpreter 函数来将一个 Format 类对象的列表格式化为普通的字符串。虽然是很简单的功能，但如果我们仔细思考，这个函数会由于引入了副作用而导致一些问题：

1）**缺乏可测试性**。开发中我们经常需要写单元测试，当我们希望对 unsafeInterpreter 函数的代码逻辑进行测试时，可能你会说：没什么问题呀，虽然并没有采用类似 assert 断言，但打印结果不是很好地反映了格式转化的正确性吗？再换个角度思考，如果改天我们写了另一个类似的方法，内部的副作用不是 print，而是写入数据库的方法，那么这是否会让我们的测试工作变得异常烦琐？

2）**难以被组合复用**。因为 unsafeInterpreter 函数内部混杂了副作用及字符串格式转化的逻辑，当我们想对转化后的结果进行复用时，就会产生很大问题。试想下，如果这里不是打印操作，而是一个持久化到数据库中的操作，显然它就不能被当作转化字符串的功能方法来使用。

接下来，我们看看如何利用纯函数来解决这些问题。

1. 纯函数消除副作用

所谓 "纯函数"，首先它典型的特征就是没有副作用。在解释纯函数之前，我们先来写一个上述例子的纯函数版本：

```kotlin
fun stringInterpreter(str: List<Format>) = str.fold("") { fullText, s ->
    when(s) {
        is Print -> fullText + s.text
        is Newline -> fullText + "\n"
    }
}
```

这里我们使用 fold 实现了一个 stringInterpreter 函数，它会返回格式化结果的字符串值（如果你还不熟悉 fold 方法的使用，可以阅读 6.2 节）。可以看出，在消除了副作用之后，不管是在测试性还是代码的可复用性上都得到了很好的提升。

stringInterpreter 是一个典型的纯函数，我们会发现，只要传递给它的参数一致，每次我们都可以获得相同的返回结果值。下面我们来探究下关于纯函数更具体的定义。

2. 基本法则：具有引用透明性

我们说过，编程中的纯函数十分接近于数学中的函数，因此它的评判标准也是来源于数学中的一个基本原则，那就是需要具备引用透明性。

关于引用透明性，我们不打算深究它在数学中的精确定义，你可以把这一原则简单地理解为：一个表达式在程序中可以被它等价的值替换，而不影响结果。当谈论一个具体的函数时，如果它具备引用透明性，只要它的输入相同，对应的计算结果也会相同。

这里的 "计算结果" 非常耐人寻味，它到底指的是什么？在上述例子中，我们发现纯函数每次返回的结果值都是相同的。然而，在 unsafeInterpreter 函数中，它的返回结果值都是 Unit，我们也可以看成相同的结果值，但它是有副作用的，因此，"计算结果" 不仅针对返回结果值。假使一个函数具备引用透明性，那么它内部的行为不会改变外部的状态。如 unsafeInterpreter 中的 print 操作，每次执行都会在控制台打印信息，所以具有副作用行为的函数也违背了引用透明性原则。

当我们尽量遵循引用透明性原则去编写程序的时候，我们就具备了函数式编程的基础。正如本书中好几处所探讨的观点，避免副作用可以让程序代码变得更加安全可靠，利于测试，同时也易于组合。这些特点构成了函数式编程的一个非常大的优点，就是近似于数学中的等式推理。

3. 纯函数与局部可变性

现在我们已经非常清楚的一点是，函数式编程倡导我们使用纯函数来编程，促进这一过程的一大语言特性就是不可变性。关于不可变性，我们在第 2 章中就做过详细的介绍，它能够有效帮我们尽可能地避免副作用的发生。

这时候，另一个有趣的话题出现了——纯函数，或者说引用透明性是否就意味着我们不能使用任何可变的变量呢？更具体地说，我们就必须在函数式编程中放弃用 var 来声明变量吗？

举个非常简单的例子：

```
fun foo(x: Int): Int {
    var y = 0;
    y = y + x;
    return y;
}
```

这个例子中，即使我们在 foo 函数内部定义了可变的变量 y，当我们传入相同的 x 参数值时，计算结果依旧相同，所以它完全可以说是引用透明性的，也是一个纯函数。

因此，当我们谈论引用透明性的时候，需要结合上下文来解读。foo 函数具备局部可变性，但当它被外部执行调用的时候，函数整体会被看成一个黑盒，程序依旧符合引用透明性。

关于副作用

当我们讨论副作用时，需要将话题限定在一定的抽象层次，因为没有绝对的"无副作用"。即使是纯函数，也会使用内存，占用 CPU。

正如第 2 章我们讨论过的推荐使用 var 的场景，局部可变性有时候能够让我们的程序设计变得更加自然，性能更好。所以，函数式编程并不意味着拒绝可变性，相反，合理地结合可变性和不可变性，能够发挥更好的作用。

纯函数的局限性

虽然纯函数绝大多数场景都利于我们的程序设计，但也有其不胜任的时候。试想下常见的随机数函数（random），它们每一次调用都没有参数，但每次输出的随机数都是不同的。可以看出，随机数函数并不是"纯函数"。

10.1.3　代换模型与惰性求值

我们来看一段符合引用透明性的代码：

```
fun f1(x: Int, y: Int) = x
fun f2(x: Int): Int = f2(x)
>>> f1(1, f2(2))
```

你看了可能相当气愤，因为这是一段自杀式的代码，如果我们执行了它，那么 f2 必然被不断调用，从而导致 eval to bottom，产生死循环。

一个尴尬的事实是，纯函数所谓"相同的计算结果"还可以是死循环。

这时候，一个会 Haskell 的程序员路过，花了 10 秒将其翻译成以下的版本：

```
f1 :: Int -> Int -> Int
f1 x y = x
f2 :: Int -> Int
f2 x = f2 x
```

奇怪的是，用 Haskell 写的这个版本竟然成功返回了结果 1。这到底是怎么回事呢？

1. 应用序与正则序

也许你至今未曾思考过这个问题：编程语言中的表达式求值策略是怎样的？其实，编程语言中存在两种不同的代换模型：应用序和正则序。大部分我们熟悉的语言如 Kotlin、C、Java 是"应用序"语言，当要执行一个过程时，就会对过程参数进行求值，这也是上述 Kotlin 代码导致死循环的原因：当我们调用 f1(1, f2(2)) 的时候，程序会先对 f2(2) 进行求值，从而不断地调用 f2 函数。

然而，Haskell 采用了不一样的逻辑，它会延迟对过程参数的求值，直到确实需要用到它的时候，才进行计算，这就是所谓的"正则序"，是一个惰性求值的过程。当我们调用 f1 1(f2 2) 后，由于 f1 的过程中压根不需要用到 y，所以它就不会对 f2 2 进行求值，直接返回 x 值，也就是 1。

2. 惰性求值

Haskell 是默认采用惰性求值的语言，在 Kotlin 和其他一些语言中（如 Scala 和 Swift），我们也可以利用 lazy 关键字来声明惰性的变量和函数。惰性求值可以带来很多优势，如"无限长的列表结构"。当然，它也会制造一些麻烦，比如它会让程序求值模型变得更加复杂，滥用惰性求值也会导致效率下降。

这里我们主要探究惰性求值是如何实现的。在 Haskell 中，惰性求值主要是靠 Thunk 这种机制来实现的。

为了更好地理解它，我们来模拟实现 Thunk 的过程。要理解 Thunk 其实很容易，比如针对 println 函数，它是一个非纯函数，我们就可以如此改造，让它变得"lazy"：

```
fun lazyPrintln(msg: String) = { println(msg) }
```

如此，当我们的程序调用 lazyPrintln("I am a IO operation.") 的时候，它仅仅只是返回一个可以进行 println 的函数，它是惰性的，也是可替代的。这样，我们就可以在程序中将这些 IO 操作进行组合，最后再执行它们。我们会在 10.3 节中利用类似的思路来组合业务中的副作用。

10.2 实现 Typeclass

通过 10.1 节的介绍我们发现，函数式是一种更加抽象的编程思维方式，它所做的事情就是高度抽象业务对象，然后对其进行组合。

谈及抽象，你在 Java 中会经常接触到一阶的参数多态，这也是我们所熟悉的泛型。利用泛型多态，在很大程度上可以减少大量相同的代码。然而，当我们需要更高阶的抽象的时候，泛型也避免不了代码冗余。如你所知，标准库中的 List、Set 等都实现了 Iterable 接口，它们都有相同的方法，如 filter、remove。现在我们来尝试通过泛型设计 Iterable：

```
interface Iterable<T> {
    fun filter(p: (T) -> Boolean): Iterable<T>
    fun remove(p: (T) -> Boolean): Iterable<T> = filter { x -> !p(x) }
}
```

当我们用 List 去实现 Iterable 时，由于 filter、remove 方法需要返回具体的容器类型，你需要重新实现这些方法：

```
interface List<T>: Iterable<T> {
    override fun filter(p: (T) -> Boolean): List<T>
    override fun remove(p: (T) -> Boolean): List<T> = filter { x -> !p(x) }
}
```

相同的道理，Set 也需要重新实现 filter 和 remove 方法：

```
interface Set<T>: Iterable<T> {
    override fun filter(p: (T) -> Boolean): Set<T>
    override fun remove(p: (T) -> Boolean): Set<T> = filter { x -> !p(x) }
}
```

如上所示，这种利用一阶参数多态的技术依旧存在代码冗余。现在我们停下来想一想，假使类型也能像函数一样支持高阶，也就是可以通过类型来创造新的类型，那么多阶类型就可以上升到更高的抽象，从而进一步消除冗余的代码，这便是我们接下来要谈论的高阶类型（higher-order kind）。

10.2.1　高阶类型：用类型构造新类型

要理解高阶类型，我们需要先了解什么是"类型构造器（type constructor）"。谈到构造器，你应该非常熟悉所谓的"值构造器（value constructor）"。

很多情况下，值构造器可以是一个函数，我们可以给一个函数传递一个值参数，从而构造出一个新的值。如下所示：

```
(x: Int) -> x
```

如果是类型构造器，就可以传递一个类型变量，然后构造出一个新的类型。比如 List[T]，当我们传入 Int 时，就可以构造出 List[Int] 类型。

在上述例子中，值构造函数的返回结果 x 是具体的值，List[T] 传入类型变量后，也是具体的类型（如 List[Int]）。当我们讨论"一阶"概念的时候，具体的值或信息就是构造的结果。因此，我们可以进一步做如下推导。

❑ 一阶值构造器：通过传入一个具体的值，然后构造出另一个具体的值。

❑ 一阶类型构造器：通过传入一个具体的类型变量，然而构造出另一个具体的类型。

在理解了上述的概念之后，高阶函数就更好理解了。它突破了一阶值构造器，可以支持传入一个值构造器，或者返回另一个值构造器。如：

```
{ x: (Int) -> Int -> x(1) }
{ x: Int -> {y: Int -> x + y} }
```

同样的道理，高阶类型可以支持传入构造器变量，或构造出另一个类型构造器。如在最开始的例子中，假设 Kotlin 支持高阶类型的语法，我们可以定义一种类型构造器 Container，然后将其作为另一个类型构造器 Interable 的类型变量：

```
interface Iterable<T, Container<X>>
```

然后，我们再用这种假设的语言特性重新实现 List、Set，这时会惊喜地发现冗余的代码消失了。

```
interface Iterable<T, Container<X>> {
    fun filter(p: (T) -> Boolean): Container<T>
    fun remove(p: (T) -> Boolean): Container<T> = filter { x -> !p(x) }
}

interface List<T>: Iterable<T, List>
interface Set<T>: Iterable<T, Set>
```

为了避免误导，这里再次声明，Kotlin 当前并不支持以上语法。但如果 Kotlin 支持高阶类型，那么就可以写出更加抽象和强大的代码。

10.2.2　高阶类型和 Typeclass

相信你已经有点感觉到高阶类型的强大之处了，但也可能心生疑惑：高阶类型固然不错，但是 Kotlin 并不支持它，那么又有什么意义呢？

事实上，在 Haskell 中高阶类型的特性天然催生了这门语言中一项非常强大的语言特性——Typeclass。在本章接下来的内容中，我们将利用 Kotlin 扩展的语法，来代替高阶类型实现这一特性。然而，在这之前，我们先用 Scala 这门语言，来实现一个很常见的 Typeclass 例子：Functor（函子）。继而理解到底什么是 Typeclass。

函子：高阶类型之间的映射。

当你第一次接触到"函子"这个概念的时候，可能会有点怵，因为函数式编程非常近似数学，更准确地说，函数式编程思想的背后理论，是一套被叫作范畴论的学科。

关于范畴论

　　范畴论是抽象地处理数学结构以及结构之间联系的一门数学理论，以抽象的方法来处理数学概念，将这些概念形式化成一组组"物件"及"态射"。

　　然而，你千万不要被这些术语吓到。因为本质上它们是非常容易理解的东西。我们先来看看上面提到的"映射"，你肯定在学习集合论的时候遇到过它。在编程中，函数其实就可以看成具体类型之间的映射关系。那么，当我们来理解函子的时候，其实只要将其看成高阶类型的参数类型之间的映射，就很容易理解了。

　　下面我们来用 Scala 定义一个高阶类型 Functor：

```
trait Functor[F[_]] {
    def fmap[A, B](fa: F[A], f: A => B): F[B]
}
```

　　现在来分析下 Functor 的实现：

　　1）Scala 的 trait 近似于 Kotlin 中的 interface，因为它支持高阶类型，所以 Functor 支持传入类型变量 F，这也是一个高阶类型。

　　2）Functor 中实现了一个 fmap 方法，它接收一个类型为 F[A] 的参数变量 fa，以及一个函数 f，通过它我们可以把 fa 中的元素类型 A 映射为 B，即 fmap 方法返回的结果类型为 F[B]。

　　如果你仔细思考，会发现 Functor 的应用非常广泛。举个例子，我们希望将一个 List[Int] 中的元素都转化为字符串。下面我们就来看看在 Scala 中，如何让 List[T] 集成 Functor 的功能：

```
implicit val listFunctor = new Functor[List] {
    def fmap(fa: List[A])(f: A => B) = fa.map(f)
}
```

10.2.3　用扩展方法实现 Typeclass

　　Kotlin 不支持高阶类型，像上面例子 Functor[F[_]] 中的 F[_]，在 Kotlin 中并没有与之对应的概念。庆幸的是 Jeremy Yallop 和 Leo White 曾经在论文《Lightweight higher-kinded polymorphism》中阐述了一种模拟高阶类型的方法。我们仍旧以 Functor 为例，来看看这种方法是如何模拟出高阶类型的。

```
interface Kind<out F, out A>

interface Functor<F> {
    fun <A, B> Kind<F, A>.map(f: (A) -> B): Kind<F, B>
}
```

　　首先，我们定义了类型 Kind<out F, out A> 来表示类型构造器 F 应用类型参数 A 产生的类型，当然 F 实际上并不能携带类型参数。

　　接下来，我们看看这个高阶类型如何应用到具体类型中。为此我们自定义了 List 类型，如下：

```
sealed class List<out A> : Kind<List.K, A> {
    object K
}
```

```
object Nil : List<Nothing>()
data class Cons<A>(val head: A, val tail: List<A>) : List<A>()
```

List 由两个状态构成，一个是 Nil 代表空的列表，另一个是 Cons 表示由 head 和 tail 连接而成的列表。

注意到，List 实现了 Kind<List.K, A>，代入上面 Kind 的定义，我们得到 List<A> 是类型构造器 List.K 应用类型参数 A 之后得到的类型。由此我们就可以用 List.K 代表 List 这个高阶类型。

回到 Functor 的例子，我们很容易设计 List 的 Functor 实例：

```
@Suppress("UNCHECKED_CAST", "NOTHING_TO_INLINE")
inline fun <A> Kind<List.K, A>.unwrap(): List<A> =
        this as List<A>

object ListFunctor: Functor<List.K> {
    override fun <A, B> Kind<List.K, A>.map(f: (A) -> B): Kind<List.K, B>  {
        return when (this) {
            is Cons -> {
                val t = this.tail.map(f).unwrap()
                Cons<B>(f(this.head), t)
            }
            else -> Nil
        }
    }
}
```

如上面例子所示，我们就构造出了 List 类型的 Functor 实例。现在还差最后的关键一步：如何使用这个实例。

众所周知，Kotlin 无法将 object 内部的扩展方法直接导入进来，也就是说以下的代码是不行的：

```
import ListFunctor.*

Cons(1, Nil).map{ it + 1}
```

我们没法直接导入定义在 object 里的扩展方法直接 import，庆幸的是，Kotlin 中的 receiver 机制可以将 object 中的成员引入作用域，所以我们只需要使用 run 函数，就可以使用这个实例了。

```
ListFunctor.run {
    Cons(1, Nil).map { it + 1 }
}
```

10.2.4　Typeclass 设计常见功能

现在你已经了解了在 Kotlin 中如何模拟实现 Typeclass，我们来总结下具体做法：
❑ 利用类型的扩展语法定义通用的 Typeclass 接口；

❑ 通过 object 定义具体类型的 Typeclass 实例;

❑ 在实例 run 函数的闭包中,目标类型的对象或值随之支持了相应的 Typeclass 的功能。

在这一节中,我们将利用这些方法来实现几个常见的功能。

1. Eq

首先,我们来设计一个名为 Eq 的 Typeclass,只要为一种类型定义一个 Eq 的 Typeclass 实例,就可以在实例 run 函数中对该类型的对象或值进行判等操作。根据以上总结的实现 Typeclass 的方法,我们可以很容易地定义 Eq:

```
interface Eq<F> {
    fun F.eq(that: F): Boolean
}
```

Eq 接口非常简单。接下来我们来看看如何应用这个 Typeclass。先以最常见的 Int 类型为例:

```
object IntEq : Eq<Int> {
    override fun Int.eq(that: Int): Boolean {
        return this == that
    }
}
```

现在你就可以利用 IntEq 来对整型的值进行判等了。来测试一下:

```
IntEq.run {
    val a = 1
    println(a.eq(1))
    println(a.eq(2))
}
// 运行结果
true
false
```

我们再来增加挑战的难度,看看如何用 Eq 来支持高阶类型。在之前的 Functor 小节中,我们自定义了一个 List 类型,下面同样以 Kind<List.K, A> 为例,来实现一个 ListEq 的 Typeclass。

```
abstract class ListEq<A>(val a: Eq<A>) : Eq<Kind<List.K, A>> {
    override fun Kind<List.K, A>.eq(that: Kind<List.K, A>): Boolean {
        val curr = this
        return if (curr is Cons && that is Cons) {
            val headEq = a.run {
                curr.head.eq(that.head)
            }
            if (headEq) curr.tail.eq(that.tail) else false
        } else if (curr is Nil && that is Nil) {
            true
        } else false
    }
}
```

ListEq 是一个抽象类，它接收一个类型为 Eq<A> 的构造参数 a，即一个 Eq 的实例。由于要模拟支持高阶类型的效果，ListEq 又实现了 Eq<Kind<List.K, A>>。当为 Kind<List.K, A> 类型扩展 eq 方法的时候，我们就可以在它的内部实现中调用 a 的 eq 方法了。

显然，ListEq 比单纯的 Eq 前进了一大步。接下来，我们来展示如何用它支持 List 类型的判等操作。

```
object IntListEq : ListEq<Int>(IntEq)

IntListEq.run {
    val a = Cons(1, Cons(2, Nil))
    println(a.eq(Cons(1, Cons(2, Nil))))
    println(a.eq(Cons(1, Nil)))
}
// 运行结果
true
false
```

2. Show 和 Foldable

第二个要实现的 Typeclass 同样常见，相信你已经非常熟悉如何在 Java 中给某个类实现一个 toString 的方法。现在我们通过设计一个叫作 Show 的 Typeclass，来实现类似的功能。

```
interface Show<F> {
    fun F.show(): String
}
```

假设现在有一个 Book 类，然后我们定义一个 BookShow 的 Typeclass 实例：

```
class Book(val name: String)

object BookShow : Show<Book> {
    override fun Book.show(): String = this.name
}
```

测试一下：

```
BookShow.run {
    println(Book("Dive Into Kotlin").show())
}
// 运行结果
Dive Into Kotlin
```

那么，如何让 List 类型像以上 Eq 一样也支持 Show 的操作呢？这次可能不太乐观，因为与 Eq 不同，List 的打印结果需要将元素的打印结果都拼装起来，也就是说我们需要再对 List 类型增加一个类似 fold 的操作。

因此，在实现 List 支持 Show 功能之前，我们先来设计另外一个支持高阶类型效果的 Foldable。在本章的后面部分，这个 Typeclass 将依旧扮演非常重要的作用。

```
interface Foldable<F> {
```

```
        fun <A, B> Kind<F, A>.fold(init: B): ((B, A) -> B) -> B
}
```

然后，创建一个 **ListFoldable** 的实例：

```
@Suppress("UNCHECKED_CAST", "NOTHING_TO_INLINE")
inline fun <A> Kind<List.K, A>.unwrap(): List<A> =
        this as List<A>

object ListFoldable: Foldable<List.K> {
    override fun <A, B> Kind<List.K, A>.fold(init: B): ((B, A) -> B) -> B = { f ->
        fun fold0(l: List<A>, v: B): B {
            return when (l) {
                is Cons -> {
                    fold0(l.tail, f(v, l.head))
                }
                else -> v
            }
        }
        fold0(this.unwrap(), init)
    }
}
```

Foldable 为 Kind<List.K, A> 类型扩展了 fold 操作，在有了它之后，我们就可以开始实现 **ListShow** 了。**ListShow** 的设计思路与 **ListEq** 相似，只是我们需要 **Foldable** 的额外帮助。

```
abstract class ListShow<A>(val a: Show<A>) : Show<Kind<List.K, A>> {
    override fun Kind<List.K, A>.show(): String {
        val fa = this
        return "[" + ListFoldable.run {
            fa.fold(listOf<String>())({ r, i ->
                r + a.run { i.show() }
            }).joinToString() + "]"
        }
    }
}
```

如上，我们实现了与 **ListEq** 类似的一个抽象类 **ListShow**。同样，接着声明具体的 **BookListShow**：

```
object BookListShow : ListShow<Book>(BookShow)
```

最后，我们测试下 **BookListShow**：

```
BookListShow.run {
    println(
        Cons(
            Book("Dive into Kotlin"),
            Cons(Book("Thinking in Java"), Nil)
        ).show()
    )
}
```

```
// 运行结果
[Dive into Kotlin, Thinking in Java]
```

10.3　函数式通用结构设计

在上一节中我们介绍了如何在 Kotlin 中模拟 Typeclass，并且实现了 Eq 和 Show。也许你会感觉其中采用的方法烦琐，因为针对这些简单的功能，我们完全可以直接采用 Kotlin 的扩展来实现，非常方便。

确实，Kotlin 中的扩展是很奇特的功能，我们在第 7 章中专门探讨过它的强大之处。然而 Typeclass 这种多态的技术也十分适合函数式编程，例如我们在实现 Show 的时候，引入了另外一个 Foldable。Typeclass 之间的组合使得用它们进行程序设计非常灵活且低耦合。

在本节中，你会进一步了解到 Typeclass 的强大作用，我们会用它来构建函数式编程中一些更加通用的结构。也许你早已听说过 Monad，却在理解它时感觉一头雾水，从而对函数式编程望而却步。我们曾经说过，所谓函数式编程其实是个很宽泛的概念，所以即使没有 Monad，我们依然可以进行某种程度上的函数式编程。然而，Monad 也的确是这种编程范式中最通用的抽象结构，利用它你可以运用组合的思想来抽象绝大部分的事物。

因此，我们有必要在本章的后半部分介绍下 Monad，以及如何在 Kotlin 中模拟实现它。那么到底什么是 Monad 呢？一个非常有名的解读来自于 Phillip Wadler：

Monad 无非就是个自函子范畴上的幺半群。

是不是感觉很迷惑？不急，在理解 Monad 之前，我们先来看看所谓的幺半群吧，它也被称为 Monoid。

10.3.1　Monoid

在第 4 章中我们曾引入数学中"代数"的概念来解释什么是代数数据类型。提到 Monoid，一方面，它其实是一个很简单的 Typeclass；另一方面，Monoid 这个术语也被用来描述某一种代数，这类代数遵循了 Monoid 法则，即结合律和同一律。

1. 什么是 Monoid

现在我们终于体会到了编程和数学这门学科之间的紧密联系。如同结合律、同一律是非常基础的数学法则，一个 Monoid 也是非常容易理解的概念。它由以下几部分组成：

❑ 一个抽象类型 A；

❑ 一个满足结合律的二元操作 append，接收任何两个 A 类型的参数，然后返回一个 A 类型的结果；

❑ 一个单位元 zero，它同样也是 A 类型的一个值。

下面来具体看看 monoid 如何满足两个数学法则：

❑ **结合律**。append(a, append(b, c)) == append(append(a, b), c)，这个等式对于任何 A 类型的值（a、b、c）均成立。

❑ **同一律**。append(a, zero) == a 或 append(zero, a) == a，单位元 zero 与任何 A 类型的值（a）的 append 操作，结果都等于 a。

我们再用 Kotlin 来表达下 Monoid 这个数据类型，它是一个新的 Typeclass：

```
interface Monoid<A> {
    fun zero(): A
    fun A.append(b: A): A
}
```

现在我们来思考下能用 Monoid 这个抽象类型做什么。相信你已经想到了字符串拼装的操作，它是一个典型的符合 Monoid 法则的具体例子：

❑ 抽象类型 A 具体化为 String；

❑ 任何 3 个字符串的拼接操作满足结合律，如：("Dive " + "into ") + "Kotlin" == "Dive " + ("into " + "Kotlin")；

❑ 单位元 zero 为空字符串，即 zero = ""。

下面我们就来创建具体的 Monoid 实例 stringConcatMonoid：

```
object stringConcatMonoid: Monoid<String> {
    override fun String.append(b: String): String = this + b
    override fun zero(): String = ""
}
```

好了，定义 stringConcatMonoid 的过程丝毫没有难度。那么这样做到底有什么用呢？

2. Monoid 和折叠列表

我们说过，Monoid 是一种通用的数据结构，这意味着我们可以利用它来编写通用的代码。如果你只是单纯看 Monoid 的定义，其实非常简单。然而当它与列表结构联系在一起时，就可以发挥很大的作用。

假设我们现在想要对前文定义的 List 类型扩展一个 sum 方法，该方法支持使用者指定一种二元操作，可以对列表的元素进行操作。很快你可能就会联想到之前的 ListFoldable，显然这是一个典型的 fold 操作：

```
fun <A> List<A>.sum(ma: Monoid<A>): A {
    val fa = this
    return ListFoldable.run {
        fa.fold(ma.zero())({ s, i ->
            ma.run {
                s.append(i)
            }
        })
    }
}
```

你应该注意到，sum 方法接收了一个 Monoid<A> 类型的参数 ma，现在是不是一下子就明白了？ Monoid 这种抽象结构非常适合 fold 这种折叠操作。

下面我们再来回顾下 Kotlin 集合库中对 fold 相关方法的定义：

```
inline fun <T, R> Iterable<T>.fold(
    initial: R,
    operation: (acc: R, T) -> R
): R
```

果然，fold 方法接收的两个参数 initial 和 operation 恰好对应了 Monoid<A> 中的 zero 单位元和 append 操作。现在，我们可以用 stringConcatMonoid 来做点什么了：

```
println(
    Cons(
    "Dive ",
        Cons(
        "into ",
        Cons("Kotlin", Nil)
        )
    ).sum(stringConcatMonoid)
)
// 运行结果
Dive into Kotlin
```

除了字符串拼装之外，我们还可以找到其他很多同样适合使用 Monoid 法则的操作，比如加法。当然，这些例子也比较简单，其实你可以利用 Monoid 来抽象更加复杂的业务。然而由于篇幅有限，本书不再举例，你可以自己尝试。

10.3.2　Monad

本节我们将介绍 Monad，这是函数式编程中最通用的数据结构。在介绍它之前，我们先来回味下 Monoid，它很好地展现了函数式编程的特点。

实际上，当我们用 Monoid<A>、Monoid<B> 组合出一个新的 Monoid<C> 时，这个新的 Monoid 依旧遵循 Monoid 法则，即满足同一律和结合律。这便是函数式编程的魅力之一，我们只要像遵循数学定理一样进行组合，无须关注过程中具体的类型（如 A、B）的细节，最终推导出的结果依旧遵循正确的法则，这便省去了测试的工作。

1. 函子定律

同样的特点也存在于 10.2.2 节所介绍的 Functor 中，它被称为函子。这也是一种非常通用的抽象数据结构，它为类型 Kind<F, A> 定义了 map 操作，返回另一个类型 Kind<F, B>。现在来回顾下 Functor 的具体实现：

```
interface Kind<out F, out A>

interface Functor<F> {
```

```
    fun <A, B> Kind<F, A>.map(f: (A) -> B): Kind<F, B>
}
```

我们曾提到，这里的类型参数 F 模拟了高阶类型中的类型构造器。在之前的例子中，我们用 List.K 来替代 F，代表这是一个列表的容器。实际上，我们的 F 当然还可以是其他的类型构造器，比如：

❑ Kind<Option.K, A>，代表可空或存在的高阶类型；

❑ Kind<Effect.K, A>，代表拥有副作用的高阶类型；

❑ Kind<Parser.K, A>，代表解析器的高阶类型。

尽管这些构造器虽然容器不同（Option.K、Effect.K、Parser.K），并且它们容器内的值只有一个，如 Option.K 容器内只存在两种可能的取值（空或者存在的值），然而它们都可以看成"阉割"版的 List.K，并且都可以用来派生出 Functor 的具体 Typeclass 实例。如：

```
object OptionFunctor: Functor<Option.K> {
    override def fun <A, B> Kind<Option.K, A>.map(f: (A) -> B): Kind<Option.K, B> {
        ...
    }
}
object EffectFunctor: Functor<Effect.K> {
    override def fun <A, B> Kind<Effect.K, A>.map(f: (A) -> B): Kind<Effect.K, B> {
        ...
    }
}
object ParserFunctor: Functor<Parser.K> {
    override def fun <A, B> Kind<Parse.K, A>.map(f: (A) -> B): Kind<Parser.K, B> {
        ...
    }
}
```

这些 Functor 的实例都遵循函子定律：

1）**同一律法则**。假设存在一个 identity 的函数，接收 A 类型的参数 a，则返回结果还是 a。

```
fun identity<A>(a: A) = a
```

那么，当我们调用函子实例的 map 方法，执行 identity 函数时，显然返回的结果还是实例本身。如：

```
ListFunctor.run {
    println(Cons(1, Nil).map { indentity(it) })
}

// 运行结果
Cons(1, Nil)
```

2）**用 map 进行的组合满足结合律**。这条法则指的是，当我们对函子实例先应用函数 f 进行 map，再将转化的结果应用函数 g 进行 map，这个操作最终得到的结果，与直接对函子实例应用两个函数组合的新函数进行 map 的结果相同。如：

```
fun f(a: Int) = a + 1
fun g(a: Int) = a * 2
ListFunctor.run {
    val r1 = Cons(1, Nil).map { f(it) }.map { g(it) }
    val r2 = Cons(1, Nil).map { f(g(it)) }
    println(r1 == r2)
}
// 运行结果
true
```

函子定律保证了实例本身的容器 F 不变，但是我们可以改变容器内部的程序状态，主要通过 map 方法来实现，并且 map 施用的函数可以进行组合。

然而，Functor 的作用显得比较有限。在 10.1 节我们曾介绍过，函数式编程的思维就是站在更高的层次去抽象业务，然后进行组合。显然 Functor 的 map 操作并没有为我们提供足够高的抽象组合能力。

假如我们把高阶类型 Kind<F, A> 比作一个管道，Functor 提供了一种能力，支持对管道内的状态进行转化操作，可简化表示为一个 map 操作：

```
fun <A, B> map(fa: Kind<F, A>, f: (A) -> B): Kind<F, B>
```

再进一步思考，那些拥有相同容器类型 F 的管道其实规格相同，表明它们容易被组合。在现实世界中，如果我们能够对不同的管道进行组合，拼装成一个新的管道，新的管道规格保持不变，即容器依旧保持不变，利用递归的思想（类似 Pair 可以构建出 List），我们就可以创造出一个无穷尽的世界，就好比贪吃蛇的游戏。因此，我们需要有一个新的 map2 函数来支持以下的操作：

```
fun <A, B, C> map2(fa: Kind<F, A>, fb: Kind<F, B>, f: (A, B) -> C): Kind<F, C>
```

当有了支持 map2 的操作之后，你会发现整个抽象层次就更高了。与纯的 map 操作不同，现实世界充满了副作用，它们无法在业务中被避免。然而，正如 10.1.2 节所介绍的那样，假使我们将副作用限制在管道容器之内，并将管道视为一个拥有原子性的整体（正如贪吃蛇的方块），那么就这个层面而言，它依旧是符合引用透明性的。于是，我们可以将相同容器内的副作用操作利用函数 f 进行组合，尽量推迟到最后执行，这就是典型的函数式编程。

2. flatMap 实现更复杂的组合

那么，如何为高阶类型实现 map2 的效果呢？先来思考直接利用 map 的效果，我们可能会得到一个嵌套容器的结构。例如你对类型 Kind<F, A> 进行 map，应用一个返回 Kind<F, B> 的函数，那么得到的结果将是 Kind<F, Kind<F, B>>。显然，我们需要一个 flatten 的操作，可以把嵌套的容器 F 提取出来，转化结果为 Kind<F, B>。

阅读过 6.2.5 节的读者已经发现，Kotlin 中的 flatMap 支持 flatten 操作，本质上它可以看成 map 与 flatten 的结合操作。因此，要实现 map2 函数的效果，一种可行的思路就是给我们的高阶类型也扩展一个 flatMap 方法。

```
fun <A, B> Kind<F, A>.flatMap(f: (A) -> Kind<F, B>): Kind<F, B>
```

flatMap 跟 map 一样，也是一个高阶函数。它的参数是一个函数 f，该函数接收类型 A 的参数，然后返回另一个 Kind<F, B> 的值。flatMap 最终返回的结果类型也是 Kind<F, B>。

高阶类型如果有了 flatMap 方法，我们就可以很容易地实现 map2 函数。

```
fun <A, B, C> map2(fa: Kind<F, A>, fb: Kind<F, B>, f: (A, B) -> C): Kind<F, C> {
    fa.flatMap { a => fb.map( b => f(a, b) ) }
}
```

看来在利用高阶类型进行函数式编程时，flatMap 是一个至关重要的方法。更有趣的是，如果我们再引入一个 pure 方法，那么 map 方法同样也可以用 flatMap 来实现。

pure 有时候也被叫作 unit（在 Haskell 中它对应的是 return，flatMap 则代表 bind），它核心的作用，就是将一个 A 类型的参数，转化为 Kind<F, A> 类型。

```
fun <A> pure(a: A): Kind<F, A>
```

下面我们来看看如何利用 unit 和 flatMap 方法来定义 map：

```
fun <A, B> flatMap(fa: Kind<F, A>, f: (A) -> Kind<F, B>): Kind<F, B>

fun <A, B> map(fa: Kind<F, A>, f: (A) -> B): Kind<F, B> = {
    flatMap(fa) { a => pure(f(a)) }
}
```

由此可见，pure 和 flatMap 可作为一种最小的原始操作集合，利用这两个函数的组合我们可以实现 map、map2 及更加复杂的数据转换操作。那么请你再思考下，如果我们再定义一种新的 Typeclass，同时包含了 pure 和 flatMap 操作，那么它将是一种最通用的函数式结构。讲到这，你也许已经发现了，这就是 Monad。

3. 什么是 Monad

谈论 Monad 的时候，我们需要对 Monad Typeclass 及 Monad 概念本身进行区分。准确地说，Monad 是满足 Monad 法则的一个最小集的实现，它可被称为单子。然而这个实现的组合并不是唯一的，比如我们可以利用 pure 和 flatMap 来满足这个法则，同样也可以利用 pure、compose 来代替实现。

因此，我们接下来要定义的名为 Monad<F> 的 Typeclass，只是其中的一种版本，然而它必须满足 Monad 法则。下面我们先来看看 Monad<F> 的具体定义：

```
interface Monad<F> {
    fun <A> pure(a: A): Kind<F, A>
    fun <A, B> Kind<F, A>.flatMap(f: (A) -> Kind<F, B>): Kind<F, B>
}
```

如之前所言，我们为 Monad<F> 定义了 pure 方法，以及利用 Kotlin 语言的特性，为模拟的高阶类型 Kind<F, A> 扩展了 flatMap 方法。在用了 Monad<F> 之后，我们先用它来创建一个 ListMonad 实例：

```kotlin
object ListMonad : Monad<List.K> {

    private fun <A> append(fa: Kind<List.K, A>, fb: Kind<List.K, A>): Kind<List.K, A> {
        return if (fa is Cons) {
            Cons(fa.head, append(fa.tail, fb).unwrap())
        } else {
            fb
        }
    }

    override fun <A> pure(a: A): Kind<List.K, A> {
        return Cons(a, Nil)
    }

    override fun <A, B> Kind<List.K, A>.flatMap(f: (A) -> Kind<List.K, B>):
        Kind<List.K, B> {
        val fa = this
        val empty: Kind<List.K, B> = Nil
        return ListFoldable.run {
            fa.fold(empty)({ r, l ->
                append(r, f(l))
            }
            )
        }
    }
}
```

4. Applicative 重新定义 Monad

当前我们已经知晓的是，用 pure 和 flatMap 可以实现 map。那么你肯定也能够猜到，所有的 Monad 其实都可以是 Functor，那么我们是否可以在定义 Monad<F> 的时候，直接实现 Functor<F> 呢？方法如下：

```kotlin
interface Monad<F>: Functor<F> {}
```

这当然是可以的，这样我们就给所有的 Monad<F> 操作扩展了 map 的操作。事实上，数学中的 3 种代数结构存在如下依赖关系：

```
Functor -> Applicative -> Monad
```

也就是说所有的 Monad 都是 Applicative，所有的 Applicative 都是 Functor。在 Haskell 的发展历史中，Monad 跳过了 Applicative 被更早地发现了，这个也容易理解，因为相比 Applicative，Monad 要更加通用一些。下面我们来定义一个具体的 Applicative<F>，来看看 Applicative 到底是怎样的结构：

```kotlin
interface Applicative<F> : Functor<F> {
    fun <A> pure(a: A): Kind<F, A>
    fun <A, B> Kind<F, A>.ap(f: Kind<F, (A) -> B>): Kind<F, B>
```

```
override fun <A, B> Kind<F, A>.map(f: (A) -> B): Kind<F, B> {
        return ap(pure(f))
    }
}
```

如你所见，Applicative<F> 直接实现了 Functor<F>，然后在其内部为高阶类型扩展了一个 ap 方法。ap 方法接收一个高阶类型为 Kind<F, (A) -> B> 的参数，然后返回 Kind<F, B>。

在有了 Applicative<F> 之后，我们就可以用它来重新定义 Monad<F>：

```
interface Monad<F> : Applicative<F> {

    fun <A, B> Kind<F, A>.flatMap(f: (A) -> Kind<F, B>): Kind<F, B>

    override fun <A, B> Kind<F, A>.ap(f: Kind<F, (A) -> B>): Kind<F, B> {
        return f.flatMap { fn ->
                this.flatMap { a ->
                    pure(fn(a))
                }
            }
        }
    }
}
```

这样，Monad<F> 既是一个 Functor<F>，又是一个 Applicative<F>，所以它也同时定义了 map 和 ap 方法。

10.3.3　Monad 组合副作用

讲了这么多 Monad，我们必须来展现它的威力了。Monad 被创造的一个很大的使命，就是可以用来组合现实中的副作用，由此我们可以发挥函数式编程的优点（引用透明性和等式推理），来设计准确、容易测试的程序。接下来，我们就举一个实例。

说到副作用，很常见的就是 IO 操作。我们先来创建一个代表标准输入和输出的类型 StdIO<A>，它实现了 Kind<StdIO.K, A>：

```
@Suppress("UNCHECKED_CAST", "NOTHING_TO_INLINE")
inline fun <A> Kind<StdIO.K, A>.unwrap(): StdIO<A> =
        this as StdIO<A>

sealed class StdIO<A> : Kind<StdIO.K, A> {
    object K

    companion object {
        fun read(): StdIO<String> {
            return ReadLine
        }

        fun write(l: String): StdIO<Unit> {
            return WriteLine(l)
```

```
        }

        fun <A> pure(a: A): StdIO<A> {
            return Pure(a)
        }
    }

object ReadLine : StdIO<String>()
data class WriteLine(val line: String) : StdIO<Unit>()
data class Pure<A>(val a: A) : StdIO<A>()
```

在上述例子中，我们创建了单例对象 ReadLine、数据类 WriteLine 来表示读写行操作，以及一个数据类 Pure，接收一个 A 类型的参数，然后表示为一个 StdIO<A> 实例。同时，我们还在 StdIO 的伴生对象中实现了 read、write 及 pure 方法。下面，我们再来实现一个 StdIOMonad，它提供了可组合的方法：

```
data class FlatMap<A, B>(val fa: StdIO<A>, val f: (A) -> StdIO<B>) : StdIO<B>()

object StdIOMonad : Monad<StdIO.K> {

    override fun <A, B> Kind<StdIO.K, A>.flatMap(f: (A) -> Kind<StdIO.K, B>):
Kind<StdIO.K, B> {
        return FlatMap<A, B>(this.unwrap(), ({ a ->
            f(a).unwrap()
        }))
    }

    override fun <A> pure(a: A): Kind<StdIO.K, A> {
        return Pure(a)
    }
}
```

如你所见，StdIOMonad 实现了 Monad<StdIO.K>，并为 Kind<StdIO.K, A> 扩展了 flatMap 操作。接着我们就用 StdIO 以及 StdIOMonad 来实现一个具体的读写业务例子。

假设现在要读取两个数字进行加法操作，然后输出结果。先来实现一个 perform 方法，该方法接收一个 StdIO<A> 类型的参数，然后实现相应的操作：

```
fun <A> perform(stdIO: StdIO<A>): A {

    fun <C, D> runFlatMap(fm: FlatMap<C, D>): D {
        perform(fm.f(perform(fm.fa)))
    }
    @Suppress("UNCHECKED_CAST")
    return when (stdIO) {
        is ReadLine -> readLine() as A
        is Pure<A> -> stdIO.a
        is FlatMap<*, A> -> runFlatMap(stdIO) as A
```

```
            is WriteLine -> println(stdIO.line) as A
        }
    }
```

在这个例子中，存在 3 个副作用的操作：读入第 1 个值、读入第 2 个值，将结果进行打印。我们可以用 StdIO 对象的 read 和 write 方法来分别处理读写操作，由于这些方法返回的结果类型都实现了 Kind<StdIO.K, A>，因此都可以调用 flatMap 方法。所以，我们可以这样来实现这个例子：

```
val io = StdIOMonad.run {
    StdIO.read().flatMap { a ->
        StdIO.read().flatMap { b ->
            StdIO.write((a.toInt() + b.toInt()).toString())
        }
    }
}
perform(io.unwrap())
```

以上我们通过 flatMap 组合了 StdIO 对象，并将所有操作定义为一个名为 io 的变量。当 io 变量被定义时，业务逻辑也同时被定义，然而读写并没有发生。至此整个程序依旧符合引用透明的原则，由于组合满足 Monad 定律，因此我们也完全相信，只要编译通过，各环节的类型检查无误，那么这段代码就是正确的。

最终等你执行了 perform 方法，那么整个 io 操作才会被触发。

10.4　类型代替异常处理错误

在了解完通用的函数式结构之后，我们再来看看如何用函数式编程的方式来处理业务中的意外错误。

需要注意的是，Kotlin 抛弃了 Java 中的受检异常（Checked Exception）。众所周知，Java 中的受检异常必须被捕获或者传播，由于编译器强制检查，这样就不会忘记处理异常，可以在编译期提前发现程序 bug。然而，也存在很多反对的声音。比如受检异常虽然在简短的程序中显得特别有用，但如果强制在大型软件工程中应用，则会让编码变得异常烦琐，降低生产力。所以类似 C# 这种语言也没有采用受检异常。

关于受检异常还是非受检异常的话题，已经有过非常多的争论，本节不会过多讨论这个问题。我们需要真正关心的是，"用异常来处理错误"的这种做法是否适合函数式编程。

相信你很快就已经发现，抛出异常这种做法本身其实是一种副作用，它破坏了"引用透明性"。那么这又是否意味着函数式编程中我们就需要抛弃错误处理吗？当然不是，任何健壮的程序都需要对具体的错误进行捕捉并且给出正确的反馈。其实我们可以换一种思路，在上一节的内容中，你已经接触到了高阶类型及 Monad 这种通用的函数式结构，事实上，我们完全可以利用这种更抽象的数据结构，来代替异常处理错误。此外，用类型来处理错误的方式有另一个优点，那就是类型安全。

10.4.1 Option 与 OptionT

在 5.2 节中我们已经介绍了 Kotlin 的可空类型，某种程度上这就是利用类型代替 Checked Exception 来防止 NPE 问题。在学会如何用 Kotlin 模拟高阶类型之后，其实我们还可以自定义一个 Option 类型：

```
@Suppress("UNCHECKED_CAST", "NOTHING_TO_INLINE")
inline fun <A> Kind<Option.K, A>.unwrap(): Option<A> =
        this as Option<A>


sealed class Option<out A> : Kind<Option.K, A> {
    object K
}

data class Some<V>(val value: V) : Option<V>()
object None : Option<Nothing>()
```

Kind<Option.K, A> 跟 Kind<List.K, A> 一样模拟了一种高阶类型，用它我们可以表示存在值或者空值这两种状态，分别对应了数据类 Some 以及单例对象 None，其中 None 实现了 Option<Nothing>()。

在有了具体的 Option 类后，我们就可以创建一个 OptionMonad，来给 Option 类型扩展 flatMap、pure 及 map 方法，从而使它具备强大的组合能力。

```
object OptionMonad : Monad<Option.K> {
    override fun <A, B> Kind<Option.K, A>.flatMap(f: (A) -> Kind<Option.K, B>):
        Kind<Option.K, B> {
        val oa = this
        return when (oa) {
            is Some -> f(oa.value)
            else -> None
        }
    }

    override fun <A> pure(a: A): Kind<Option.K, A> {
        return Some(a)
    }
}
```

接下来，我们看看如何应用 Option 和 OptionMonad。在 10.3.3 节中，我们举了一个两次读值，再进行求和输出的例子。现实中，这个例子是可能发生业务逻辑错误的。因为输入的值可能并不是数字，而是字母或者特殊符号，所以当我们将 toInt 方法应用到读值结果时，就可能发生错误。所以，我们需要通过某种手段来处理这些错误。

一种可行的思路是通过 Option<Int> 类型来表示读取的结果，当检测到读取的值并非数字的时候，我们就可以把它当成 None。只要用户的输入存在一次 None 值，那么最终的计算结果也为 None，即非合理的情况。我们先来实现这样一个名为 readInt 的方法：

```
fun readInt(): StdIO<Option<Int>> {
    return StdIOMonad.run {
        val r = StdIO.read().map {
            when {
                it.matches(Regex("[0-9]+")) -> Some(it.toInt())
                else -> None
            }
        }
        r.unwrap()
    }
}
```

然后，一个比较核心的操作就是对两个类型为 Option<Int> 的变量进行求和操作，我们通过一个名为 addOption 的函数来实现它：

```
fun addOption(oa: Option<Int>, ob: Option<Int>): Option<Int>{
    return OptionMonad.run {
        oa.flatMap { a ->
            ob.map { b -> a + b }
        }
    }.unwrap()
}
```

可以发现，addOption 的操作是依赖 OptionMonad 扩展的 flatMap 方法来实现两个读值之间的组合，最终它的返回结果也是 Option<Int> 类型。

于是，你就可以定义一个 errorHandleWithOption 函数来实现这个需求：

```
fun errorHandleWithOption() {
    StdIOMonad.run {
        readInt().flatMap { oi ->
            readInt().flatMap { oj ->
                val r = addOption(oi, oj)
                val display = when (r) {
                    is Some<*> -> r.value.toString()
                    else -> ""
                }
                StdIO.write(display)
            }
        }
    }
}
```

再一次我们通过神奇的 Monad 实现了常见的业务场景。然而，你可能依旧不满意，因为从计算资源利用率角度来说，这个方案并没有达到最优。如果第 1 次读值就出现了错误，那么最理想的处理方案就是马上返回非正常的结果，而当前的方案依旧会进行第 2 次读值。

同时，上面的代码对 StdIO 进行组合时，由于其内部都是 Option 类型，每次都必须先对该 Option 类型的值进行模式匹配，然后再处理。如果能把 StdIO<Option<T>> 中的

StdIO<Option<*>> 看成一个整体，就可以直接对 T 进行组合操作，这样就能进一步提升可
读性。OptionT 正是为此设计的数据类型。

```kotlin
data class OptionT<F, A>(val value: Kind<F, Option<A>>) {
    object K

    companion object {
        fun <F, A> pure(AP: Applicative<F>): (A) -> OptionT<F, A> = { v ->
            OptionT(AP.pure(Some(v)))
        }

        fun <F, A> none(AP: Applicative<F>): OptionT<F, A> {
            return OptionT(AP.pure(None))
        }

        fun <F, A> liftF(M: Functor<F>): (Kind<F, A>) -> OptionT<F, A> = { fa ->
            val v = M.run {
                fa.map {
                    Some(it)
                }
            }
            OptionT(v)
        }
    }

    fun <B> flatMap(M: Monad<F>, f: (A) -> OptionT<F, B>): OptionT<F, B> {
        val r = M.run {
            value.flatMap { oa ->
                when (oa) {
                    is Some -> f(oa.value).value
                    else -> M.pure(None)
                }
            }
        }
        return OptionT(r)
    }

    fun <B> flatMapF(M: Monad<F>, f: (A) -> Kind<F, B>): OptionT<F, B> {
        val ob = M.run {
            value.flatMap {
                when (it) {
                    is Some -> f(it.value).map {
                        Some(it)
                    }
                    else -> pure(None)
                }
            }
        }
        return OptionT(ob)
```

```
    }

    fun <B> map(F: Functor<F>, f: (A) -> B): OptionT<F, B> {
        val r: Kind<F, Option<B>> = F.run {
            value.map { ov ->
                OptionMonad.run {
                    ov.map(f).unwrap()
                }
            }
        }
        return OptionT(r)
    }

    fun getOrElseF(M: Monad<F>, fa: Kind<F, A>): Kind<F, A> {
        return M.run {
            value.flatMap {
                when (it) {
                    is Some -> M.pure(it.value)
                    else -> fa
                }
            }
        }
    }

}
```

乍一看，OptionT 的实现比 Option 要复杂很多。我们先来看看数据类 OptionT 的参数 value，它的类型是 Kind<F, Option<A>> 的。这也就意味着如果存在一个 Option 类型的值，我们就可以给它套上类型构造器类型 F，然后再包裹一个 OptionT 类型。这样做有什么用呢？

先来看看 OptionT 中的 pure 和 none 方法，应该不难理解，首先，由于它们接收的参数只需拥有一个 pure 方法，所以类型是 Applicative<F> 就足够了，而不用必须是一个 Monad<F>。其次，是最核心的 flatMap 方法，注意了，flatMap 方法在定义时存在一个等号，熟悉 Kotlin 定义函数语法的我们应该可以明白，这其实是一个表达式函数体。因此，这里 flatMap 的返回值是一个 lambda，类型为 ((A) -> OptionT<F, B>) -> OptionT<F, B>。看到这个类型你可能又有点被绕晕了。

不急，我们再来看看 flatMap 的具体实现：

1）当 OptionT 类型的对象 flatMap 一个 Monad<F> 实例时，我们就可以再调用一个具体的处理函数 f，该函数类型为 (A) -> OptionT<F, B>，即接受一个变量，然后再返回一个 OptionT 类型的对象；

2）如果调用 flatMap 的 OptionT 实例，内部 value 对应的 Option<A> 类型部分的值不存在，则直接返回一个 None 值转化的 Monad<F> 实例，然后再用 OptionT 类型包裹；

3）如果 value 对应的 Option<A> 类型部分的值存在，也就是 Some 类型的对象，那么就会用函数 f 接收该对象的 value 进行处理，最终返回一个处理后的新的 OptionT 对象。

如果我们仔细思考，会发现 OptionT 本质上是在应用 Option 时，特定场景下一种表达上的简化。

回顾上述读值求和的例子，如果我们要实现输入值错误时，程序立即输出非正常结果，那么必须对每一次读取的 Option 类型的值进行判断，只有当该值为 Some 类型时，才进行下一步操作。然而，如果要组合的场景变得更多，这种做法会在语法表达上呈现出很多层的嵌套结构，显得十分不优雅。

OptionT 直接消除了这种嵌套的层级，我们可以将这种思路简单理解为：用一种 OptionT 类型的对象去做组合，然后产生新的 OptionT 对象可以继续做其他的组合，一旦某次组合结果返回的 Option<T> 部分为 None，则停止。

不要被 OptionT 吓住

不得不承认的是，函数式编程中的抽象数据类型就像数学中的公式，在定义上会显得抽象，然而如果我们足够耐心，一步步去推演其中的逻辑，那么就会发现这个过程显得无比正确。

好了，下面我们就用 OptionT 来实现之前的例子：

```kotlin
fun errorHandleWithOptionT() {
    fun readInt(): OptionT<StdIO.K, Int> {
        val r = StdIOMonad.run {
            val r = StdIO.read().map {
                when {
                    it.matches(Regex("[0-9]+")) -> Some(it.toInt())
                    else -> None
                }
            }
            r.unwrap()
        }
        return OptionT(r)
    }

    val add = readInt().flatMap(StdIOMonad) { i ->
        readInt().flatMapF(StdIOMonad) { j ->
            StdIO.write((i + j).toString())
        }
    }
    add.getOrElseF(StdIOMonad, StdIO.write("input error"))
}
```

在运用了 OptionT 之后，我们成功解决了之前的问题，同时又保证了语法表达上的简洁。

10.4.2　Either 与 EitherT

一个新的问题出现了，现实中的业务有时候错误的种类是多样化的，而不仅仅是一种。针对不同的错误，我们最好能够提供不同的处理方式。还是上述的例子，我们已经知晓，如果读取值是非数字，那么就会产生错误。此外，即使是数字，如果输入的位数过长，那么也会产生整型溢出的问题，这也是另一种错误的情况时。这时候如果仅仅用 Option 显然不能对非正常的情况做到很好的区分，因此我们需要思考一种更加通用的抽象数据类型。

也许你已经想到了 Either，我们在 5.2.2 节中已经实现了一个简陋的 Either 版本，它是这样的：

```
sealed class Either<A,B>() {
    class Left<A,B>(val value: A): Either<A,B>()
    class Right<A,B>(val value: B) : Either<A,B>()
}
```

简单来说，Either 类型用于表示非 A 即 B 的值，从这个角度上看，Option 也可以认为是一种特殊的 Either，只是它仅仅代表了是否存在的关系。由于 Either 更加通用，所以你会看到它需要接收两个类型变量。然而，该版本的 Either 并没有支持高阶类型。因此，我们来写一个新的 Either，因为 Either 的特殊需求，我们也需要定义 Kind2<F, A, B>，这是通过类型别名定义的。

```
typealias Kind2<F, A, B> = Kind<Kind<F, A>, B>
```

现在来看下新版本的 Either 实现：

```
@Suppress("UNCHECKED_CAST", "NOTHING_TO_INLINE")
inline fun <A, B> Kind2<Either.K, A, B>.unwrap(): Either<A, B> =
        this as Either<A, B>


sealed class Either<out A, out B> : Kind2<Either.K, A, B> {
    object K
}

data class Right<B>(val value: B) : Either<Nothing, B>()
data class Left<A>(val value: A) : Either<A, Nothing>()
```

经过之前的"磨炼"，相信你在理解 Either 的实现上已经毫无难度了。作为构建函数式通用结构的基本套路，我们还需要给这个 Either 类型增加一个 EitherMonad：

```
class EitherMonad<C> : Monad<Kind<Either.K, C>> {
    override fun <A, B> Kind<Kind<Either.K, C>, A>.flatMap(f: (A) ->
        Kind<Kind<Either.K, C>, B>): Kind<Kind<Either.K, C>, B> {
        val eab = this
        return when (eab) {
            is Right -> f(eab.value)
            is Left -> eab
            else -> TODO()
        }
    }

    override fun <A> pure(a: A): Kind<Kind<Either.K, C>, A> {
```

```
        return Right(a)
    }
}
```

当然，Either 也存在类似 Option 一样的窘境，当面临多组合场景的情况时，我们还是需要一个类似 OptionT 的 Either 版本来解决相似的问题。同样的命令方式，它就是 EitherT。此外，也是类似 OptionT 改进的思路，我们可以如此来定义 EitherT：

```kotlin
data class EitherT<F, L, A>(val value: Kind<F, Either<L, A>>) {
    companion object {
        fun <F, A, B> pure(AP: Applicative<F>): (B) -> EitherT<F, A, B> = { b ->
            EitherT(AP.pure(Right(b)))
        }
    }

    fun <B> flatMap(M: Monad<F>): ((A) -> EitherT<F, L, B>) -> EitherT<F, L, B> = { f ->

        val v = M.run {
            value.flatMap { ela ->
                when (ela) {
                    is Left -> M.pure(Left(ela.value))
                    is Right -> f(ela.value).value

                }
            }
        }
        EitherT(v)

    }

    fun <B> map(F: Functor<F>): (((A) -> B) -> EitherT<F, L, B>) = { f ->
        val felb = F.run {
            value.map { ela ->
                EitherMonad<L>().run {
                    ela.map(f).unwrap()
                }
            }
        }
        EitherT(felb)
    }
}
```

最后，结合之前读值求和的例子，我们可以很容易地将基于 Either 的例子改写为如下内容：

```kotlin
fun errorHandleWithEitherT() {
    fun readInt(): EitherT<StdIO.K, String, Int> {
        val r = StdIOMonad.run {
            StdIO.read().map {
                when {
                    it.matches(Regex("[0-9]+")) -> Right(it.toInt())
                    else -> Left("${it} is not a number")
```

```
            }
        }
    }
    return EitherT(r)
}

val add = readInt().flatMap(StdIOMonad) { i ->
    readInt().flatMapF(StdIOMonad) { j ->
        StdIO.write((i + j).toString())
    }
}
add.valueOrF(StdIOMonad) { err ->
    StdIO.write(err)
}
}
```

不难发现，使用 EitherT 之后，代码的可读性得到了极大改善。

10.5　本章小结

（1）函数式语言

函数式语言的定义存在狭义和广义两种。狭义的函数式语言以 Haskell 为代表，有着非常简单且严格的语言标准，即只通过纯函数进行编程，不允许有副作用，且仅采用不可变的值。而从广义上来看，任何"以函数为中心进行编程"的语言都可称为函数式编程。

（2）引用透明性和副作用

判断一段程序是否具备引用透明性的依据是：一个表达式在程序中是否可以被它等价的值替换，而不影响结果。具有副作用行为的函数违背了引用透明性原则，会导致不容易被测试及难以被组合。

（3）纯函数与局部可变性

如果一个函数输入相同，对应的计算结果也相同，那么它就具备"引用透明性"，可被称为"纯函数"。不可变性在很大程度上促进了纯函数的创建，但这并不意味着需要放弃可变变量。如果一个函数存在局部可变性，当它被外部执行调用的时候，整体可以被看成一个黑盒，程序依旧符合引用透明性。

（4）模拟高阶类型和 Typeclass

高阶类型支持传入构造器变量，或构造出另一个类型构造器。虽然 Kotlin 不支持高阶类型，但是通过 interface 和泛型可以在 Kotlin 中模拟出高阶类型的效果。在此基础上，类似 Haskell 的 Typeclass 也可以被模拟创造，这为抽象业务提供了另一种不同的思路。

（5）Monoid

Monoid 是一种很简单的抽象数据类型，只要满足 Monoid 法则中的同一律和结合律，就可以定义一个 Monoid 结构，Monoid 天然适合 fold 操作。

（6）Monad

Monad 是最通用的函数式抽象数据结构，它的核心是为高阶类型扩展 flatMap 操作，再结合 pure 操作，就能以最小的操作集合创造出其他组合的操作，从而构建出一个无穷的世界。利用 Monad 结构可以很好地组合副作用，从而构建易于测试和推理的程序。

（7）用类型处理错误

函数式数据类型，如 Option、OptionT、Either、EitherT，为业务中的错误处理提供了一种新的思路，即抛弃传统的异常处理，基于高阶类型来定义和区分业务中非正常的情况。这种思路依然符合引用透明性，让函数式编程显得格外具有特色。

第 11 章 *Chapter 11*

异步和并发

异步与并发是一个非常值得关注的话题，异步编程模型旨在让我们的系统能承载更大的并发量，而线程安全又是系统在高并发时能正确运转业务的一种保证，如何理解它们的原理并设计出更优的方案是值得探讨的。本章先带你了解最基本的线程模型及 Kotlin 的协程，接着回顾传统方式中如何保证线程安全，然后引入两个新的概念——Actor 及 CQRS 架构，最终结合 Kotlin 实践，领略并发编程之美。

11.1 同步到异步

在我们进行开发的时候，"同步"和"异步"这两个词语经常会被提及，同时，"阻塞"和"非阻塞"也会相应被提到。这几个概念经常被混淆。本节我们将介绍同步编程存在的一些问题，然后看看如何通过异步编程来解决它们。当然异步编程也不是万能的，它也存在一些弊端。在介绍同步和异步的概念时，我们也会详细介绍阻塞与非阻塞。

11.1.1 同步与阻塞的代价

"同步"与"阻塞"这两个概念经常会被放在一起，非常容易给我们一种"同步即阻塞""阻塞即同步"的错觉。其实这两个概念并没有太强的联系，接下来就让我们通过一个例子来理解这两个概念。

相信你一定有过在线购物的经历，假如现在有一个在线商城，商家设置的是"下单减库存"。当我们点击下单按钮的时候，会向服务端发送一个下单的请求，这个时候在服务端就会有如下操作：

❑ 查询相关商品的信息；

❑ 整理商品信息（比如价格，数量等）；向数据库中插入订单快照同时减掉库存（这里我们不考虑事务，假设是先插入订单再减掉库存）。

上面的操作表现在代码层面，通常是这样的：

```java
public void createOrder(String productNo) {
        if(productNo == null || "".equals(productNo)){
            return;
        }
        //获取商品信息
        ProductInfo productInfo = getItemInfo(productNo);
        if(productInfo == null){
            return;
        }
        //整理订单信息
        OrderInfo orderInfo = convert2OrderInf(productInfo);
        //插入订单并减库存
        insertRecord(orderInfo);
        reduceStore(productNo);
    }
```

上面的实现代码用到的是我们在 Java 中经常采用的同步实现方式。那么这些代码是怎样在服务端执行的呢？如果你熟悉 Java Web，那你对 Apache Tomcat 一定不会陌生，我们在使用 Java Web 框架开发需求的时候，Apache Tomcat 是最常采用的服务器。我们来看看在 Apache Tomcat 上面是如何完成这些操作的。

我们知道 Apache Tomcat 采用的是线程模型，就是多线程的工作方式（更多关于多线程的内容我们会在下一节介绍），如图 11-1 所示。

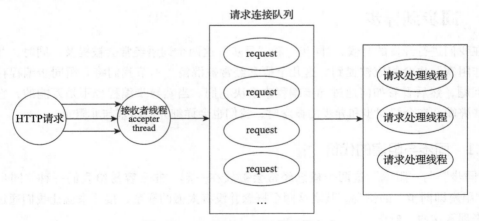

图 11-1　Apache Tomcat 的工作方式

接收者线程（acceptor thread）接收客户端的 HTTP 请求，然后将这些请求分配给请求处理线程进行处理。这就是 Tomcat 的工作原理。

通过图 11-1 我们可以知道，当 Tomcat 中接收到多个下单请求连接的时候，它会为每一个连接分配一个线程，然后再由这些线程去执行相应的操作。对于下单这个操作，在单个线程中就是以下面这种方式进行操作的，如图 11-2 所示。

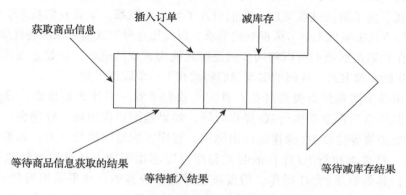

图 11-2　下单的处理过程

　　我们知道，解析请求、查询商品信息、插入快照和减库存的操作都是 IO 操作，但 IO 操作相对会慢一些。在 Tomcat 分配的线程中执行的时候，每当执行到 IO 操作时，程序就会处于等待状态，同时该线程会处于挂起状态，也就是该线程不能执行其他操作，而必须等待相应结果返回之后才能继续执行。

　　当执行 IO 操作时，程序必须要等待 IO 操作完成之后才能继续执行，这种方式称之为同步调用。同时我们也能看到线程被挂起了，也就是线程没有被执行，这就是阻塞。所以上面操作的执行方式是同步阻塞的。

　　这里就需要知道同步其实与阻塞是两个不同的概念了。同步指的是一个行为，当执行 IO 操作的时候，在代码层面我们需要主动去等待结果，直到结果返回。而阻塞指的是一种状态，当执行 IO 操作的时候，线程处于挂起状态，就是该线程没有执行了。所以同步不是阻塞，同步也可以是非阻塞的，比如我们在执行同步代码块的时候，线程可以不阻塞而是一直在后台运行。

　　同步描述的是一种行为，而阻塞描述的是一种状态（异步与非阻塞也是如此）。

　　接着回到下单这个逻辑上来，通过上面线程执行操作的图我们还可以知道，该线程在执行开始到执行结束这个时间段内，有大部分的时间用在了等待上面，这样就极大地消耗了资源。像 Tomcat 这种多线程的机制，若每个线程都采用这种机制，消耗的资源将会成倍增加。

　　当处理的请求不算太多的时候，这种模型是不会有什么大问题的。我们知道，Tomcat 能分配的线程是有限的，一旦客户端发来的请求数远远大于 Tomcat 所能处理的最大线程数，没有得到处理的请求就会处于阻塞和等待的状态，反映到用户层面就是页面迟迟得不到响应。如果等待时间过长，耐心的用户也许会看到请求超时的错误，而急性子的用户早早地就关掉了页面。

11.1.2 利用异步非阻塞来提高效率

前一节我们通过一个例子解释了同步阻塞是如何工作的，也知道同步阻塞的方式会带来许多的问题。为了解决这些问题，我们引入了异步非阻塞，下面我们就来看看如何利用异步非阻塞的方式去实现上一节所提到的需求，以及用这种方式能带来哪些优势。

首先，在代码层面我们可以将同步的逻辑转换为异步的逻辑，比如上面的同步代码就可以采用异步的实现方式，代码的实现我们将放在下一节详细讲解。

那么采用异步实现的好处是什么？首先，我们来看一下什么是异步。异步是区别于同步的，我们知道，程序在执行 IO 操作时候，如果是同步代码块，程序会一直处于阻塞状态，也就是必须等待该 IO 操作返回出结果，程序才能继续执行下去。如果采用了异步的实现方式，那么当执行 IO 操作的时候程序可以不用等待，还可以继续执行其他代码块，比如执行其他异步的 IO 操作。假设该程序是多线程的，如果采用同步的实现方式，那么该程序就会在这一个线程上面等待，并且其他的线程也必须等待该线程的完成。采用异步的方式，当程序执行 IO 操作的时候，程序可以去执行其他线程的代码，不用在这里一直等着，当有结果返回的时候，程序再回来执行该代码块。这样就节省了许多资源。

通过上面的方式，我们就将同步形式改成了异步形式。将同步的代码换成异步的代码能解决一些性能上的问题，但是并不能解决阻塞调用所带来的瓶颈，即使在代码层面已经优化得非常好了，也不能带来质的提升。这是因为一个系统的性能好坏，往往由最弱的那一环来决定，如果在服务端进行阻塞调用的时候有大部分线程都处于挂起状态，即使程序采用异步调用也不能解决问题。

我们可以将服务端的阻塞调用改为非阻塞调用，当执行 IO 操作的时候，该线程并没有挂起，还是处于执行状态，这时该线程还可以去执行其他代码，不用在这里等待且浪费大量的时间。

11.1.3 回调地狱

在上一节，我们介绍了在编码层面采用异步的方式来执行 IO 操作，在服务器层面让线程改为非阻塞调用，这样就很好地优化了系统的性能。服务端线程的非阻塞调用已经有比较成熟的方案（我们在上一节说过），但是在代码层面，我们往往会使用回调来进行 IO 操作。但是当处理的逻辑比较复杂时，回调就会一层套着一层，最终出现我们常见的回调地狱。在大部分语言中，处理异步的时候都会出现回调地狱。比如，我们将前面的下单逻辑改为异步的方式，这样，如果我们采用回调的实现方式就会写出如下代码：

```
public void createOrder(String productNo){
    //创建获取订单信息的任务
    GetOrderInfoTask task = new GetOrderInfoTask(productNo);
    //设置创建订单的回调
```

```java
        task.setCallBack(new CreateOrderBack() {
            @Override
            public void createOrder(OrderInfo orderInfo) {
                //创建插入订单的任务
                 nsertOrderTask insertOrderTask = new InsertOrderTask(orderInfo);
                //设置减库存的回调
                insertOrderTask.setReduceStoreBack(new ReduceStoreBack() {
                    @Override
                    public void reduceStore(String producerNo) {
                        reduceStore(orderInfo.getProducerNo());
                    }
                });
                threadPool.submit(insertOrderTask);
            }
        });
        //执行获取订单信息的任务
        threadPool.submit(task);
}


/**
 * 获取订单信息任务
 */
public static class GetOrderInfoTask implements Runnable{

    private String productNo;
    private CreateOrderBack callBack;

    public getOrderInfoTask(String productNo) {
        this.productNo = productNo;
    }

    @Override
    public void run() {
        if(productNo == null || "".equals(productNo)){
            return;
        }
        //获取商品信息
        ProductInfo productInfo = getItemInfo(productNo);
        if(productInfo == null){
            return;
        }
        //整理订单信息
        OrderInfo orderInfo = convert2OrderInf(productInfo);
        //在这里执行创建订单回调任务
        callBack.createOrder(orderInfo);
    }

    public void setCallBack(CreateOrderBack callBack) {
        this.callBack = callBack;
```

```java
        }
    }

    /**
     *插入订单任务
     */
    public static class InsertOrderTask implements Runnable{
        private OrderInfo orderInfo;
        private ReduceStoreBack reduceStoreBack;

        public InsertOrderTask(OrderInfo orderInfo){
            this.orderInfo = orderInfo;
        }

        @Override
        public void run() {
            insertRecord(orderInfo);
            //在这里执行减库存回调
            reduceStoreBack.reduceStore(orderInfo.getProducerNo());
        }

        public void setReduceStoreBack(ReduceStoreBack reduceStoreBack) {
            this.reduceStoreBack = reduceStoreBack;
        }
    }

    public interface CreateOrderBack{
        void createOrder(Object obj);
    }

    public interface ReduceStoreBack{
        void reduceStore(String producerNo);
    }
```

其实，上面的代码就执行了 3 步操作：

第一步查询商品的信息；查询完之后执行回调，回调中的逻辑为整理商品信息，然后将商品信息插入数据库中；插入成功之后再执行一个回调，在这个回调中减掉库存。可以看到，上面的代码与用同步实现相比要复杂得多，而且不易维护。当嵌套的层级增多的时候，就会出现我们常见的回调地狱。

11.2　Kotlin 的 Coroutine

Kotlin 在当前的版本引入了协程（Coroutine）来支持更好的异步操作，虽然当前它仍是一个实验性的语言特性，然而却有着非常大的价值。利用它我们可以避免在异步编程中使用大量的回调，同时相比传统多线程技术，它更容易提升系统的高并发处理能力。

在具体介绍协程之前，我们先来探讨下多线程的问题。

11.2.1　多线程一定优于单线程吗

对于多线程的概念想必你应该不太陌生，为了能在一个程序内或者说进程内同时执行多个任务，我们引入了多线程的概念。还是基于我们前面的那个例子，假设这个商城系统在某个时间段内有多个人同时下单。如果只用一个线程去处理，那么一次只能处理一位用户的请求，后面的人必须等待。如果某个人处理的时间非常长，那么后面等待的时间就会很长，这样效率非常低下。现在我们引入了多线程，就可以同时处理多个用户的请求，从而提高了效率。

前面我们说过，传统的 Java Web 框架所采用的服务器通常是 Tomcat，而 Tomcat 所采用的就是多线程的方式。当有请求接入服务器的时候，Tomcat 会为每一个请求连接分配一个线程。当请求不是很多的时候，系统是不会出现什么问题的，一旦请求数多于 Tomcat 所能分配的最大线程数时，如果这时有多个请求被阻塞住了，就会出现一些问题。

我们知道，多线程在执行的时候，只是看上去是同时执行的，因为线程的执行是通过 CPU 来进行调度的，CPU 通过在每个线程之间快速切换，使得其看上去是同时执行的一样。其实 CPU 在某一个时间片内只能执行一个线程，当这个线程执行一会儿之后，它就会去执行其他线程。当 CPU 从一个线程切换到另一个线程的时候会执行许多操作，主要有如下两个操作：

❑ 保存当前线程的执行上下文；

❑ 载入另外一个线程的执行上下文。

注意，这种切换所产生的开销是不能忽视的，当线程池中的线程有许多被阻塞住了，CPU 就会将该线程挂起，去执行别的线程，那么就产生了线程切换。当切换很频繁的时候，就会消耗大量的资源在切换线程操作上，这就会导致一个后果——采用多线程的实现方式并不优于单线程。

11.2.2　协程：一个更轻量级的"线程"

在前面一节中我们说过，当线程过多的时候，线程切换的开销将会变得不可忽视。那么怎么去解决线程切换所带来的弊端呢？在 Kotlin 中，我们引入了协程，在具体介绍 Kotlin 的协程之前，我们先来看看什么是协程。

协程并不是一个非常新的概念，它早在 1963 年就已经被提出来了。

协程是一个无优先级的子程序调度组件，允许子程序在特定的地方挂起恢复。线程包含于进程，协程包含于线程。只要内存足够，一个线程中可以有任意多个协程，但某一时刻只能有一个协程在运行，多个协程分享该线程分配到的计算机资源。

通过上面的概念你可能对协程有了一点模糊的了解。我们先来看一个简单的例子：

```
import kotlinx.coroutines.experimental.*

fun main(args: Array<String>) {
    GlobalScope.launch {     // 在后台启动一个协程
        delay(1000L)         // 延迟1秒(非阻塞)
        println("World!")    // 延迟之后输出
    }
    println("Hello,")        // 协程被延迟了1秒，但是主线程继续执行
    Thread.sleep(2000L)      // 为了使JVM保活，阻塞主线程2秒钟(若将这段代码删掉会出现什么情况？)
}
```

上面就是 Kotlin 中最简单的协程了。我们首先通过 launch 构造了一个协程，该协程内部调用了 delay 方法，该方法会挂起协程，但是不会阻塞线程，所以在协程延迟 1 秒的时间段内，线程中的"Hello,"会被先输出，然后"World！"才会被输出。

通过上面的例子我们可以看出，协程与线程非常类似。那么为什么我们说协程是轻量级的线程呢？它又是如何来帮助我们解决前面所提出的问题的呢？我们知道，线程是由操作系统来进行调度的，前面说过，当操作系统切换线程的时候，会产生一定的消耗。而协程不一样，协程是包含于线程的，也就是说协程是工作在线程之上的，协程的切换可以由程序自己来控制，不需要操作系统去进行调度。这样的话就大大降低了开销。接下来我们就通过一个简单的例子来看一下，采用协程为何能够降低开销。

```
import kotlinx.coroutines.experimental.*

fun main(args: Array<String>) = runBlocking {
    repeat(100_000) {
        launch {
            println("Hello")
        }
    }
}
```

在上面的代码中，我们启动了 10 万个协程去执行了一个输出"Hello"的操作，当我们执行这段代码之后，"Hello"就会被陆续地打印出来。但是，如果我们启动 10 万个线程去做的话，就可能会出现"out of memory"的错误了。

11.2.3 合理地使用协程

在上一节中我们了解到了协程的一些优势，也简单地接触到了协程。但是你可能对于 Kotlin 中的协程还是比较陌生，比如什么时候该用什么方法，如何合理地创建一个协程等。那么本节我们将会通过一些例子来详细地了解一下协程。

1. launch 与 runBlocking

在上一节中，我们实现了一个 Kotlin 中最简单的协程：

```
import kotlinx.coroutines.experimental.*

fun main(args: Array<String>) {
    GlobalScope.launch {  // 在后台启动一个协程
        delay(1000L)      // 延迟1秒(非阻塞)
        println("World!") // 延迟之后输出
    }
    println("Hello,")     // 协程被延迟了1秒，但是主线程继续执行
    Thread.sleep(2000L)   // 为了使JVM保活，阻塞主线程2秒钟(若将这段代码删掉会出现什么情况?)
}
```

我们给出这个例子主要是为了说明协程与线程的相似之处。其实上面的代码中存在着一些不合理的地方。这是我们既使用了 delay 方法又使用了 sleep 方法，但是：

❑ delay 只能在协程内部使用，它用于挂起协程，不会阻塞线程；

❑ sleep 用来阻塞线程。

混用这两个方法会使得我们不容易弄清楚哪个是阻塞式的，哪个又是非阻塞式的。为了改良上述实现方式，我们引入 runBlocking：

```
import kotlinx.coroutines.experimental.*

fun main(args: Array<String>) = runBlocking {
    GlobalScope.launch {
        delay(1000L)
        println("World!")
    }
    println("Hello,")
    delay(2000L)
}
```

在上面的代码中，我们利用 runBlocking 将整个 main 函数包裹起来了，这里我们就不再需要使用 sleep 方法，而是全部用非阻塞式的 delay 方法。但是运行结果与上面一样。通过这两个例子，我们认识了两个函数——launch 与 runBlocking。这两个函数都会启动一个协程，不同的是，runBlocking 为最高级的协程，也就是主协程，launch 创建的协程能够在 runBlocking 中运行（反过来是不行的）。所以上面的代码可以看作在一个线程中创建了一个主协程，然后在主协程中创建了一个输出为"World!"的子协程。

需要注意的是，runBlocking 方法仍旧会阻塞当前执行的线程。

2. 协程的生命周期与 join

在前面的代码中，我们在程序的最后都加上了一行这样的代码：

```
Thread.sleep(2000L)
```

或者：

```
delay(2000L)
```

这样做的原因是为了让程序不要过早地结束。这两行代码的意思都可以理解为：2 秒之

后，结束该程序或者说程序在这 2 秒之内保活。如果没有这两行代码，那么上面的例子运行之后只会输出 "Hello,"，因为主线程没有被阻塞，程序会立即执行，不会等待协程执行完之后再结束。

可是我们在执行 IO 操作的时候并不知道该操作要执行多久，比如：

```
launch {
    search()
}
```

我们要在上面的协程中执行一个查询数据库的操作，但我们并不知道该查询操作要执行多久，所以没有办法去设定一个合理的时间来让程序一直保活。为了能够让程序在协程执行完毕之前一直保活，我们可以使用 join：

```
import kotlinx.coroutines.experimental.*

fun main(args: Array<String>) = runBlocking {
    val job = launch {
        search()
    }
    println("Hello,")
    job.join()
}

suspend fun search() {
    delay(1000L)
    println("World!")
}
```

在上面的代码中，我们定义了一个查询操作（假设该操作为 IO 操作），我们不知道该操作会执行多久，所以我们在程序的最后增加了：

```
job.join()
```

这样程序就会一直等待，直到我们启动的协程结束。注意，这里的等待是非阻塞式的等待，不会将当前线程挂起。

当然，有时也需要给程序定时，比如我们不需要某个 IO 操作执行很长时间，超过一定时间之后就报超时的错误，在这种情况下我们就不必使用 join。

在上面的代码中，还出现了一个关键字：suspend。用 suspend 修饰的方法在协程内部使用的时候和普通的方法没什么区别，不同的是在 suspend 修饰的方法内部还可以调用其他 suspend 方法。比如，我们在上面的 search 方法中调用的 delay 就是一个 suspend 修饰的方法，这些方法只能在协程内部或者其他 suspend 方法中执行，不能在普通的方法中执行。

11.2.4 用同步方式写异步代码

通过前面几节的介绍，相信你应该知道怎么去使用协程了。你也了解到了协程可以用来实现非阻塞的程序。说到非阻塞，你肯定会想到异步，那么本节我们将介绍协程的另外一个特性，就是利用协程来优雅地处理异步逻辑。

在具体介绍如何用协程处理异步逻辑之前，我们先来看看代码在协程中的执行顺序是怎样的：

```
suspend fun searchItemlOne(): String {
    delay(1000L)
    return "item-one"
}

suspend fun searchItemTwo(): String {
    delay(1000L)
    return "item-two"
}

fun main(args: Array<String>) = runBlocking<Unit> {
    val one = searchItemlOne()
    val two = searchItemTwo()
    println("The items is ${one} and ${two}")
}
```

在上面的代码中，我们首先定义了两个查询商品的方法，分别是 searchItemlOne 与 searchItemlTwo，然后在主协程中执行这两个方法，最后输出两个商品的信息。在我们执行这两个查询操作的时候，在协程内部，这两个方法其实是顺序执行的，也就是说，先执行 searchItemlOne，再执行 searchItemlTwo，这有点类似我们在 11.1.1 节中利用 Java 实现的同步代码。在这个例子中，顺序执行其实是不合理的，因为这两个查询操作不会相互依赖，也就是说，第 2 个查询操作不需要等第 1 个查询操作完成之后再去执行，它们的关系应该是并行的。

为了让上面两个操作并行执行，我们可以使用 Kotlin 中的 async 与 await。我们先来看看上面的代码改造之后是什么样子的：

```
fun main(args: Array<String>) = runBlocking<Unit> {
    val one = async { searchItemlOne() }
    val two = async { searchItemTwo() }
    println("The items is ${one.await()} and ${two.await()}")
}
```

可以看到，我们将两个查询操作利用 async 包裹了起来，类似于我们前面讲过的 launch。使用 async 也相当于创建了一个子协程，它会和其他子协程一样并行工作，与 launch 不同的是，async 会返回一个 Deferred 对象。

Deferred 值是一个非阻塞可取消的 future，它是一个带有结果的 job。

我们知道，launch 也会返回一个 job 对象，但是没有返回值。

　　回到上面的代码，在输出商品的时候，我们用到了 await 方法，这是因为这两个商品结果都是非阻塞的 future。future 的意思是说，将来会返回一个结果，利用 await 方法可以等待这个值查询到之后，然后将它获取出来。

　　通过使用 async 与 await 我们就实现了异步并行的代码。但是在风格上，上面的代码与同步代码也没有什么区别。我们可以通过对上面两段代码的执行时间做一个比较来得出结论。

```
val time = measureTimeMillis {
    val one = searchItem1One()
    val two = searchItemTwo()
    println("The items is ${one} and ${two}")
}

println("Cost time is ${time} ms")
```

不使用 async 与 await 时的执行结果：

```
The items is item-one and item-two
Cost time is 2035 ms
```

接下来，我们使用 async 与 await 方法：

```
val time = measureTimeMillis {
    val one = async { searchItem1One() }
    val two = async { searchItemTwo() }
    println("The items is ${one.await()} and ${two.await()}")
}

println("Cost time is ${time} ms")
```

执行结果为：

```
The items is item-one and item-two
Cost time is 1038 ms
```

可以看到，执行时间几乎缩短了一半。

　　通过利用协程来异步实现业务逻辑，不仅能够大大节省程序的执行时间，而且能够提高代码的可读性。比如上面的查询操作都是异步操作，必须等待这两个商品都被查出来之后才能输出商品信息，按照以前编写异步逻辑的方法，我们还需要使用回调。现在直接能够用同步风格的代码来实现异步逻辑了，使得代码的可维护性大大增强了。

　　在前面我们介绍了 Kotlin 协程的一些优点。但是协程也不是万能的，我们也不能去滥用协程。Kotlin 的协程还存在一些弊端。这是因为 Kotlin 的协程目前还处于实验阶段，在业务逻辑中，尤其是非常重要的业务逻辑中使用它可能会出现一些未知的问题。另外，滥用协程可能会使得代码变得更加复杂，不利于后期的维护。

11.3　共享资源控制

这一节我们就来看看并发中的另外一块重要的内容，那就是共享资源控制。共享资源可以是一个共享变量，或者是数据库中的数据等。那么如何保证共享资源的正确性，在并发编程中至关重要。下面我们就来看看具体怎么做。

11.3.1　锁模式

最直观的办法就是对共享资源加锁。因为前面讲到，一段代码块可以由多个线程执行，那么存在两个甚至多个线程对共享资源进行操作，则可能会导致共享资源不一致的问题。比如，一个商品的库存在一个抢购的活动中由于高并发量可能出现超卖的情况，所以我们需要对商品库存这种共享资源进行加锁，保证同一时刻只有一个线程能对其进行读写。Java 程序员对如何给代码加锁应该比较熟悉了，最常见的便是 synchronized 关键字，它可以作用在方法及代码块上。虽然 Kotlin 是基于 Java 改良过来的语言，但是它没有 synchronized 关键字，取而代之，它使用了 @Synchronized 注解和 synchronized() 来实现等同的效果。比如：

```kotlin
class Shop {
    val goods = hashMapOf<Long,Int>()

    init {
        goods.put(1,10)
        goods.put(2,15)
    }


    @Synchronized fun buyGoods(id: Long) {
        val stock = goods.getValue(id)
        goods.put(id, stock - 1)
    }

    fun buyGoods2(id: Long) {
        synchronized(this) {
            val stock = goods.getValue(id)
            goods.put(id, stock - 1)
        }
    }

}
```

在 Kotlin 中，使用 @Synchronized 注解来声明一个同步方法，另外使用 synchronized() 来对一个代码块进行加锁。你可能不喜欢用 synchronized 方式来写一个同步代码，因为它在有些时候性能表现很一般。确实 synchronized 在并发激烈的情况下，不是一个很好的选择。但是在实际开发中，我们要根据具体场景来设计方案，比如我们明知并发量不会很大，却一味地追求所谓的高并发，最终只会导致复杂臃肿的设计及众多基本无用的代码。软件设计中有一句名言：

过早的优化是万恶之源。

在竞争不是很激烈的情况下，使用 synchronized 相对来说更加简单，也更加语义化。

Kotlin 除了支持 Java 中 synchronized 这种并发原语外，也同样支持其他一些并发工具，比如 volatile 关键字，java.util.concurrent.* 下面的并发工具。当然，Kotlin 也做了一些改造，比如 volatile 关键字在 Kotlin 中也变成了注解：

```kotlin
@Volatile private var running = false
```

除了可以用 synchronized 这种方式来对代码进行同步加锁以外，在 Java 中还可以用 Lock 的方式来对代码进行加锁。所以我们试着改造一下上面的 buyGoods 方法：

```kotlin
var lock: Lock = ReentrantLock()
fun buyGoods(id: Long) {
    lock.lock()
    try {
        val stock = goods.getValue(id)
        goods.put(id, stock - 1)
    } catch (ex: Exception) {
        println("[Exception] is ${ex}")
    } finally {
        lock.unlock()
    }
}
```

但是这种写法似乎有如下不好之处：

❑ 若是在同一个类内有多个同步方法，将会竞争同一把锁；

❑ 在加锁之后，编码人员很容易忘记解锁操作；

❑ 重复的模板代码。

那么，我们现在试着对它进行改进，提高这个方式的抽象程度：

```kotlin
fun <T> withLock(lock:Lock,action:()-> T):T{
    lock.lock()
    try{
        return action()
    } finally {
        lock.unlock()
    }
}
```

withLock 方法支持传入一个 lock 对象和一个 Lamada 表达式，所以我们现在可以不用关心对 buyGoods 进行加锁了，只需要在调用的时候传入一个 lock 对象即可。

```kotlin
fun buyGoods(id: Long) {
    val stock = goods.getValue(id)
    goods.put(id, stock - 1)
}

var lock: Lock = ReentrantLock()
withLock(lock, {buyGoods(1)})
```

Kotlin 似乎也想到了这一点，所以在类库中提供了相应的方法。

```kotlin
var lock: Lock = ReentrantLock()
lock.withLock {buyGoods(1)}
```

上面，我们探讨了如何在 Kotlin 中更优雅地书写加锁代码。然而还没有涉及并发性能。现在我们来思考一个场景，前面是一个商家卖货，而现在是多个商家卖货，所有的顾客购买时都会调用 buyGoods 方法。似乎用上面的方式也可以，那么真的合理吗？

其实仔细思考一下，上面的方法并不是一个好的方式。因为不同商家之间的商品库存并不会有并发冲突，比如从 A 商家购买衣服和从 B 商家购买鞋子是可以同时进行的，但是如果用上面的方式将不会被允许，因为它同一时刻只能被一个线程调用，从而会导致锁竞争激烈，线程堵塞直至程序崩溃。

其实解决这个问题的核心就在于如何对并发时最会发生冲突的部分进行加锁。那么能不能为具体商家的 buyGoods 进行加锁呢？我们试着改造一下上面的逻辑：

```kotlin
class Shop (private var goods: HashMap<Long, Int>) {
    private val lock: Lock = ReentrantLock()

    fun buyGoods(id: Long) {
        lock.withLock {
            val stock = goods.getValue(id)
            goods.put(id, stock - 1)
        }

    }
}

class ShopApi {
    private val A_goods = hashMapOf<Long, Int>()
    private val B_goods = hashMapOf<Long, Int>()

    private var shopA: Shop
    private var shopB: Shop

    init {
        A_goods.put(1, 10)
        A_goods.put(2, 15)
```

```
            B_goods.put(1, 20)
            B_goods.put(2, 10)
            shopA = Shop(A_goods)
            shopB = Shop(B_goods)
        }


    fun buyGoods(shopName: String, id: Long) {
        when (shopName) {
            "A" -> shopA.buyGoods(id) //不同商家使用不同的model处理
            "B" -> shopB.buyGoods(id)
            else -> { }
        }

    }
}

val shopApi = ShopApi()

shopApi.buyGoods("A", 1)
shopApi.buyGoods("B", 2)
```

我们实现了一个简化版本的业务锁分离，只对同一个商家的购物操作进行加锁，不同商家之间的购物不受影响。当然，为了实现这种方式，似乎花费了很大的功夫，需要初始化多个 Shop。当然也可以在运行时初始化它们，不过这样就要考虑初始化的线程安全问题。另外，要是有成千上万个商家，使用 when 来匹配可能是一个灾难。再比如，这种方式无法支持异步，所以这种模式还是有很多问题的。但是现在我们已经可以很清晰地知道如何来改善这种方式：

❑ 独立的一个单元，可以有状态，可以处理逻辑（比如上面的 Shop 类）；
❑ 每个单元有独特的标识，且系统中最多只能有一个实例；
❑ 每个单元可以顺序地处理逻辑，不会有并发问题，方法同步是一种方案，线程安全的消息队列也是一种方案；
❑ 最好能支持异步操作，处理成功后可以有返回值。

以上几点是我们完善这个模型所需的关键点。下面我们就来看看如何达到要求。

11.3.2　Actor：有状态的并行计算单元

其实上面我们已经实现了一个简单的、有状态的并行计算单元，就是 Shop 类。但是它还有很多缺陷。下面我们就来看一个真正的、有状态的并行计算单元——Actor。可能很多读者之前都没听说过 Actor，其实 Actor 这个概念已经存在很久了，它由 Carl Hewitt、Peter Bishop 及 Richard Steiger 在 1973 年的论文中提出，但直到这种概念在 Erlang 中应用后，才逐渐被大家所熟知。而且现在 Actor 模型已经被应用在生产环境中，比如 Akka（一个基于 Actor 模型的并发框架）。另外很多语言也支持 Actor 模型，比如 Scala、Java，包括 Kotlin

也内置了 Actor 模型。其实 Actor 模型所要做的事情很简单：

- 用另一种思维来解决并发问题，而不是只有共享内存这一种方式；
- 提高锁抽象的程度，尽量不在业务中出现锁，减少因为使用锁出现的问题，比如死锁；
- 为解决分布式并发问题提供一种更好的思路。

光看概念你可能还是很迷糊，Actor 到底是一个什么东西。举个简单的例子：假定现实中的两个人，他们只知道对方的地址，他们想要交流，给对方传递信息，但是又没有手机、电话、网络之类的其他途径，所以他们之间只能用信件传递消息。很像现实中的邮政系统，你要寄一封信，只需根据地址把信投寄到相应的信箱中，具体它是如何帮你处理送达的，你就不需要了解了。你也有可能收到收信人的回复，这相当于消息反馈。上述例子中的信件就相当于 Actor 中的消息，Actor 与 Actor 之间只能通过消息通信。Actor 系统如图 11-3 所示。

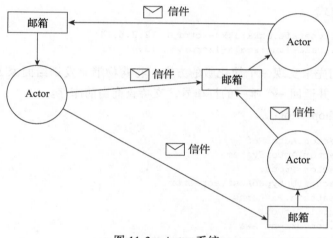

图 11-3　Actor 系统

看过上面的例子，你似乎知道了 Actor 是一个怎么样的东西。但是又很好奇，Actor 跟并发又有什么关系？我们还是通过上面这个例子来讲解。首先使用 Actor 模式，不同人之间的邮件投递可以并行处理，反映到应用中，就是可以利用多核的处理器。另外，信件信息是不可变的，你不能在发出这封信件后又去修改它的内容，同时接收信件的人是从它的信箱里有序地处理信件，这两点就可以保证消息的一致性，不再需要使用共享内存。另外，顺序地处理消息，Actor 内部的状态将不会有线程安全问题。

现在我们就来尝试使用 Actor 来解决上面的购物例子，鉴于 Kotlin 内置的 Actor 功能并不是很完善，而且目前只是实验版，并没有加入正式的 Kotlin 标准库里，所以这里我们就不讲解 Kotlin 中内置的 Actor 了，感兴趣的读者可以自行学习 Kotlin 协程库中 Actor 部分的内容：https://github.com/Kotlin/kotlinx.coroutines。这里我们将会使用成熟的基于 Actor

的框架——Akka。Akka 同时支持 Scala 和 Java，而 Kotlin 百分百兼容 Java，所以 Akka 也可以在 Kotlin 中使用。使用 Akka 需要引入相关的依赖包，使用 Maven 和 Gradle 都可，暂时只需要引入核心的 akka-actor 包即可。由于 Akka 是使用 Scala 编写的，所以这里我们需要引入 Scala 的核心包。

（1）Maven 方式

```
<dependency>
    <groupId>com.typesafe.akka</groupId>
    <artifactId>akka-actor_2.12</artifactId>
    <version>2.5.14</version>
</dependency>
<dependency>
    <groupId>org.scala-lang</groupId>
    <artifactId>scala-library</artifactId>
    <version>2.12.4</version>
</dependency>
```

（2）Gradle 方式

```
compile 'com.typesafe.akka:akka-actor_2.12:2.5.14'
compile 'org.scala-lang:scala-library:2.12.4'
```

接下来，我们先来实现一个简化版的方案，将购物消息发送给商家 Actor，商家 Actor 进行减库存操作，并返回一个唯一的订单号，支持查询当前库存。

首先，实现 ShopActor：

```kotlin
import akka.actor.ActorRef
import akka.actor.ActorSystem
import akka.actor.Props
import akka.actor.UntypedAbstractActor
import akka.pattern.Patterns
import akka.util.Timeout
import scala.concurrent.Await
import scala.concurrent.duration.Duration
import java.util.*

class ShopActor(val stocks: HashMap<Long, Int>) : UntypedAbstractActor() {
    var orderNumber = 1L
    override fun onReceive(message: Any?) {
        when (message) {
            is Action.Buy -> {
                val stock = stocks.getValue(message.id)
                if (stock > message.amount) {
                    stocks.plus(Pair(message.id, stock - message.amount))
                    sender.tell(orderNumber, self)
                    orderNumber++
                } else {
                    sender.tell("low stocks", self)
                }
            }
```

```
                is Action.GetStock -> {
                    sender.tell(stocks.get(message.id), self)
                }
            }
        }
    }
}

sealed class Action {
    data class BuyOrInit(val id: Long, val userId: Long, val amount: Long, val
        shopName: String, val stocks: Map<Long, Int>) : Action()
    data class Buy(val id: Long, val userId: Long, val amount: Long) : Action()
    data class GetStock(val id: Long) : Action()
    data class GetStockOrInit(val id: Long, val shopName: String, val stocks:
        Map<Long, Int>) : Action()
}

class ManageActor : UntypedAbstractActor() { //管理和初始化ShopActor
    override fun onReceive(message: Any?) {
        when (message) {
            is Action.BuyOrInit -> getOrInit(message.shopName,message.stocks).
                forward(Action.Buy(message.id, message.userId, message.amount),
                context)
            is Action.GetStockOrInit -> getOrInit(message.shopName,message.
                stocks).forward(Action.GetStock(message.id), context)
        }
    }

    fun getOrInit(shopName: String, stocks: Map<Long, Int>): ActorRef {
        return context.findChild("shop-actor-${shopName}").orElseGet { context.
            actorOf(Props.create(ShopActor::class.java, stocks), "shop-actor-
            ${shopName}") }
    }

}
```

ShopActor 内部有两个状态，分别是 stocks 和 orderNumber，分别代表库存和订单号。另外，我们定义了一个 sealed class，用它来表示用户请求行为。同时 ShopActor 内部有一个 onReceive 方法，根据用户的不同请求来做不同的处理。最后，我们定义了一个 ManageActor，由它来负责管理和初始化 ShopActor。现在我们尝试来使用这个方案：

```
fun main(args: Array<String>) {
    val stocksA = hashMapOf(Pair(1L, 10), Pair(2L, 5), Pair(3L, 20))
    val stocksB = hashMapOf(Pair(1L, 15), Pair(2L, 8), Pair(3L, 30))
    val actorSystem = ActorSystem.apply("shop-system") //初始化Actor系统
    val manageActor = actorSystem.actorOf(Props.create(ManageActor::class.java),
        "manage-actor")
    val timeout = Timeout(Duration.create(3, "seconds"))

    val resA = Patterns.ask(manageActor, Action.GetStockOrInit(1L, "A", stocksA),
        timeout)
```

```
val stock = Await.result(resA, timeout.duration())
println("the stock is ${stock}")

val resB = Patterns.ask(manageActor, Action.BuyOrInit(2L, 1L, 1,"B", stocksB),
    timeout)
val orderNumber = Await.result(resB, timeout.duration())
println("the orderNumber is ${orderNumber}")

}

result:

the stock is 10
the orderNumber is 1
```

这里我们首先初始化了一个 Actor 系统，然后创建了 ManageActor，同时模拟了两个用户的操作，一个读取库存操作，一个购买商品操作。到这里，整个例子已经完成得差不多了。可能很多读者看到这一堆代码感觉有点压力，所以这里我们将上面的结构用图 11-4 表示出来。

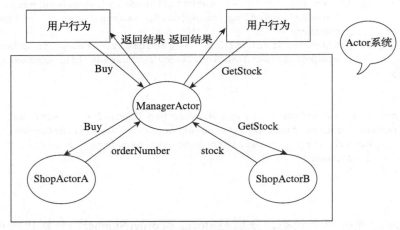

图 11-4　基于 Actor 的购物系统

通过上图你应该能大致清楚了 Actor 这种设计背后的思想，就是将一个个行为分解成合适的单位来进行处理。那么这种 Actor 方案是如何保证共享资源的正确性的呢？

其中主要的一点是 Akka 中的 Actor 共享内存设计理念与传统方式的不同，Actor 模型提倡的是：通过通信来实现共享内存，而不是用共享内存来实现通讯。这点是与 Java 解决共享内存最大的区别。举个例子，在 Java 中我们要去操作共享内存中的数据时，每个线程都需要不断地获取共享内存的监视器锁，然后将操作后的数据暴露给其他线程访问使用，用共享内存来实现各个线程之间的通信。而在 Akka 中，我们可以将共享可变的变量作为一个 Actor 内部的状态，利用 Actor 模型本身串行处理消息的机制来保证变量的一致性。

当然，要使用该机制也必须满足以下两条原则：

❑ 消息的发送必须先于消息的接收；

❑ 同一个 Actor 对一条消息的处理先于对下一条消息的处理。

第 2 个原则很好理解，就是上面我们说的 Actor 内部是串行处理消息，这样在 Actor 内部就保证不会出现并发问题。那我们来看看第 1 个原则，为什么要保证消息的发送先于消息的接收？这里就需要先介绍一下 Actor 的结构。每个 Actor 都有一个属于自己的 MailBox，可以理解为用于存放消息的队列，比如一下子向一个 Actor 发送了几十万条消息，则 Actor 会将这些消息先存储在 MailBox 中，然后依次进行处理。那么这与消息的发送和接收有什么联系呢？

其实，上面这种方式如果没有保证的话则会出现问题，因为这里面存在两个操作，一个是向 MailBox 中写入消息，一个是从 MailBox 中读取消息，它们不是一个原子操作，可能会出现一条消息在被写入 MailBox 中还没结束的时候，就被 Actor 读取走了，这就有可能出现一些未知的情况。所以必须保证消息的发送先于消息的接收，简单来说就是消息必须先完整地写入 MailBox 才能被接收处理。那么 MailBox 必须是线程安全的。虽然我们在使用层面对此没有感知，但是我们还是需要了解一下 MailBox 背后是用什么方式实现的，这是 Actor 能处理并发问题的核心关键。

首先，MailBox 是一个存储消息的队列，而且消息只会添加在队列的尾部，取消息是在队列的头部，那么这里可以使用 LinkedBlockingDeque 来作为 MailBox 的基础结构，它是基于双向链表实现的，而且也是线程安全的。但是需要说明的一点是，LinkedBlockingDeque 内部还是使用 Lock 来保证线程安全的。其实还有其他队列也适合这种场景，比如 ConcurrentLinkedQueue，它内部使用 CAS 操作来保证线程安全。但是 Akka 并没有采用这两种方案，而是自己实现了一个 AbstractNodeQueue，有兴趣的读者可以去看一下源码：https://github.com/akka/akka/blob/master/akka-actor/src/main/java/akka/dispatch/AbstractNodeQueue.java。从源码可以看出，AbstractNodeQueue 是一个功能更加明确的队列，是专门为 Actor 这种需求所设计的。

以上更多的是探讨了使用 Actor 来设计并发方案的思路及它的基本模型原理，关于例子中的 Akka 的知识点没有过多阐述，推荐大家可以去了解学习一下这个：https://github.com/akka/akka。

有人会说，既然 Actor 这么强大，那是不是说使用 Actor 就能解决并发问题？其实不是，使用 Actor 这种方案并不一定就会比其他方案在并发性能上表现得更加优异，每种场景都有最适合自己的方案，这里更多的是在并发方案设计上的探讨，跳出原有思维，去看看别的解决方案。其实 Actor 模型这种思想简单概括来说就是分而治之，把一个大任务分解成一个个独立的小任务，依靠多核处理器以及多线程来到达整体的最优。

现在我们回过头来思考一下上面的设计方案，其实它少了一个核心的部分，就是数据的持久化。前面例子中我们为了方便讲解而使用 Map 来存储数据，其实这是有问题的，因为它是存储在内存中的，要是什么时候系统宕机或者程序崩溃，那么数据就会丢失。这样肯定就无法在生产环境中使用，所以我们需要把数据持久化，比如存储在数据库中。这个思路很简单，但是又会带来一个问题，本来我们在逻辑上已经将业务分解了，若是最后又回归到数据库单个表的竞争，那么前面所有的花费都是徒劳。一般情况下，在系统优化得当的情况下，并发的瓶颈就在于数据库，主要有两方面：

❑ 数据库的连接和关闭，网络传输需要一定时间；
❑ 一些不恰当的或者事务需要锁表的 SQL，如果大量执行会导致数据库执行变慢，甚至崩溃。

以往我们的设计都是将对象的状态实时更新到数据库中，比如商品被购买一件后便修改数据库里相应的库存数量，而且我们还需要经常去读取库存，这也就是我们通常所说的CRUD 模式。这种模式很好理解，也很简单，在并发不激烈的情况下并不会有什么问题。但当并发激烈的时候这样的方案会给数据库带来很大的压力，频繁的锁表事务操作不仅会让 SQL 的执行变慢、失败，还会影响整个系统的吞吐量，甚至引起系统的崩溃。那么面对这种情况，是否有别的方案能解决这个问题？

我们来试想一下能不能采用读写分离这种思想，最容易想到的是主从数据库。但是这种方案还是有一些问题，一来避免不了修改库存时候的并发竞争，二来数据同步也需要大量的消耗。其实我们能运用另一种方式来解决这个问题，那就是 CQRS（Command Query Responsibility Segregation）架构。下面我们就来看看它到底是一种怎样的设计。

11.4　CQRS 架构

CQRS 是一种命令与查询职责分离的设计原则，简单来说也是一种读写分离的设计方案。但它与我们普通方式的读写分离有一些区别，主要体现在写方面，它不再是对记录进行不断修改，而是一种事件溯源的思维方式。举个简单的例子，它跟数据库备份所使用的 binlog 方案很像，数据库会将有修改状态行为的 SQL 执行情况一条一条地记录在binlog 日志中，利用这些记录便能推导出最终的状态。下面我们就来一探 CQRS 的背后。

11.4.1　Event Sourcing 事件溯源——记录对象操作轨迹

事件溯源这个名词听起来可能不好理解，其实它的原理很简单，就是根据一系列事件推导出对象的最新状态。举个简单的例子，假如你购买一件商品，那么这件商品的库存应该减一，但是你突然又不想买了，进行了退货，那么这时商品库存又要加一。一来一回商品的库存并没有发生变化，按照普通的方式你会对数据库中的库存来进行状态的修改，但是这种方式要是不借助其他记录，我们将无法知晓在该对象上发生了什么事。所以比较合理的方式应该是记录每次发生在该对象上的状态变更事件，根据这个事件来推导出对象的最新状态。这便是事件溯源。

一开始你可能并不容易从 CURD 模式跳出来，接受一种新的思维模式，就像你本来用面向对象的思维方式写代码，一下子让你用函数式的思维去写，肯定会不适应。所以我们先来看一下事件溯源中最关键的几点：

❑ 以事件为驱动，任何的用户行为都是一种事件，比如上面说的购买商品、退货等；

❑ 存储所有对于对象状态会有影响的事件，这一点至关重要，因为我们在程序恢复或者数据校验的时候都需要它；

❑ 用于查询或者显示的视图数据不一定要持久化，比如我们将对象的状态数据存放在内存中。

第 1 点很好理解，在前面 Actor 的例子中我们已经这么做了。

```
sealed class Action {
    ...
}
```

我们将事件行为都声明在 Action 类中，通过这种方式就可以将业务行为分成各种事件。比如现在定义一个退货事件：

```
sealed class Action {
    data class Return(val id: Long, val userId: Long, val amount: Long) : Action()
}
```

利用事件驱动的方式构建业务逻辑，不仅语意上更加清晰，同时还天然支持异步操作。使用异步架构可以较为容易地提升程序的吞吐量。

在讲第 2 点之前，我们需要来了解两个概念：聚合，聚合根。

聚合顾名思义是一系列对象的集合。比如一个商家里面有商品、优惠券等，它们的集合就可以看作一个聚合。而聚合根属于这个聚合中可以被外部访问的元素，比如这里商家便是一个聚合根，经过它我们才能查看它其中的商品、优惠券等。图 11-5 所示可用来帮助大家理解。

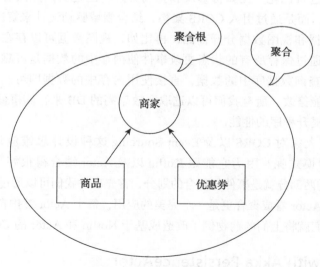

图 11-5　聚合与聚合根示例

为什么说理解聚合和聚合根很重要呢？因为要结合 CQRS、事件溯源这些设计，我们就要用一种新的思维模式去设计我们的业务，只能通过聚合根来操作聚合中其他对象的状态，比如只能通过商家去修改商品的库存，而不允许直接修改库存。这么说可能有点抽象，其实很简单，就是你原来可能直接在数据库中更改一下商品的库存便可以了，而现在你需要向商家发一条修改商品库存的信息，然后它会生成一个库存修改事件，最后才会修改好库存（修改聚合里面对象的状态也可以修改数据库中的记录）。那么本来简单的一个操作反而变复杂了，它有什么益处呢？

我们以传统的方式来试想一下，假设商家修改了商品库存，但是后来发现修改错了，一来可能忘记了修改的内容无法回滚，二来即使可以回滚，付出的代价也是极大的，因为它需要回滚所有与商品库存有关的操作。数据回滚的操作在现实环境中还是存在的，比如银行、交易所的业务，如果哪一段时间出现了重大异常，可能就需要回滚数据。而如果通过一个聚合根来修改聚合中对象的状态，那么这一切将会变得容易。我们会记录聚合所有的状态更改事件，可以根据这些事件恢复到任一时刻聚合的状态。

那么这种方式有什么缺点吗，当然也有，因为需要保存每次修改状态的事件，将会占用大量的存储空间。而且在进行状态恢复时，需要回放以前所有的事件，这也会有一定的消耗。当然这个问题我们可以通过引入快照解决。

上面我们更多探讨的是一种设计，可以算是领域驱动设计的一部分。那么这种设计为什么能改进并发时遇到的问题呢？

前面说到，并发最大的困难就在于对共享资源的竞争，在前一节我们已经试着将竞争的部分进行分解，达到一个适合的单位。但是某个具体单位的竞争还是可能会激烈，所以尝试着从业务角度进行优化，比如将修改和查询分开。但是我们并没有使用传统的思维模式来解决这个问题，而是通过引入 CQRS 架构，结合领域驱动设计来解决这个问题。比如，我们可以将持久数据和视图数据分开存储，再比如，视图数据可以存在内存数据中，提高查询效率。另外，通过保存所有的状态更改事件使内存中的数据是可靠的，比如减少库存数量的时候，不必查询数据库中的数据，直接使用内存中的数据即可。同时，因为事件是不断被添加而且不能修改，所有我们可以选取写效率高的 DB 来存储事件，比如 cassandra。通过这些优化将会提升程序的性能。

到这里，相信大家对 CQRS 以及 Event Sourcing 这种设计思维应该有所了解了。那么为什么会讲这种模式呢？因为它能跟 Kotlin 以及 Actor 结合得很好。CQRS 以及 Event Sourcing 中最重要的两部分就是事件与聚合的划分，首先事件我们可以通过 Kotlin 的 Data class 来实现，而将一个 Actor 看成聚合更是一个完美的应用，每个 Actor 维护自身的状态，又简洁又高效。接下来我们就将上面的购物例子改造成基于 Kotlin 和 Actor 的 CQRS 架构。

11.4.2　Kotlin with Akka PersistenceActor

前面实现的 Actor 例子似乎已经应用了各种领域事件，比如购物事件、查询库存事件。

但是我们发现其中有一个很大的欠缺，那就是我们并没有持久化任何的 Actor 状态更改事件。那么假如程序出错甚至崩溃，我们将无法恢复 Actor 的状态，数据将会出错。既然这样我们就有必要持久化状态更改事件的机制。Akka 为我们提供了简单又高效的方式，那就是 PersistenceActor。顾名思义，PersistenceActor 就是支持持久化的 Actor，也就是说它的状态是可靠的。那么 PersistenceActor 与普通的 Actor 又有什么区别呢？

使用 PersistenceActor 首先需要继承 AbstractPersistentActor 类。我们首先来看一下它的关键结构：

```
fun persistenceId()

fun createReceiveRecover()

fun createReceive()
```

这几个方法是继承的时候必须实现的，其中 createReceive 方法与前面例子 Actor 中的 onReceive 类似，都是用来接收处理消息的，只不过是语法上的一点差别，与普通 Actor 关键的差别在于多了 persistenceId 和 createReceiveRecover 方法。前面我们在 CQRS 架构的设计中说过，划分一个聚合是一个关键的步骤，而在这里每一个 Actor 都是一个聚合，那么它必须要有一个聚合标识，这个便是 persistenceId 的用处。简单地说，每个 Actor 的 persistenceId 都要不同，这样才能标识持久化的事件到底是属于哪个聚合的，对 Actor 的状态恢复起到了至关重要的作用。那么 Actor 的状态恢复又是怎么实现的呢？这就是 createReceiveRecover 的作用了，createReceiveRecover 方法会在每次 Actor 重新启动的时候执行回放事件恢复 Actor 的内部状态。下面我们就用 PersistenceActor 来优化上面使用 Actor 实现的购物例子，另外使用 PersistenceActor 需要添加相应的依赖和配置。

依赖如下：

```
compile group: 'com.typesafe.akka', name: 'akka-persistence_2.12', version: '2.5.9'
compile group: 'org.iq80.leveldb', name: 'leveldb', version: '0.10'
compile group: 'com.twitter', name: 'chill-akka_2.12', version: '0.9.2'
```

配置 application.conf 如下：

```
akka.persistence.journal.plugin = "akka.persistence.journal.leveldb"
akka.persistence.snapshot-store.plugin = "akka.persistence.snapshot-store.local"

akka.persistence.journal.leveldb.dir = "log/journal"
akka.persistence.snapshot-store.local.dir = "log/snapshots"

akka.actor.serializers {
    kryo = "com.twitter.chill.akka.AkkaSerializer"
}
akka.actor.serialization-bindings {
    "scala.Product" = kryo
    "akka.persistence.PersistentRepr" = kryo
}
```

这个配置的主要目的是设置持久化事件的存储方式。这里使用 Akka 默认提供的 leveldb 的方式，当然你也可以使用其他的存储方式，比如 Cassandra、Redis、MySQL 等。一般推荐写性能较好的 DB，因为它的基本需求就是写入事件。另外，我们需要配置持久化事件时使用的序列化方式，因为我们知道存储的事件将会非常多，所以需要将事件序列化后再进行存储。减少存储事件的大小，这里使用了 kryo，当然你也可以使用其他的序列化方式。下面就是利用 PersistenceActor 实现的购物例子：

```kotlin
import akka.actor.ActorRef
import akka.actor.ActorSystem
import akka.actor.Props
import akka.actor.UntypedAbstractActor
import akka.pattern.Patterns
import akka.persistence.AbstractPersistentActor
import akka.util.Timeout
import scala.concurrent.Await
import scala.concurrent.duration.Duration
import java.util.HashMap

class ShopStateActor(val shopName: String,var stocks: HashMap<Long, Int>) :
    AbstractPersistentActor() {
    override fun persistenceId() = "ShopStateActor-${shopName}"
    var orderNumber = 1L

    override fun createReceiveRecover(): Receive = receiveBuilder().match(ShopEvt.
        ReduceStock::class.java, this::recoverReduceStock).build()

    fun recoverReduceStock(evt: ShopEvt.ReduceStock) {
        val stock = stocks.getValue(evt.id)
        stocks.plus(Pair(evt.id, stock - evt.amount))
        orderNumber = evt.orderNumber
        orderNumber++
        //self.tell(viewData, viewActor) 视图数据发送给viewActor用于查询
    }

    fun persistReduceStockAfter(evt: ShopEvt.ReduceStock) {
        val stock = stocks.getValue(evt.id)
        orderNumber++
        stocks.plus(Pair(evt.id, stock - evt.amount))
        sender.tell(orderNumber, self)
        //self.tell(viewData, viewActor) 视图数据发送给viewActor用于查询
    }
    fun buyProcess(cmd:Action.Buy) {
        val stock = stocks.getValue(cmd.id)
        if (stock > cmd.amount) {
            persist(ShopEvt.ReduceStock(cmd.id, cmd.userId,cmd.amount,orderNumber),
                this::persistReduceStockAfter)
        } else {
            sender.tell("low stocks", self)
        }
```

```kotlin
    }
    override fun createReceive(): Receive = receiveBuilder().match(Action.
        Buy::class.java, this::buyProcess).build()

}

sealed class ShopEvt {
    object Snapshot : ShopEvt()
    data class SnapshotData(val orderNumber: Long, val stocks: Map<Long, Int>):
        ShopEvt()
    data class ReduceStock(val id: Long, val userId: Long, val amount: Long, val
        orderNumber: Long) : ShopEvt()
    data class AddStock(val id: Long, val amount: Long) : ShopEvt()
}

sealed class Action {
    data class BuyOrInit(val id: Long, val userId: Long, val amount: Long, val
        shopName: String, val stocks: Map<Long, Int>) : Action()
    data class Buy(val id: Long, val userId: Long, val amount: Long) : Action()
    data class GetStock(val id: Long) : Action()
    data class GetStockOrInit(val id: Long, val shopName: String, val stocks:
        Map<Long, Int>) : Action()
}

class ManageStateActor : UntypedAbstractActor() {
    override fun onReceive(message: Any?) {
        when (message) {
            is Action.BuyOrInit ->
            {print(message)
                getOrInit(message.shopName,message.stocks).forward(Action.
                    Buy(message.id, message.userId, message.amount), context)}
            is Action.GetStockOrInit -> getOrInit(message.shopName,message.
                stocks).forward(Action.GetStock(message.id), context)
        }
    }

    fun getOrInit(shopName: String, stocks: Map<Long, Int>): ActorRef {
        return context.findChild("shop-actor-${shopName}").orElseGet { context.
            actorOf(Props.create(ShopStateActor::class.java, shopName, stocks),
            "shop-actor-${shopName}") }
    }

}

fun main(args: Array<String>) {
    val stocksB = hashMapOf(Pair(1L, 15), Pair(2L, 8), Pair(3L, 30))
    val actorSystem = ActorSystem.apply("shop-system") //
    val manageStateActor = actorSystem.actorOf(Props.create(ManageStateActor::class.
        java), "manage-state-actor")
```

```
    val timeout = Timeout(Duration.create(3, "seconds"))

    val resB = Patterns.ask(manageStateActor, Action.BuyOrInit(2L, 1L, 1,"B",
        stocksB), timeout)
    val orderNumber = Await.result(resB, timeout.duration())
    println("the orderNumber is ${orderNumber}")

}
```

代码看起来比普通 Actor 实现的方式稍微复杂点，但是仔细来看，主要多了两个关键的步骤。我们来看一下：

```
fun buyProcess(cmd:Action.Buy) {

    val stock = stocks.getValue(cmd.id)

    if (stock > cmd.amount) {

        persist(ShopEvt.ReduceStock(cmd.id, cmd.userId,cmd.amount,orderNumber),
            this::persistReduceStockAfter) //存储ReduceStock事件

    } else {

        sender.tell("low stocks", self)

    }

}
```

这个是我们前面讲过的 Event Souring 的关键部分，它存储了改变 Actor 状态的所有事件，比如这里是 ReduceStock 事件。另外，PersistentActor 中的 persist 提供了持久化事件成功后的回调，我们可以在回调中修改 Actor 的状态，向其他 Actor 发送消息，或者存储视图数据等操作。另外一个关键的部分就是事件的回放：

```
override fun createReceiveRecover(): Receive = receiveBuilder()
    .match(ShopEvt.ReduceStock::class.java, this::recoverReduceStock)
    .build()

fun recoverReduceStock(evt: ShopEvt.ReduceStock) {
    val stock = stocks.getValue(evt.id)
    stocks.plus(Pair(evt.id, stock - evt.amount))
    orderNumber = evt.orderNumber
    orderNumber++
    //self.tell(viewData, viewActor) 视图数据发送给viewActor用于查询
}
```

在 Actor 重启的时候，会回放所有的持久化事件，比如上面说的 ReduceStock 事件，然后可以根据这些事件来恢复 Actor 关闭或者出错时候的状态。前面我们说过，这种方式在 Actor 恢复的时候会回放大量的事件，导致恢复时间过长。为了解决这个问题，我们可以引

入 Actor 快照存储的方式。比如：

```
fun saveSnapshot() {
    saveSnapshot(ShopEvt.SnapshotData(orderNumber, stocks))
}
override fun createReceive(): Receive = receiveBuilder()
    .match(Action.Buy::class.java, this::buyProcess)
    .match(ShopEvt.Snapshot::class.java,this::saveSnapshot)
    .build()
```

我们可以隔一段时间发送 ShopEvt.Snapshot 消息要求 Actor 进行快照保存。有了快照
保存之后，便可以利用快照来恢复 Actor 的状态了。

```
override fun createReceiveRecover(): Receive = receiveBuilder().match(ShopEvt.
    ReduceStock::class.java, this::recoverReduceStock).match(ShopEvt.
    SnapshotData::class.java, this::recoverSnapshotData).build()

fun recoverSnapshotData(evt: ShopEvt.SnapshotData) {
    stocks = evt.stocks
    orderNumber = evt.orderNumber
}
```

Actor 恢复的时候会优先选用快照恢复，然后再利用事件恢复。利用这种机制就能大大
减少 Actor 重启恢复状态时候的消耗了。

以上的部分主要讲解了如何利用 PersistentActor 来实现 CQRS 架构，其中关于查询
的部分并没有深入讲解。其实实现查询的方案有很多种，比如将需要的查询数据发送给
另一个 Actor 或者将数据存储在读效率高的 DB 中，也可以使用 Akka 自身提供的 akka-
persistence-query。当然，需要注意的一点是，我们在使用 Event sourcing 和 CQRS 这种架
构来设计系统的时候，一定要根据具体场景来设计，比如系统是写要求高还是读要求高，
根据不同的需求采用不同的方案。假设我们对写入的要求很高，如上面例子中一次事件
执行一次写入，即使真正写入 DB 的时间非常短，但是每次网络通信的消耗也非常大，这
时我们就可以利用批量存储这种方式来改进。PersistentActor 也提供了这种方式，那就是
persistAll，通过它我们可以批量地持久化事件。比如：

```
persistAll(listOf(event...),processAfterPersist)
```

当然使用批量持久化后，逻辑会变得稍微复杂一点，比如在批处理的时候减库存就不
能只依靠上面那种方式，因为被减少的库存并没有真正持久化到 DB 中。这里我们可以通
过引入一个临时变量来解决这个问题。因为 Actor 是串行处理的，所以我们不必担心这个变
量会有线程安全问题。

现在来回顾一下我们是如何一步一步解决多商店购物并发时的线程安全问题，并不断
改进方案的。首先，从最简单也最熟悉的方式——业务加锁开始，从整个方法加锁到局部
加锁，学习了利用 Kotlin 的简洁语法优化加锁代码，并引出了 Actor 模型，一种有状态的
并行计算单元，利用 Actor 我们可以实现业务上的无锁并发；接着，在 Actor 的基础上，介

绍了 CQRS 架构以及 Event sourcing 的思维方式；最后，利用 Akka 的 PersistentActor 实现了最终的版本。从整个过程下来，不断地面对问题，然后思考用一种好的方案去解决它。相信大家不仅了解了这些概念设计，更多的是学会跳出原有思维，拥抱不一样的思维方式。

11.5 本章小结

（1）同步异步与阻塞非阻塞

同步异步指的是一个行为，比如同步操作。当我们执行 IO 操作的时候，在代码层面我们需要主动去等待结果，直到结果返回。而阻塞与非阻塞指的是一种状态，比如阻塞，当执行 IO 操作的时候，线程处于挂起状态，就是该线程没有执行了。所以同步不只是阻塞的，同步也可以是非阻塞的。比如，我们在执行同步代码块的时候，线程可以不阻塞，而是一直在后台运行。

（2）异步非阻塞能够提高效率

代码采用异步编写的时候，若程序执行 IO 操作，可以先去执行其他线程的代码，不用在这里一直等着，当有结果返回的时候，程序再回来执行该代码块，这样就节省了许多资源。将服务端的阻塞调用改为非阻塞调用，当执行 IO 操作的时候，该线程并没有挂起，还是处于执行状态。该线程还可以去执行其他代码，不用在这里等待，从而避免浪费大量的时间。

（3）多线程不一定优于单线程

多线程之间切换的开销是不容忽视的，当线程池中的线程有许多被阻塞住了，CPU 就会将该线程挂起，去执行别的线程。这样就产生了线程切换。当切换的次数非常多的时候，就会消耗大量的资源。

（4）协程可以看成是一个轻量级的线程

协程在某些方面与线程类似，比如挂起、切换等。但是协程是包含于线程的，也就是说协程是工作在线程之上的。协程的切换可以由程序自己来控制，不需要操作系统去进行调度，这样就减少了切换所带来的开销。

（5）launch 与 runBlocking

runBlocking 为最高级的协程，也就是主协程，launch 创建的协程能够在 runBlocking 中运行（反过来是不行的）。

（6）async 和 await

我们可以利用 async 来将协程执行的操作异步化，采用 async 会返回一个 Deferred 对象，该对象是一个非阻塞可取消的 future，我们可以通过 awai 方法来取出这个值。

（7）并发线程安全问题

学习通过锁来保证在并发时共享资源的一致性，并利用 Kotlin 的简洁语法优化加锁代码，在代码层面简化加锁代码带来冗余代码量。

（8）Actor

了解 Actor 的基础结构以及设计思维，探究为什么使用 Actor 能在业务代码层面实现无锁并发，并结合 Akka 进行实践练习。

（9）CQRS 架构

了解 CQRS 架构的原理，与通常的 CRUD 架构进行比较，并讲解了 CQRS 架构中重要的两个设计，领域模型设计以及 Event sourcing，简要说明这两个设计的基本原理。

（10）Kotlin with PersistentActor

如何使用 Akka 的 PersistentActor 来实现 CQRS 架构设计，并讲解了它的基础结构和实现原理，以及一些实践上的优化。

遨游篇

Kotlin 实战

第 12 章

基于 Kotlin 的 Android 架构

在移动端发展的早期，我们通常会提及 App 的架构，此时总会有些大材小用的感觉，因为移动端并没有复杂的业务处理、高并发等场景，甚至我们需要做的只是简单地"将数据展示在屏幕上"。但是随着移动端的飞速发展，产生了一些问题：

❑ 移动端 App 中业务逻辑越来越复杂，用户渴望更好的体验及更新颖的功能；

❑ 不断地迭代让项目结构复杂化，维护成本越来越高。

所以，我们需要一个良好的架构模式，拆分视图和数据，解除模块之间的耦合，提高模块内部的聚合度，让系统更稳健。本章谈论的架构，即是对客户端的代码组织 / 职责进行的划分。

我们知道，自从在 Google IO 大会被提名后，Kotlin 就在 Android 中迅速发展。作为 Kotlin 的学习者，相信你也对其在 Android 架构中发挥的作用十分感兴趣。在本章中，我们将会以传统的 MVC 及当下流行的 MVP、MVVM 架构为例，为读者展现 Kotlin 在实现这些架构时的魅力。

除此之外，本章还会为大家介绍一种比较新颖的事物——基于单向数据流的 Android 架构。有前端经验的读者已经对其有所体会，在 iOS 中，这种架构也已经获得较高的关注。我们会基于一个名为 ReKotlin 的开源项目来实现一个完整的 Android 架构。

12.1　架构方式的演变

首先我们来回顾一下近几年内移动端架构模式的演变。本章将其分为 MV* 与单向数据流两大类。由于 Kotlin 在 Android 中的特殊地位，以下内容我们都将以 Android 架构为例。

12.1.1 经典的 MVC 问题

Android 架构的鼻祖，自然是经典的 MVC 了。在用户界面比业务逻辑更容易发生变化的时候，客户端和后端开发需要一种分离用户界面功能的方式，这时候，MVC 模式应运而生。MVC 对应 Model、View、Controller，如图 12-1 所示。

❑ Model（数据层）：负责管理业务逻辑和处理网络或数据库 API。

❑ View（视图层）：让数据层的数据可视化。在 Android 中对应用户交互、UI 绘制等。

❑ Controller（逻辑层）：获得用户行为的通知，并根据需要更新 Model。

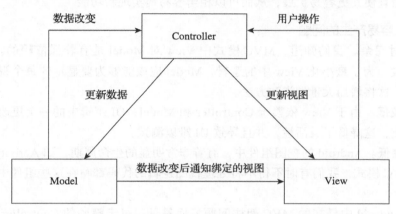

图 12-1 经典的 MVC 架构

很多人对于经典的 MVC 架构中的 Model 一直存在误解，认为其代表的只是一个实体模型。其实，准确来说它还应该包含大量的业务逻辑处理。相对而言，Controller 只是在 View 和 Model 层之间建立一个桥梁而已。

我们将以上结构细分如下。

❑ Model 层：数据访问（数据库、文件、网络等）、缓存（图片、文件等）、配置文件（shared perference）等；

❑ View 层：数据展示与管理、用户交互、UI 组件的绘制、列表 Adapter 等；

❑ Controller 层：初始化配置（定义全局变量等）、数据加工（加工成 UI 层需要的数据）、数据变化的通知机制等。

当你在 Stack Overflow 中搜索类似"如何在 Android 应用中使用 Activity"的问题时，你会发现最高频的答案就是：一个 Activity 既是 View 又是 Controller。这看起来好像对新手非常不友好，但是当时解决的重点问题是使 Model 可测试。这也让很多开发者在项目结构中出现了很多 Free Style 的代码，导致 Activity 中代码量庞大并且难以维护。

经过大量时间与项目的验证，我们更加明确：Activities、Fragments 和 Views 都应该被划分到 MVC 的 View 层中，而不是 Controller 或 Model 中。

1. MVC 的优势

Model 类没有对 Android 类的任何引用，因此可以直接进行单元测试。Controller 不会扩展或实现任何 Android 类，并且应该引用 View 的接口类。通过这种方式，也可以对控制器进行单元测试。如果 View 遵循单一责任原则，那么它们的角色就是为每个用户事件更新Controller，只显示 Model 中的数据，而不实现任何业务逻辑。在这种理想的作用下，UI 测试应该足以覆盖所有的 View 的功能。

总结以上介绍我们发现，MVC 模式高度支持职责的分离。这种优势不仅增加了代码的可测试性，而且使其更容易扩展，从而可以相当容易地实现新功能。

2. MVC 容易产生的问题

代码相对冗余。我们知道，MVC 模式中 View 对 Model 是有着强依赖的。当 View 非常复杂的时候，为了最小化 View 中的逻辑，Model 应该能够为要显示的每个视图提供可测试的方法——这将增加大量的类和方法。

灵活性较低。由于 View 依赖于 Controller 和 Model，UI 逻辑中的一个更改可能导致需要修改很多类，这降低了灵活性，并且导致 UI 难以测试。

可维护性低。Android 的视图组件中，有着非常明显的生命周期，如 Activity、Fragment 等。对于 MVC 模式，我们有时不得不将处理视图逻辑的代码都写在这些组件中，造成它们十分臃肿。

所以，Android 中最初的 MVC 架构问题显而易见：过于臃肿的 Controller 层大大降低了工程的可维护性及可测试性。

12.1.2　MVP

直到 MVP 架构模式的出现，传统 MVC 架构才从真正意义上得到解脱。MVP 分别对应Model、View、Presenter，如图 12-2 所示。

❑ Model（数据层）。负责管理业务逻辑和处理网络或数据库 API。

❑ View（视图层）。显示数据并将用户操作的信息通知给 Presenter。

❑ Presenter（逻辑层）。从 Model 中检索数据，应用 UI 逻辑并管理 View 的状态，决定显示什么，以及对 View 的事件做出响应。

相对于 MVC，MVP 模式设计思路的核心是提出了 Presenter 层，它是 View 层与 Model层沟通的桥梁，对业务逻辑进行处理。这更符合了我们理想中的单一职责原则。

1. 传统 MVP

如果你是一名 Android 开发者，你一定非常熟悉 Android 架构蓝图中的 todo-app（https://github.com/googlesamples/android-architecture），它允许用户创建、读取、更新和删除"待办事项"任务，以及对任务列表进行分类显示。

在处理 Model 的时候，我们一般都会使用远程和本地数据源来获取和保存数据。以获取待办事项列表为例：当我们请求列表数据时，Model 优先尝试从本地获取，如果为空，则查询网络更新本地数据并返回。部分代码如下：

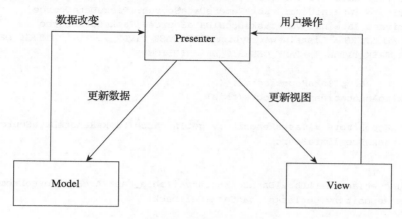

图 12-2　MVP 架构

```kotlin
fun getTasks(callback: TasksDataSource.LoadTasksCallback) {
    // 如果本地有缓存并且缓存正常，则直接返回缓存
    if (cachedTasks.isNotEmpty() && !cacheIsDirty) {
        callback.onTasksLoaded(ArrayList(cachedTasks.values))
        return
    }

    if (cacheIsDirty) {
        // 如果缓存过期或被污染，则需要从服务端获取最新的数据
        getTasksFromRemoteDataSource(callback)
    } else {
        // 如果本地存在缓存数据则从本地获取，否则从服务端获取
        tasksLocalDataSource.getTasks(object : TasksDataSource.LoadTasks Callback {
            override fun onTasksLoaded(tasks: List<Task>) {
                refreshCache(tasks)
                callback.onTasksLoaded(ArrayList(cachedTasks.values))
            }

            override fun onDataNotAvailable() {
                getTasksFromRemoteDataSource(callback)
            }
        })
    }
}
```

　　它接收通用回调类型 TasksDataSource.LoadTasksCallback 作为参数，使其完全独立于任何 Android 类，因此易于使用 JUnit 进行单元测试。例如，如果我们要模拟本地数据不准确的情况，可以这么实现：

```
private lateinit var tasksRepository: TasksRepository

@Mock private lateinit var loadTasksCallback: TasksDataSource.LoadTasksCallback
@Mock private lateinit var tasksRemoteDataSource: TasksDataSource
@Mock private lateinit var tasksLocalDataSource: TasksDataSource
private val TASKS = Lists.newArrayList(Task(TASK_TITLE_1, TASK_GENERIC_DESCRIPTION),
    Task(TASK_TITLE_2, TASK_GENERIC_DESCRIPTION))

@Before fun setupTasksRepository() {
    MockitoAnnotations.initMocks(this)

    tasksRepository = TasksRepository.getInstance(tasksRemoteDataSource,
        tasksLocalDataSource)
}

@Test fun getTasksWithLocalDataSourceUnavailable_tasksAreRetrievedFromRemote() {
    tasksRepository.getTasks(loadTasksCallback)

    setTasksNotAvailable(tasksLocalDataSource)

    setTasksAvailable(tasksRemoteDataSource, TASKS)

    verify(loadTasksCallback).onTasksLoaded(TASKS)
}
```

在界面展示数据的时候，View 通过 Presenter 来发送获取数据的指令。在 MVP 模式中，Activity、Fragment 和自定义视图都被归为 View 中。在 Todo 项目中，所有 View 都实现了允许设置 Presenter 的 BaseView 接口。

```
interface BaseView<T> {
    var presenter: T
}
```

View 模块通常在生命周期函数 onResume() 中，调用 subscribe() 方法通知 Presenter："嘿，哥们，我准备好被更新了，请随时下达指令。"然后在 onPause() 中调用 subscribe() 解除绑定。而在 Kotlin 中，我们通常的做法是在 View 中声明一个延迟初始化 presenter（此处 View 以 TaskFragment 为例）：

```
// TasksContract 契约类，我们通常把View和Presenter的接口写在其中，便于维护
interface TasksContract {

    interface View : BaseView<Presenter> {

        fun showTasks(tasks: List<Task>)

        fun showTaskDetailsUi(taskId: String)

        fun showLoadingTasksError()
```

```
        fun showNoTasks()

        ......

    }

    interface Presenter : BasePresenter {

        fun loadTasks(forceUpdate: Boolean)

        ......

    }
}

class TasksFragment : Fragment(), TasksContract.View {
    override lateinit var presenter: TasksContract.Presenter
    ......
    override fun onResume() {
        super.onResume()
        presenter.start() // 请求加载当前视图初始化需要的数据
    }
}
```

在承载视图的 **TasksActivity** 上，我们初始化视图 **TasksFragment** 以及 **TasksPresenter**：

```
class TasksActivity : AppCompatActivity() {
    ......
    private lateinit var tasksPresenter: TasksPresenter

    override fun onCreate(savedInstanceState: Bundle?) {
        val tasksFragment = supportFragmentManager.findFragmentById(R.id.contentFrame)
                as TasksFragment? ?: TasksFragment.newInstance().also {
            replaceFragmentInActivity(it, R.id.contentFrame)
        }

        // 创建 presenter
        tasksPresenter = TasksPresenter(Injection.provideTasksRepository(application
            Context), tasksFragment).apply {
            // 加载历史数据
            ......
        }
    }
}
```

你或许会感到奇怪，上述操作中好像并没有将 Presenter 和 View 绑定的操作。其实，
TasksPresenter 中另有玄机：

```
class TasksPresenter(val tasksRepository: TasksRepository, val tasksView: TasksContract.
    View)
    : TasksContract.Presenter {
    init {
        tasksView.presenter = this
    }
}
```

```
override fun start() {
    loadTasks(false)
}
......
}
```

原来，得益于 init()，在 TasksPresenter 初始化的同时，我们也对 View 中的 Presenter 进行赋值，这样就不必每次都写 subscribe 和 unsubscribe 方法了。当然，我们利用依赖注入也能实现这样的需求，比如 dagger。

> **注意** 当页面结束的时候会终止网络请求，我们应该及时释放 Presenter 中的引用，防止内存泄漏。通常使用的是 RxLifeCycle（https://github.com/trello/RxLifecycle），有兴趣的读者可以自行研究。

这便是基于 Kotlin 创建的 MVP 架构模式中的一种。除此之外，我们还能通过结合很多框架，如 dagger、rxKotlin，来让工程更加通透。

2. MVP 容易产生的问题

1）接口粒度难以掌控。MVP 模式将模块职责进行了良好的分离。但在开发小规模 App 或原型时，这似乎增加了开销——对于每个业务场景，我们都要写 Activity-View-Presenter-Contract 这 4 个类。为了缓解这种情况，一些开发者删除了 Contract 接口类和 Presenter 的接口。另外，Presenter 与 View 的交互是通过接口实现的，如果接口粒度过大，解耦程度就不高，反之会造成接口数量暴增的情况。

> 从工程的严谨角度来说，这或许并不是缺点，只是创造一个良好工程架构带来的额外工作量。

2）Presenter 逻辑容易过重。当我们将 UI 的逻辑移动到 Presenter 中时，Presenter 变成了有数千行代码的类，或许会难以维护。要解决这个问题，我们只可能更多地拆分代码，创建便于单元测试的单一职责的类。

3）Presenter 和 View 相互引用。我们在 Presenter 和 View 中都会保持一份对方的引用，所以需要用 subscribe 和 unsubscribe 来绑定和解除绑定。在操作 UI 的时候，我们需要判断 UI 生命周期，否则容易造成内存泄露。

当然，以上的"缺点"我们都可以通过良好的编码习惯及严谨的设计来规避。如果我们想要一个基于事件且 View 会对此事件变化做出反应的架构，该怎么实现呢？

12.1.3 MVVM

相较于 MVC 和 MVP 模式，MVVM 在定义上就明确得多。维基百科上对其是这么介绍的：

MVVM 有助于将图形用户界面的开发与业务逻辑或后端逻辑（数据模型）的开发分离开来，这是通过置标语言或 GUI 代码实现的。MVVM 的视图模型是一个值转换器，这意味着视图模型负责从模型中暴露（转换）数据对象，以便轻松管理和呈现对象。在这方面，视图模型比视图做得更多，并且处理大部分视图的显示逻辑。视图模型可以实现中介者模式，组织对视图所支持的用例集的后端逻辑的访问。

MVVM 也被称为 model-view-binder，如图 12-3 所示。它的主要构成如下。

❑ Model（数据模型）：与 ViewModel 配合，可以获取和保存数据。

❑ View（视图）：即将用户的动作通知给 ViewModel（视图模型）。

❑ ViewModel（视图模型）：暴露公共属性与 View 相关的数据流，通常为 Model 和 View 的绑定关系。

作为 MV* 家族的一员，它看起来与 MVP 模式有所相似：它们都擅长抽象视图行为和状态。

如果 MVP 模式意味着 Presenter 直接告诉 View 要显示的内容，那么在 MVVM 中，ViewModel 会公开 Views 可以绑定的事件流。这样，ViewModel 不再需要保持对 View 的引用，但发挥了 Presenter 一样的作用。这也意味着 MVP 模式所需的所有接口现在都被删除了。这对介意接口数量过多的开发者来说是个福音。

View 还会通知 ViewModel 进行不同的操作。因此，MVVM 模式支持 View 和 ViewModel 之间的双向数据绑定，并且 View 和 ViewModel 之间存在多对一关系。View 具有对 ViewModel 的引用，但 ViewModel 没有关于 View 的信息。因为数据的使用者应该知道生产者，但生产者 ViewModel 不需要知道，也不关心谁使用数据。

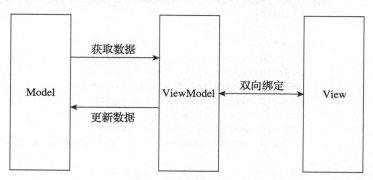

图 12-3　MVVM 架构

光有概念部分读者可能还不能感受到 MVVM 的特点。我们以官方的 todo-app 中的 addTask 模块为例，先来看看它的布局 addtask_frag.xml：

```
<?xml version="1.0" encoding="utf-8"?>

<layout xmlns:android="http://schemas.android.com/apk/res/android"
        xmlns:app="http://schemas.android.com/apk/res-auto">
```

```xml
    <data>
        <import type="android.view.View"/>
        <variable
            name="viewmodel"
type="com.example.android.architecture.blueprints.todoapp.addedittask.AddEditTask
    ViewModel"/>
    </data>


    <com.example.android.architecture.blueprints.todoapp.ScrollChildSwipeRefresh
        Layout
        android:id="@+id/refresh_layout"
        android:layout_width="match_parent"
        android:layout_height="match_parent"
        app:enabled="@{viewmodel.dataLoading}"
        app:refreshing="@{viewmodel.dataLoading}">

    <ScrollView
        android:layout_width="match_parent"
        android:layout_height="match_parent">

    <LinearLayout
        android:layout_width="match_parent"
        android:layout_height="wrap_content"
        android:orientation="vertical"
        android:paddingBottom="@dimen/activity_vertical_margin"
        android:paddingLeft="@dimen/activity_horizontal_margin"
        android:paddingRight="@dimen/activity_horizontal_margin"
        android:paddingTop="@dimen/activity_vertical_margin"
        android:visibility="@{viewmodel.dataLoading ? View.GONE : View.
            VISIBLE}">

        <EditText
            android:id="@+id/add_task_title"
            android:layout_width="match_parent"
            android:layout_height="wrap_content"
            android:hint="@string/title_hint"
            android:singleLine="true"
            android:text="@{viewmodel.title}"
            android:textAppearance="@style/TextAppearance.AppCompat.Title"/>

        <EditText
            android:id="@+id/add_task_description"
            android:layout_width="match_parent"
            android:layout_height="350dp"
            android:gravity="top"
            android:hint="@string/description_hint"
            android:text="@{viewmodel.description}"/>

    </LinearLayout>

    </ScrollView>
```

```
        </com.example.android.architecture.blueprints.todoapp.ScrollChildSwipeRefresh
            Layout>
</layout>
```

之前没有接触过 MVVM 模式的读者，应该会对 <data> 标签感到疑惑。这其实是 Data Binding（https://developer.android.com/topic/libraries/data-binding/）的一种特性：

使用 Data Binding 让 xml 绑定数据，我们需要以 <layout> 为根布局，并且声明 <data>，其中 type 对应 Model（需要指定完整类名），name 相当于 Model 在当前视图中对应的对象，我们在 xml 中就可以用 android:text="@={viewmodel.description}" 实现绑定。当 viewmodel. description 变化的时候，EditText 也会改变；反之，当我们编辑 EditText 的时候，viewmodel. description 的值也会相应变化。

这个时候你可能会对 viewmodel 的结构感到好奇，让我们一起来看看 AddEditTaskView Model.kt：

```kotlin
class AddEditTaskViewModel
internal constructor(context: Context, private val mTasksRepository: TasksRepository)
    : TasksDataSource.GetTaskCallback {

    val title = ObservableField<String>()

    val description = ObservableField<String>()

    val dataLoading = ObservableBoolean(false)

    val snackbarText = ObservableField<String>()

    private val mContext: Context   // 避免内存泄漏，我们应该使用Application的context

    private var mTaskId: String? = null

    private var isNewTask: Boolean = false

    private var mIsDataLoaded = false

    private var mAddEditTaskNavigator: AddEditTaskNavigator? = null

    init {
        mContext = context.applicationContext // 强制使用Application的context
    }

    fun onActivityCreated(navigator: AddEditTaskNavigator) {
        mAddEditTaskNavigator = navigator
    }

    fun onActivityDestroyed() {
        // 释放不需要的引用
```

```kotlin
            mAddEditTaskNavigator = null
    }

    fun start(taskId: String?) {
        if (dataLoading.get()) {
            return
        }
        mTaskId = taskId
        if (taskId == null) {
            isNewTask = true
            return
        }
        if (mIsDataLoaded) {
            return
        }
        isNewTask = false
        dataLoading.set(true)
        mTasksRepository.getTask(taskId, this)
    }

    override fun onTaskLoaded(task: Task) {
        title.set(task.title)
        description.set(task.description)
        dataLoading.set(false)
        mIsDataLoaded = true

        // 这里我们不需要像MVP模式那样主动改变View，因为我们已经使用ObservableField绑定了视图
    }

    override fun onDataNotAvailable() {
        dataLoading.set(false)
    }

    fun saveTask() {
        if (isNewTask) {
            createTask(title.get(), description.get())
        } else {
            updateTask(title.get(), description.get())
        }
    }

    fun getSnackbarTextString(): String {
        return snackbarText.get()
    }

    private fun createTask(title: String, description: String) {
        val newTask = Task(title, description)
        if (newTask.isEmpty) {
            snackbarText.set(mContext.getString(R.string.empty_task_message))
        } else {
            mTasksRepository.saveTask(newTask)
```

```
                navigateOnTaskSaved()
        }
    }

    private fun updateTask(title: String, description: String) {
        if (isNewTask) {
            throw RuntimeException("updateTask() was called but task is new.")
        }
        mTasksRepository.saveTask(Task(title, description, mTaskId))
        navigateOnTaskSaved() // 编辑完成，返回task列表界面
    }

    private fun navigateOnTaskSaved() {
        if (mAddEditTaskNavigator != null) {
            mAddEditTaskNavigator!!.onTaskSaved()
        }
    }
}
```

可以看到，我们将大部分操作数据的逻辑都放这个类中，在维护的时候就能体会到这其中的优势。我们再看一下绑定 View 的另一部分，**AddTaskFragment.kt**：

```
class AddEditTaskFragment : Fragment() {

    private var mViewModel: AddEditTaskViewModel? = null

    private lateinit var mViewDataBinding: AddtaskFragBinding

    ......

    override fun onResume() {
        super.onResume()
        if (arguments != null) {
            mViewModel?.start(arguments.getString(ARGUMENT_EDIT_TASK_ID))
        } else {
            mViewModel?.start(null)
        }
    }

    fun setViewModel(viewModel: AddEditTaskViewModel) {
        mViewModel = viewModel
    }

    ......

    override fun onCreateView(inflater: LayoutInflater?, container: ViewGroup?,
        savedInstanceState: Bundle?): View? {
        val root = container?.inflate(R.layout.addtask_frag)

        mViewDataBinding = AddtaskFragBinding.bind(root)
```

```
        mViewDataBinding.viewmodel = mViewModel

        setHasOptionsMenu(true)
        retainInstance = false

        return mViewDataBinding.root
    }

    companion object {

        val ARGUMENT_EDIT_TASK_ID = "EDIT_TASK_ID"

        fun newInstance(): AddEditTaskFragment {
            return AddEditTaskFragment()
        }
    }
}
```

从以上代码我们不难看出：

1）通过 View 来创建一个 ViewDataBinding 的对象：

```
mViewDataBinding = AddtaskFragBinding.bind(root);
```

2）将 mViewModel 赋值到 XML 文件 <data> 里进行声明的 ViewModel 的具体对象当中，从而使 ViewModel 和 XML 文件创建关联：

```
mViewDataBinding.viewmodel = mViewModel
```

除此之外，与 MVP 类似，我们在 Fragment 的各个生命周期中，调用 mViewModel 对应的方法来响应 View 的变化。不同的是，在 MVVM 中我们只需要改变 viewModel 中的数据，View 的响应已经自动完成了（比如通过 Data Binding）。

这样代码的结构比之前更加通透，我们核心关注的就是数据的改变——这简直太让人身心愉悦了。如此便捷的背后，依旧存在一些问题。

MVVM 容易造成的问题如下：

1）**需要更多精力定位 Bug**。由于双向绑定，视图中的异常排查起来会比较麻烦，你需要检查 View 中的代码，还需要检查 Model 中的代码。另外你可能多处复用了 Model，一个地方导致的异常可能会扩散到其他地方，定位错误源可能并不会太简单。

2）**通用的 View 需要更好的设计**。当一个 View 要变成通用组件时，该 View 对应的 Model 通常不能复用。在整体架构设计不够完善时，我们很容易创建一些冗余的 Model。

如果说双向数据流这种"自动管理状态"的特性会给我们造成困扰，除了在编码上规避，还有其他的解决方案吗？答案是肯定的，这里我们推荐使用谷歌官方的 Android Architecture Components，感兴趣的读者可以自行了解。

12.2　单向数据流模型

既然有双向数据绑定的架构 MVVM，那自然少不了单向数据流。如果你接触过前端，你肯定听说过 Flux，它是最经典的单向数据流架构之一。我们可以通过它来了解单向数据流模型，如图 12-4 所示。

Flux 组成通常分为以下 4 个部分。

❑ View（视图）：显示 UI。

❑ Action（动作）：用户操作界面时，视图层发出的消息（比如用户点击按钮、输入文字等）。

❑ Dispatcher（分发器）：用来接收 Actions，执行回调函数。

❑ Store（数据层）：类似于 MV* 的 Model 层。用来存放应用的状态，一旦发生变动，就提醒 View 更新页面。

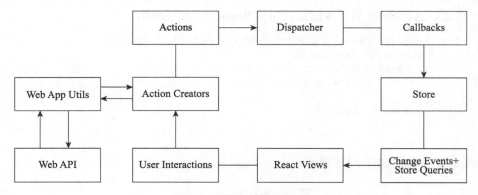

图 12-4　单向数据流模型

用户通过与 view 交互或者外部产生一个 Action，Dispatcher 接收到 Action 并执行那些已经注册的回调，向所有 Store 分发 Action。通过注册的回调，Store 响应那些与它们所保存的状态有关的 Action。然后 Store 会触发一个 change 事件，来提醒对应的 View 数据已经发生了改变。View 监听这些事件并重新从 Store 中获取数据。这些 View 调用它们自己的 setState() 方法，重新渲染自身及相关联的组件。

除了 Flux，当前 Web 前端比较常用的 React 也是比较典型的单向数据流框架，它也是基于 Redux 模型实现的。

12.2.1　Redux

Redux 作为 Flux 模型一个友好简洁的实现，它基于一个严格的单向数据流：应用中的所有数据都是通过组件在一个方向上流动。Redux 希望确保应用的视图是根据确定的状态来呈现的——即在任何阶段，应用的状态总是确定、有效的，并且可以转换到另一个可预测、有效的状态，视图将根据所处的状态来进行对应的展示。

1. Redux 基本概念

Redux 的核心为 3 个部分。

❑ Store：保存应用的状态并提供方法来存取对应的状态，分发状态，并注册监听。

❑ Actions：与 Flux 类似。包含要传递给 Store 的信息，表明我们希望怎样改变应用的状态。比如，在 Kotlin 中我们可以定义如下 action：

```
data class AddTodoAction(val title: String, val content: String)
```

然后由 store 进行分发：

```
store.dispatch(AddTodoAction("Finish your homeWork", "English And Math"))
```

❑ Reducers：Store 收到 Action 以后，必须给出一个新的 State，这样 View 才会发生变化。这种 State 的计算过程就叫作 Reducer。如下所示：

```
fun reduce(oldState: AppState, action: Action): AppState {
    return when (action) {
        is AddToDoAction -> {
            oldState.copy(todo = ...)
        }
        else -> oldState
    }
}
```

Redux 数据流图如图 12-5 所示。

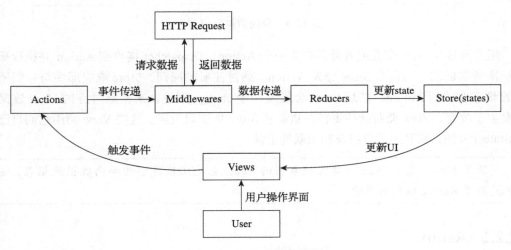

图 12-5　Redux 数据流图

对比 Flux，我们可以发现一些不同点，如表 12-1 所示。

表 12-1 Flux 与 Redux 模型比较

	Flux	Redux
数据源	一个应用有多个数据源（通常是一个业务场景一个 Store）	通常仅有一个 Store
分发机制	利用一个单例对象 Dispatcher 进行所有事件分发	没有调度对象实体，Store 中已经完成了 dispatch，我们使用其暴露的接口完成事件分发
Store	可读并可写，对数据的操作逻辑一般放在 Store 中	只可读，逻辑放在 Reducer 中，它接收先前的状态和一个动作，并根据该动作返回新的状态，Reducer 通常是一个纯函数，如果无法确保其为纯函数，可以使用 Middleware

经过以上对单向数据流模型的介绍，相信你应该对其有了一定的了解。但是很多读者可能还是没有足够的理由说服自己使用这个架构：单向数据流到底有什么好处呢？让我们看看下一节。

12.2.2　单向数据流的优势

单向数据流架构的最大优势在于整个应用中的数据流以单向流动的方式，从而使得拥有更好的可预测性与可控性，这样可以保证应用各个模块之间的松耦合性。

1. 优秀的数据追溯能力

在 MVVM 中，数据变动时由框架自动帮我们实现视图的同步变更，更改一个地方的数据，可能会影响很多地方的状态，并且它是不可预期的，很难维护和调试。而单向数据流的架构中，整个应用状态是可预测的，我们可以监听到数据变动，从而采取自定义的操作。

对于一个组件来说，数据入口只有唯一一个。当数据发生改变时，UI 也会发生改变。反之 UI 的变化并不会直接变动数据。这不仅使得程序更直观、更容易理解，而且更有利于应用的可维护性。

2. 更简洁的单元测试

因为 Dispatcher 是所有 Action 的处理中心，即使没有对应的事件发生，我们也可以"伪造"一个出来，只需要用 Action 对象向 Dispatcher 描述当前的事件，就可以执行对应的逻辑。在 Redux 中，由于 Reducer 是纯函数而没有内部状态，对于给定的输入状态和操作，它们将始终返回相同的输出状态。因为 State 和 Action 相对是轻量级的，所以我们可以把测试重点放在 Reducer 上。在 Kotlin 中代码可能是这样的：

```
class TodoReducer {
    fun reduce(state: AppState, action: Action) : AppState {
        // todo 逻辑操作
    }
}
data class TodoAction(val text: String)

val todoReducer = TodoReducer()
```

```
val originalState = AppState({
    // todo 初始状态
})
val todoAction = TodoAction(text = 'just haha'})
val newState = todoReducer.reduce(originalState, todoAction)

// 判断newState与预期是否一致
assert(newState …)
```

如果数据需要从多个地方获取（比如，本地存储或网络中获取），我们可以改变 Action
的结构：

```
class TodoAction(val dataOfLocal: String, val dataOfApi: String) {
    companion object {
        fun create(localStore: LocalStore, apiResponse: ApiResponse): TodoAction {
            val dataOfLocal = localStore.targetData
            val dataOfApi = apiResponse.targetData
            TodoAction(dataOfLocal = dataOfLocal, dataOfApi = dataOfApi)
        }
    }
}
```

这样测试起来也是非常容易：

```
...
val todoAction = TodoAction(dataOfLocal = "i'm from sqlite", dataOfApi = "i'm
    from network)
val newState = reducer.reduce(originalState, todoAction)
......
```

3. 单向数据流遇上 Kotlin

因为 Redux 是基于 Flux 的思想产生的，所以在 Redux 架构中构造组件，通常也会产生
许多样板代码。对于 JavaScript 来说，这可能难以优化。而使用 Kotlin，我们能更加方便地
管理样板代码。

当我们在 Reducer 中匹配不同类型的 Action 时，按照 Java 的套路可能会这样写：

```
AppState reduce(Action action, oldState: AppState) {
    switch (action.type) {
        case TodoAction.TYPE.ADD_TODO_ITEM:
            ...
            return addTodoAction(oldState, action);
        case TodoAction.TYPE.CHANGE_STATE:
            return changeAction(oldState, action);
        default:
            return oldState;
        }
    return oldState;
}
```

或者当 Action 结构相对比较复杂时，我们不想再添加一个 type 字段，而是直接判断

Action 属于什么类：

```
AppState reduce(Action action, oldState: AppState) {
    if (action instanceof AddTodoAction) {
        return addTodoAction(oldState, action);
    } else if (action instanceof ChangeTodoAction) {
        return changeAction(oldState, action);
    } else if (...) {
        ......
    }
    return oldState;
}
```

这个时候，如果 action 非常多，就会给开发者带来巨大的痛苦。但是别着急，我们可以用 Kotlin 的 when 来拯救它：

```
fun reduce(Action action, oldState: AppState): AppState {
    return when (action) {
        is AddTodoAction -> reduceAddTodoAction(oldState, action)
        is RemoveTodoAction -> reduceRemoveTodoAction(oldState, action)
        else -> oldState
    }
}
```

并且，我们还能利用 Smart Casts，在数据处理的同时避免不必要的判断。当然，这里只是用 Kotlin 提升 Redux 架构便捷性的冰山一角，更多内容将在下一节呈现。

虽然 Redux 起源于 Web 端，但从它的构建中，我们可以看到很多非常好的想法，这都是值得学习并可以尝试引入 Android 的。即使我们的平台、语言和工具可能不同，但在架构层面，我们面对着许多相同的基本问题，比如，尽可能降低 View 和业务逻辑代码的耦合度等。

12.3　ReKotlin

如果你是一名 Android 开发者，你应该知道：在国内的项目中，鲜有单向数据流架构的痕迹。甚至一些经验不够丰富的 Android 开发者，可能都不知道"单向数据流"。

在 iOS 中，有一个著名的单向数据流框架：ReSwift(https://github.com/ReSwift/ReSwift)，它在 github 上的被关注度还不错。随着 Kotlin 在 Android 中的地位不断提高，利用其优秀的语言特性，也派生出了类似框架：ReKotlin(https://github.com/ReKotlin/ReKotlin)。它的出现，也宣布了 Android 即将"跨入单向数据流时代"。

12.3.1　初见 ReKotlin

基于经典的 Redux 模型，ReKotlin 也奉行以下设计。

1）The Store：以单一数据结构管理整个 App 的状态，状态只能通过 dispatching Actions 来进行修改。每当 Store 中的状态改变了，它就会通知所有的 Observers。

2）Actions：通过陈述的形式来描述一次状态变更，操作中不包含任何代码，通过 Store 转发给 Reducers。Reducers 会接收这些 Actions，然后进行相应的状态逻辑变更。

3）Reducers：基于当前的 Action 和 App 状态，通过纯函数来返回一个新的 App 状态。

因为核心思想与 Redux 基本是一致的，所以这里我们就尽可能简单地对其进行概括：单向数据流意味着应用程序的 State 不应该保存在许多不同的地方。相反，存储组件将所有 State 保持在中心位置。View 会对此 State 的更改做出反应，而不是在内部处理它。Action 是触发 State 更改的唯一方法，它不会通过它们自己来更改状态，而更像是一些指令——表示某些内容将发生变化。这些"指令"是针对使用执行实际状态更改的 Reducers 的 Store 对象发出的。另外，还有 Middleware（中间件），它主要用来处理副作用，这会在后面介绍。

12.3.2　创建基于 ReKotlin 的项目

前面看到许多概念，也许你已经跃跃欲试了。现在我们就来看看如何基于 ReKotlin 创建一个 Android 工程。

1. 引入 Rekotlin

在 Gradle 中集成 ReKotlin，这里我们以 1.0.0 版本为例，同时我们加上一些日常需要的框架（版本仅供参考，引入实际项目时可酌情调整）。

```
dependencies {
    implementation 'com.android.support:recyclerview-v7:27.1.1'
    implementation 'com.android.support:cardview-v7:27.1.1'
    implementation 'com.android.support:design:27.1.1'

    // reKotlin
    implementation "org.rekotlin:rekotlin:1.0.0"

    // http
    implementation 'com.squareup.retrofit2:retrofit:2.3.0'
    implementation 'com.squareup.retrofit2:converter-gson:2.3.0'
    // imageLoader
    implementation 'com.squareup.picasso:picasso:2.5.2'
    // json
    implementation 'com.google.code.gson:gson:2.8.2'
    // log
    implementation 'com.jakewharton.timber:timber:4.6.0'
}
```

2. 整体结构

我们本次的示例主要是做一个电影列表。这里我们从一个开源 API 中获取数据，然后将其显示到 App 中。我们先来看一下实例项目的文件清单：

```
- actions
  - MovieListActions.kt
- middlewares
```

```
        - MovieMiddleWare.kt
        - NetworkMiddleWare.kt
    - model
        - Movie.kt
    - network
        - Api.kt
        - HttpClient.kt
    - reducers
        - AppReducer.kt
        - MovieListReducer.kt
    - states
        - AppState.kt
        - MovieListState.kt
    - ui
        - BaseActivity.kt
        - MovieDetailActivity.kt
        - MovieListAdapter.kt
        - MovieListFragment.kt
        - MainActivity.kt
    - utils
        - ImageLoder.kt
        - Logger.kt
    - MovieApplication.kt
```

　　其中 model、network、ui、utils 文件夹与我们平常的项目结构类似，由于篇幅限制，这些目录我们将不会详细讲解，读者可以在 https://github.com/DiveIntoKotlin/DiveIntoKotlinSamples 查看完整的项目代码。

　　然后我们把目光聚焦在新增加的 actions、middlewares、reducer、states 目录上。我们在 12.3.1 节中已经对它们进行过介绍。结合示例项目，它们发挥的作用如下。

❑ actions：所有更新 State 的行为我们都可以抽象成 Action，并且根据不同的场景分布在不同文件下。

❑ reducers：不同 Action 对应的响应中心，会返回一个新的 Reducer。

❑ middlewares：由于 Action 的接收方 Reducer 都是纯函数，不会也不能产生副作用，如果我们想加入一些额外的操作，例如打印日志、操作 SQLite 数据库等，我们可以将这些操作放到该文件夹中。

❑ states：所有状态的声明都放在这个目录下。

　　了解目录结构后，让我们一起来看看 ReKotlin 集成的主要步骤。

　　在 12.3.1 节中我们介绍过：在 ReKotlin 中，每个 App 对应只有一个数据管理中心（Store）。所以，我们可以在 Application 中将其初始化，项目中我们使用的自定义的 Application 名为 MovieApplication。

　　MovieApplication.kt：

```
import android.app.Application
import dripower.rekotlinsimpleexample.middlewares.movieMiddleWare
```

```
import dripower.rekotlinsimpleexample.middlewares.networkMiddleWare
import dripower.rekotlinsimpleexample.ruducer.appReducer
import org.rekotlin.Store

val store = Store(
        reducer = ::appReducer,
        state = null
)

class MovieApplication : Application() {
    ...
}
```

View 部分，示例采用了 Activity+Fragment 的常规组合。

BaseActivity.kt：

```
import android.support.v4.app.FragmentTransaction
import android.support.v7.app.AppCompatActivity

abstract class BaseActivity : AppCompatActivity() {

    inline fun BaseActivity.transFragment(action: FragmentTransaction.() -> Unit) {
        supportFragmentManager.beginTransaction().apply {
            action()
        }.commit()
    }
}
```

MainActivity.kt：

```
import android.os.Bundle
import android.support.v4.app.Fragment
import dripower.rekotlinsimpleexample.R
import dripower.rekotlinsimpleexample.ui.movieList.MovieListFragment

class MainActivity : BaseActivity() {

    override fun onCreate(savedInstanceState: Bundle?) {
        super.onCreate(savedInstanceState)
        setContentView(R.layout.activity_main)
        showFragment(MovieListFragment())
    }

    private fun showFragment(fragment: Fragment) {
        transFragment {
            replace(R.id.container, fragment)
        }
    }
}
```

以上逻辑即在 MainActivity 渲染出 MovieListFragment，就不做详细介绍。重点来看看 MovieListFragment.kt：

```kotlin
class MovieListFragment : Fragment(), StoreSubscriber<MovieListState?> {
    private lateinit var movieListAdapter: MovieListAdapter

    override fun newState(state: MovieListState?) {
        state?.movieObjects?.let {
            initializeAdapter(it)
        }
    }

    override fun onCreateView(inflater: LayoutInflater, container: ViewGroup?,
        savedInstanceState: Bundle?): View? =
            inflater.inflate(R.layout.fragment_movie_list, container, false)

    override fun onViewCreated(view: View, savedInstanceState: Bundle?) {
        super.onViewCreated(view, savedInstanceState)
        store.dispatch(LoadTop250MovieList())
    }

    private fun initializeAdapter(movieData: List<Subject>) {
        val activity = this.activity as MainActivity
        movieListAdapter = MovieListAdapter(movieData, {id -> movieListToDetail(id,
            activity)})
        movieList.layoutManager = GridLayoutManager(context, 2)
        movieList.adapter = movieListAdapter
    }

    private fun movieListToDetail(subject: Subject, activity: MainActivity) {
        val intent = Intent(activity, MovieDetailActivity::class.java)
        intent.putExtra("id", subject.id)
        intent.putExtra("title", subject.title)
        startActivity(intent)
    }

    override fun onStart() {
        super.onStart()
        store.subscribe(this) {
            it.select {
                it.movieListState
            }.skipRepeats()
        }
    }

    override fun onStop() {
        super.onStop()
        store.unsubscribe(this)
    }
}
```

通常，我们在需要与数据打交道的界面中，都会实现 StoreSubscriber<TState> 接口（这是 Rekotlin 中实现的，我们可以直接使用），并且分别在生命周期中做以下事情：

1）override fun newState(state: MovieListState?)。这里相当于一个数据流管道的出口，当数据 state 变化时，我们可以对其做一些相应的操作，有点类似前端中的 Watch 机制。示例中，每次数据变化我们都更新列表数据，重新渲染。

2）onViewCreated。通常我们在这个生命周期里发起数据请求（网络或者本地数据库）。示例中，我们仅做了网络请求。

3）onStart。我们通常在这里进行 store 的绑定。

4）onStop。相应地，我们需要在视图不显示的时候，解除 store 绑定，防止内存泄漏等问题。

其余的代码为列表适配器绑定以跳转 MovieDetailActivity，有 Android 经验的读者应该能很容易地看懂。

MovieListAdapter.kt：

```kotlin
class MovieListAdapter(private val movieData: List<Subject>, private val image-
    ClickCallBack: (Subject) -> Unit) :
        RecyclerView.Adapter<MovieListAdapter.MovieItemHolder>() {

    override fun onCreateViewHolder(parent: ViewGroup, viewType: Int):
        MovieItemHolder {
        return MovieItemHolder(LayoutInflater.from(parent.context).inflate(R.
            layout.item_movie,
                parent, false), imageClickCallBack)
    }


    override fun onBindViewHolder(holder: MovieItemHolder, position: Int) {
        val movieItem = movieData[position]
        holder.apply {
            movieRating.text = movieItem.rating.average.toString()
            movieTitle.text = movieItem.title
            movieImage.loadImage(movieItem.images.large)
        }
    }

    override fun getItemCount(): Int = movieData.size

    inner class MovieItemHolder(itemView: View?, imageClickCallBack: (Subject) ->
        Unit) : RecyclerView.ViewHolder(itemView) {

        lateinit var movieRating: TextView
        lateinit var movieTitle: TextView
        lateinit var movieImage: ImageView

        init {
            itemView?.apply {
                movieRating = findViewById(R.id.movie_rating)
                movieTitle = findViewById(R.id.movie_title)
```

```
        movieImage = findViewById(R.id.movie_image)
        movieImage.setOnClickListener {
            movieData[adapterPosition].apply {
                imageClickCallBack(movieData[adapterPosition])
                onBindViewHolder(this@MovieItemHolder, adapterPosition)
            }
        }
    }
}
```

MovieDetailActivity 的界面很简单：包含一个返回按钮，两个文本框分别显示传入的 movie name 及 id。

MovieDetailActivity.kt：

```
import android.os.Bundle
import dripower.rekotlinsimpleexample.R
import dripower.rekotlinsimpleexample.ui.BaseActivity
import kotlinx.android.synthetic.main.activity_movie_detail.*

class MovieDetailActivity : BaseActivity() {

    override fun onCreate(savedInstanceState: Bundle?) {
        super.onCreate(savedInstanceState)
        setContentView(R.layout.activity_movie_detail)

        val id = intent.extras?.get("id")
        val title = intent.extras?.get("title")
        tv_movie_id.text = id as String
        tv_movie_title.text = title as String
        btn_back.setOnClickListener { this.finish() }
    }
}
```

然后让我们来看看单向数据流部分。既然称为单向数据流，我们最核心的地方肯定都是围绕数据展开的。对于某个场景来说，我们的数据为该场景的状态（State）服务，而状态直接决定了该场景视图显示的内容。所以我们需要先确定好这些状态。对于当前示例，我们需要显示 movieList，所以可以进行如下创建。

MovieListState.kt：

```
import dripower.rekotlinsimpleexample.model.Subject
import org.rekotlin.StateType

data class MovieListState(
var movieObjects: List<Subject>? = null
) : StateType
```

一个 App 中会对应很多场景，我们同样需要进行统一管理。当前示例中我们将其放入 AppState。

AppState.kt：

```
data class AppState(
    var movieListState: MovieListState? = null
) : StateType
```

以上，我们已经确定了 movieList 界面的最终显示效果。这时候，我们可以打开数据流的开关，并且控制它们的流向，我们可以为当前场景的操作定义不同的动作（Action）。

MovieListActitions.kt：

```
class InitMovieList(val movieData: List<Subject>) : Action

class LoadTop250MovieList : Action

class ShowMovieList(val movieData: List<Subject>) : Action
```

我们将所有对 MovieList 的操作都放入 Action 中，以方便管理。当我们调用 store.dispatch (Action()) 之后，才能让 Reducer 处理 State 的变化。

AppReducer.kt：

```
fun appReducer(action: Action, appState: AppState?): AppState =
    AppState(movieListState = movieListReducer(action, appState?.movieListState))
```

MovieListReducer.kt：

```
fun movieListReducer(action: Action, movieListState: MovieListState?): MovieListState {
    var state = movieListState ?: MovieListState()
    when (action) {
        is ShowMovieList -> {
            state = state.copy(movieObjects = action.movieData)
        }
    }
    return state
}
```

我们知道，Reducer 是一个没有副作用的处理，所以如果需要对数据进行中间加工或者打印日志等，都需要放到中间件 Middleware 中。

如果你要使用 Middleware，需要在初始化 Store 的时候传入 Middleware 参数。本示例中我们在 MovieApplication 中初始化 Store，需要进行如下更改：

```
val store = Store(
......
middleware = listOf(networkMiddleware, movieMiddleware)
)
```

本示例中，我们将网络请求获取 MovieList 的逻辑放在 networkMiddleware 中，当返回正确的结果时，我们进行渲染 movieList 的操作，否则打印错误日志。

NetworkMiddleware.kt：

```
internal val networkMiddleware: Middleware<AppState> = { dispatch, _ ->
    { next ->
        { action ->
            when (action) {
                is LoadTop250MovieList -> {
                    getTop250MovieList(dispatch)
                }
            }
            next(action)
        }
    }
}
```

// 这里即获取movie数据的核心逻辑
```
private fun getTop250MovieList(dispatch: DispatchFunction) {
    val apiService = HttpClient.client?.create(Api::class.java)
    val call = apiService?.getTop250MovieList()

    call?.enqueue(object : Callback<MovieResponse> {
        override fun onFailure(call: Call<MovieResponse>?, t: Throwable?) {
            Logger.error(t)
        }

        override fun onResponse(call: Call<MovieResponse>?, response: Response
            <MovieResponse>?) {
            val movieObjects = response?.body()?.subjects
            movieObjects?.let {
                dispatch(InitMovieList(it))
            }
        }
    })
}
```

同时，我们在初始化 MovieList 的时候（即发送 InitMovieListAction），让 Action 进入
Middleware 中。

MovieMiddleware.kt：

```
import dripower.rekotlinsimpleexample.actions.InitMovieList
import dripower.rekotlinsimpleexample.actions.ShowMovieList
import dripower.rekotlinsimpleexample.model.Subject
import dripower.rekotlinsimpleexample.states.AppState
import org.rekotlin.DispatchFunction
import org.rekotlin.Middleware

internal val movieMiddleware: Middleware<AppState> = { dispatch, _ ->
    { next ->
        { action ->
            when (action) {
                is InitMovieList -> {
                    processMovies(action.movieData, dispatch)
```

```
                }
            }
            next(action)
        }
    }
}

private fun processMovies(movieObjects: List<Subject>, dispatch: DispatchFunction) {
    // 你可以在这里对movieList进行一些有副作用的操作，例如：打印日志、存储数据到本地等
    dispatch(ShowMovieList(movieObjects))
}
```

当 MovieListReducer 接收到 ShowMovieList 的 action 时，将会更新 state 中的 movieObjects。还记得我们在 MovieListFragment 中实现了 StoreSubscriber<MovieListState?> 接口吗？当 MovieListState 发生变化时，将会触发 newState(state: MovieListState?) 方法，这样就会重新渲染 movieList。

如果你的代码正确，此时一个完整的列表界面就呈现出来了。如果你还是不太清楚，让我们再通过一张图来理一理整个项目的逻辑，如图 12-6 所示。

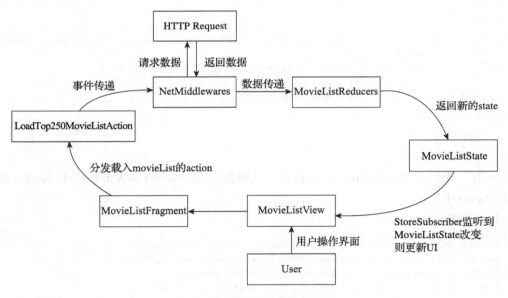

图 12-6 示例 App 的数据流图

这样，一个单向数据流架构的 App 就完成了。相对传统 App 的架构，你是否有新的感受？可以访问链接 https://github.com/DiveIntoKotlin/DiveIntoKotlinSamples，查看完整代码。

当然，这样还不是最理想的使用方式。在单元测试的时候，可能会被一个问题所烦恼：我们在单元测试的时候，依旧局限于单个视图下的数据操作，即我们只能保证数据流的验证（虽然在单向数据流中，这已经足够验证我们的视图正确显示了——除非你的 UI 显示逻

辑显示错误）。要是我们能够对视图进行测试，那该多好啊！

12.4　解耦视图导航

经过以上的介绍，相信你已经能够掌控数据流了。现在，我们要解决另一个问题：如何解耦视图导航。

12.4.1　传统导航的问题

在移动端，我们需要借助视图导航来完成页面切换及数据传递。随着 App 的业务不断复杂化，传统的视图导航存在着许多不便之处，让我们一起来看看。

1. 高耦合的 Activity.class

在传统的 Android 开发中，显示跳转 Activity 我们一般这样写：

```
val intent = Intent()
intent.setClass(this, TargetActivity::class.java)
startActivity(intent)
```

这是绝大多数 Android 开发者的首选做法。所以这看上去非常和谐，不存在任何问题。但是实际上造成了很高的耦合性：当前 Activity 如果要跳转到 TargetActivity，就一定要引用 TargetActivity。这衍生出了两个问题：

❑ 如果项目中存在多个 Module，杂底层 Module 中 Activity 不能跳转到上层的 Activity。
❑ 如果 TargetActivity 类名变化，调用的地方需要相应改动。

2. 难以管理的 intent-filter

在 Android 中，我们通常用 intent-filter 来隐式启动 / 跳转 Activity：

```
val intent = Intent()
intent.action = Intent.ACTION_SENDTO
intent.data = Uri.parse("smsto:10000")
context.startActivity(intent)
```

如果项目存在多个 Module，Activity，需要在各自 Module 的 AndroidManifest.xml 中声明配置，容易重复，难以统一管理。

3. 不友好的 Hybird

在 React Native、Weex、Flutter 大行其道的现实环境下，我们难免会与混合开发打交道。当 H5 页面需要跳转到 Native，并且需要把相关数据传递过去时，通常情况下，我们会采取两种做法：

❑ 直接根据目标 Activity 的 Action 中的 Schemel 跳过去。
❑ Native 维护一个 <关键字, Activity> 的 Map，H5 传过来 Activiy 的「关键字」，Native 在 Map 中查到后进行跳转。

第 1 种情况下，Action 命名需要符合 iOS 和 Android 两个平台的规范，如果当前版本的 Native 不支持该 Action，还需要进行跳转失败的处理。

第 2 种情况下，维护 <关键字, Activity> 的 Map 比较麻烦。另外，Activity 的存储及生命周期的处理都会存在问题。

并且在两种情况下，我们都可能难以获取到 Context 的引用，这时候需要使用 Application 的 Context。

12.4.2　rekotlin-router

以上几种都是传统导航中存在的问题。作为国内开发者，我们应该接触过著名的开源框架 ARouter（https://github.com/alibaba/ARouter），它能够给以上问题一个很好的解决方案，并且还能解决其他额外的很多问题。但是对于我们来说，这也许有些 "重"，我们可以使用与 ReKotlin 配套的 rekotlin-router（https://github.com/ReKotlin/rekotlin-router）。

ReKotlin 的主要贡献者对 rekotlin-router 是这么阐述的：ReKotlin 的声明式路由，允许开发者以 Web 上使用 URL 类似的方式声明路由。

我们可以在项目 Gradle 中直接引入：

```
implementation 'org.rekotlinrouter:rekotlin-router:0.1.9'
```

然后将原有 AppState 扩展出导航的状态：

```
...
import org.rekotlinrouter.HasNavigationState
import org.rekotlinrouter.NavigationState

data class AppState(
    ...
    override var navigationState: NavigationState
) : StateType, HasNavigationState
```

在初始化 AppState 之后，我们需要创建 Router 的实例。需要传入关联的 store 与根 Routable：

```
router = Router(store = mainStore,
    rootRoutable = RootRoutable(context = applicationContext),
    stateTransform = { subscription ->
        subscription.select { stateType ->
            stateType.navigationState
        }
    })
```

然后我们封装一个跳转 Route 的 Action：

```
import org.rekotlin.Action
import org.rekotlinrouter.Route
import org.rekotlinrouter.StandardAction
```

```
import org.rekotlinrouter.StandardActionConvertible

class SetRouteAction(private var route: Route,
                     private var animated: Boolean = true,
                     action: StandardAction? = null): StandardActionConvertible {

    companion object {
        const val type = "RE_KOTLIN_ROUTER_SET_ROUTE"
    }


    init {
        if (action != null) {
            route = action.payload?.keys?.toTypedArray() as Route
            animated = action.payload!!["animated"] as Boolean
        }
    }

    override fun toStandardAction(): StandardAction {

        val payloadMap: HashMap<String,Any> = HashMap()
        payloadMap.put("route",this.route)
        payloadMap.put("animated",this.animated)
        return StandardAction(type = type,
                payload = payloadMap,
                isTypedAction = true)
    }
}

class SetRouteSpecificData ( val route: Route, val data: Any): Action
```

综上，我们就可以这样调用：

```
private fun movieListToDetailRoute() {
    val routes = arrayListOf(Routers.mainActivityRoute, Routers.movieDetailActivityRoute)
    val action = SetRouteAction(route = routes)
    store.dispatch(action)
}
```

这样是否比之前优雅了很多？就算在复杂的项目中，我们也能很好地管理页面跳转。

12.5　本章小结

（1）主流的客户端架构

目前比较主流的客户端架构即 MV* 家族：MVC、MVP、MVVM。其中 MVC 适合小而简单的 App，而 MVP 和 MVVM 的选择需要从 App 具体业务场景出发。从 MVC 到 MVP 的演变完成了 View 与 Model 的解耦，改进了职责分配与可测试性。而从 MVP 到 MVVM，添加了 View 与 ViewModel 之间的数据绑定，使得 View 完全无状态化。

（2）从 MV* 到单向数据流

单向数据流在前端页面中是一种非常流行的架构方式，在 React 和 Vue 中其优点得到极致的体现。从 MV* 到单向数据流的变迁采用了消息队列式的数据流驱动的架构，并且以 Redux 为代表的方案将原本 MV* 中碎片化的状态管理变为统一的状态管理，保证了状态的有序性与可回溯性。

（3）ReKotlin

Kotlin 的崛起，让 Android 能够顺滑地支持 ReSwift 的思想。利用 ReKotlin，我们可以在 Android 中更容易地实现单向数据流架构，在强有力的状态的有序性与可回溯性前提下，我们能够提供比 MV* 架构更详尽的单元测试。并且在复杂的业务场景下，也不易出现难以排查的问题和冗杂的代码。

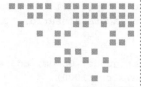

开发响应式 Web 应用

随着计算机软件行业的发展，不仅诞生了各种各样的编程语言，也产生了很多编程范式，从一开始的命令式编程，到后面的面向对象编程及函数式编程，现在，响应式编程也流行起来了。但与前几种范式不同，响应式编程并非不建立在特定的语言基础上，很多语言，比如 Java、Kotlin、Scala 等都可以进行响应式编程，尤其是在 Web 开发上的应用变得越来越流行。本章将会带读者了解响应式编程的核心特点，并介绍一个适配 Kotlin 且原生支持响应式开发的 Web 框架——Spring 5。最后还将介绍如何动手去实现一个简单响应式 Web 应用。

13.1　响应式编程的关键：非阻塞异步编程模型

很多人都听说过响应式编程，也使用过这种范式进行过开发，但还是有很多人没有真正理解它背后的思想。下面我们就来看看为什么会诞生响应式编程，以及它到底是为了解决什么问题。

假设一个用户要购物下单，我们需要先获取商品详情和用户的地址，然后根据这些信息进行下单操作。一开始你可能会这么去实现：

```kotlin
data class Goods(val id: Long, val name: String, val stock: Int)
data class Address(val userId: Long, val location: String)
fun getGoodsFromDB(goodsId: Long): Goods {      //获取商品详情
    Thread.sleep(1000)                          //模拟IO操作
    return Goods(goodsId, "深入Kotlin",10)
}

fun getAddressFromDB(userId: Long): Address {   //获取地址详情
```

```
        Thread.sleep(1000)                                    //模拟IO操作
        return  Address(userId, "杭州")
    }

    fun doOrder(goods: Goods, address: Address): Long {    //进行下单操作
        Thread.sleep(1000)                                    //模拟IO操作
        return 1L
    }

    fun order(goodsId: Long, userId: Long) {
        val goods = getGoodsFromDB(goodsId)
        val address = getAddressFromDB(userId)
        doOrder(goods, address)
    }
```

这是我们通常的做法，很简单也很好理解。但是这种做法有一个缺点：它是一种同步阻塞的方式，在第 11 章中我们提到了同步阻塞的劣势。这段程序虽然简单，然而更好的方式是将获取商品信息、获取地址这两个没有关联的操作设计成并行执行，这样就可以拥有更快的响应速度。假设我们每次 IO 操作耗时是 100ms，那么上面这段代码的执行时间起码是 300ms，其实理论上可以将时间控制在 200ms 左右。下面我们来看看具体如何去做。

13.1.1　使用 CompletableFuture 实现异步非阻塞

其实在第 11 章中也讲过改进这种问题的方案，那就是让这些 IO 操作能够并行执行且整个过程都是非阻塞的。若要实现异步非阻塞，在 Kotlin 中有两种方式，一种是利用 Java 标准库中的 CompletableFuture，另一种则是通过协程来实现。这里我们使用 CompletableFuture 来改进上面的代码：

```
    fun getGoodsFromDB(goodsId: Long): CompletableFuture<Goods> {
        //返回的是CompletableFuture<Goods>
        return CompletableFuture.supplyAsync {
            Thread.sleep(1000) //模拟IO操作
            Goods(goodsId, "深入Kotlin", 10)
        }
    }

    fun getAddressFromDB(userId: Long): CompletableFuture<Address> {
        //返回的是CompletableFuture<Address>
        return CompletableFuture.supplyAsync {
            Thread.sleep(1000) //模拟IO操作
            Address(userId, "杭州")
        }
    }

    fun doOrder(goods: Goods, address: Address): CompletableFuture<Long> {
        return CompletableFuture.supplyAsync {
            Thread.sleep(1000) //模拟IO操作
            1L
```

```
    }
}

fun main(args: Array<String>) {
    val goodsF = getGoodsFromDB(1)
    val addressF = getAddressFromDB(1)
    CompletableFuture.allOf(goodsF, addressF).thenApply { //保证前两个IO操作返回结果
                                                           后再执行
        Stream.of(goodsF, addressF).map { it.join() }.collect(Collectors.toList<Any>())
            //这里需要借助Stream来获取结果
    }.thenApply {
        doOrder(it[0] as Goods, it[1] as Address)
    }.join()
}
```

在 Java 8 之后我们确实可以使用 CompletableFuture 来写异步非阻塞代码，但是我们发现对 CompletableFuture 的操作却不怎么直观。比如上面的合并操作，还需要借助 Stream 来得到结果，这让我们开发变得烦琐，不容易理解。

13.1.2　使用 RxKotlin 进行响应式编程

一种更直观的实现异步非阻塞程序的解决方案是利用 RxJava，它同样适用于 SE 8 之前的 Java 版本。你很可能知道 Rx 系列的类库，它的一个主要作用就是提供统一的接口来帮助我们更方便地处理异步数据流。其中 RxJava 提供了对 Java 的支持，但这里我们将会使用 RxKotlin，它的实现基于 RxJava，但是增加了一些 Kotlin 独有的特性。下面我们就利用 RxKotlin 来实现一个新的版本：

```
val threadCount = Runtime.getRuntime().availableProcessors()
val threadPoolExecutor = Executors.newFixedThreadPool(threadCount) //线程池
val scheduler = Schedulers.from(threadPoolExecutor)                 //调度器

fun getGoodsFromDB(goodsId: Long): Observable<Goods> { //返回的是一个Observable<T>
                                                        类型数据
    return Observable.defer {
        Thread.sleep(1000)                             //模拟IO操作
        Observable.just(Goods(goodsId, "深入Kotlin", 10))
    }
}
fun getAddressFromDB(userId: Long): Observable<Address> {
    return Observable.defer {
        Thread.sleep(1000)                             //模拟IO操作
        Observable.just(Address(userId, "杭州"))
    }
}

fun rxOrder(goodsId: Long, userId: Long) {
    var goods: Goods? = null
    var address: Address? = null
```

```
val goodsF = getGoodsFromDB(1).subscribeOn(scheduler)  //方法再指定调度器中执行
val addressF = getAddressFromDB(1).subscribeOn(scheduler) //方法再指定调度器中执行

Observable.merge(goodsF, addressF).subscribeBy( //合并两个Observable
    onNext = { when(it) {
        is Goods -> goods = it
        is Address -> address = it
    } },
    onComplete = {  //全部执行后
        doOrder(goods!!, address!!)
    }
)
}
```

看上去以上程序代码比较多，但使用 RxKotlin 带来了以下优势：

❑ 将异步编程变得优雅、直观，不用对每个异步请求都执行一个回调，同时还可以组合多个异步任务；

❑ 不需要书写多线程代码，只需指定相应的策略便可使用多线程的功能；

❑ Java 6 及以上的版本都可用。

这让我们在实现需求的同时，又保持了代码的简洁和优雅。响应式编程除了异步编程模型这个特点外，还有另一个特点，那就是**数据流处理**。简单来说就是将数据处理的过程变得像流水线一样，比如 A=>B=>C=>……，后继者不需要阻塞等待结果，而是由前一个处理者将结果通知它。

举个例子，假设下单之后需要给商家及消费者推送消息，那么用流处理如下表示：

```
doOrder()
    .map(doNotifyCustomer)
    .map(doNotifyShop)
    .map(doOther)
    ...
```

我们可以对原始数据进行处理，生成一个新的数据然后传递给下一个处理者。这些处理过程都是异步非阻塞的。可以看出，流式调用相对于回调的方式实在是优雅得太多了，不再需要编写大量的嵌套回调函数，从而使代码更加简洁易懂。

13.1.3　响应式 Web 编程框架

通过上面的这些例子可以发现，应用响应式编程拥有诸多优势。应用一些第三方响应式的类库则能帮助我们更快地进行响应式程序开发，而不必关心异步、线程等细节，只着重于业务逻辑的处理。

既然响应式编程有这么多优点，那么为什么在以前的 Java Web 生态中应用得却不那么广泛呢？原因有以下几点：

1）传统的 Servlet 容器，比如 Tomcat 是同步阻塞的模型（Servlet 3.1 Async IO 之前）；

2）主流的 Java Web 框架对响应式的支持不是很好，比如 Spring MVC、Spring Boot

等，当然也有支持响应式编程的 Web 框架，比如 Vertx、Play!Framework；

3）一些主流的第三方类库的实现是同步阻塞的，比如连接 MySQL 的驱动包，所以很难使整个系统真正做到异步非阻塞。

这些原因使得响应式编程在 Java Web 领域使用得不是很多。当然，如果用 Play! 进行 Web 开发的话，你自然就会进行响应式编程，因为它就是全面支持响应式编程。幸运的是，随着 Spring 5 的发布，这种局面将会被打破，因为 Spring 5 开始全面拥抱响应式编程，而且适配 Kotlin。下面我们就来看看 Spring 5 到底给我们带来了些什么。

13.2 Spring 5：响应式 Web 框架

Spring 的大名每个 Java 程序员都应该听过，但 Spring 5 或许很多人并不是很了解，它是 2017 年 9 月才发布的，引入的一些崭新的特性，带来的不仅仅是技术上的改变，更多的是开发思维上的变化。下面我们就来看看 Spring 5 的这些新特性。

13.2.1 支持响应式编程

前面一节我们已经说了响应式编程的好处，但在 Spring 5 版本以前它并不是原生支持响应式编程的，主要原因是底层 Web 容器的限制。Tomcat 等容器在 Servlet 3.1 支持 Async IO 之前，并不能做到真正的异步非阻塞，而集成一些支持异步非阻塞的容器，比如 Netty，又相对比较复杂。然而，在 Spring 5 发布后，你可以轻松选择自己所需的 Web 容器，比如 Tomcat 或者 Netty 等，这给 Spring 支持响应式编程提供了底层基础。而传统的 Spring MVC 并不原生支持响应式编程，所以 Spring 5 引入了一个全新的 Web 框架，那就是 Spring Webflux。

Spring Webflux 主要帮助我们在框架层面实现响应式编程，它不再使用传统基于 Servlet 实现的 HttpServletRequest 和 HttpServletResponse，而是采用全新的 ServerRequest 和 ServerResponse。同时 Spring Webflux 还要求请求的返回数据类型为 Flux，这是一种响应式的数据流类型，比如我们在上一节中提到的 Observable 类型。

不过需要注意的一点是，Spring 5 并没有使用 RxJava 2 作为程序的响应式类库，默认集成的是 Reactor 库。那么这是基于什么考量呢？其实了解响应式编程的读者应该对两个库都比较熟悉，我们不能说谁好谁坏。但 RxJava 库早于 Reactor 库诞生，所以 RxJava 一开始是处于响应式编程的探索阶段，当时 Java 并没有提出相应的响应式编程规范，所以 RxJava 2 受限于兼容 RxJava 遗留的历史包袱，有些方面使用起来并不是很方便。而 Reactor 则完全是基于响应式流规范设计和实现的类库，同时 JDK 的最低版本是 JDK 8，所以可以使用 JDK8 提供的流操作。如果你想写更加简洁、更加函数式的代码，Reactor 或许是个更好的选择。下面我们就来看一下 Spring Webflux 中最基础的两个数据类型。

1. Mono

在传统的 Spring MVC 里，请求的返回直接是一个对象，比如查询一个用户，返回的是一个 User 对象或者一个 null。而在 Spring WebFlux 则是使用了 Mono，它代表的是 0~1 个元素，比如它的返回类型为 Mono<User>，代表返回流中只有一个数据或者为空数据。

2. Flux

在业务开发中，我们除了返回一个简单的对象外，有时还会返回集合对象，比如查询一批用户，那么返回值为 List<User>。而在 Spring WebFlux 中则使用了 Flux，它代表的是 0~N 个元素，比如它的返回类型为 Flux<User>，代表返回流中有 0~N 个数据。

Spring 5 除了引入 Spring Webflux 来提供响应式编程特性以外，它还有另一个特性让 Kotlin 开发者非常兴奋，那就是适配 Kotlin。

13.2.2　适配 Kotlin

为什么这里我们会讲 Spring 5 而不是其他的支持响应式的 Web 框架呢？除了它受众面比较广以外，另一个原因是它全面适配 Kotlin。Kotlin 虽然一直在安卓开发中被广泛采用，但在 Web 开发中却少见其身影，一个很重要的原因就是没有一个好的 Web 框架适配它。虽然在 Spring 5 之前已经有了 Ktor、Javalin 等框架支持 Kotlin，但由于相对比较小众，并没有被广泛应用。而 Spring 5 全面适配 Kotlin，将会是 Kotlin 在 Web 开发中大展拳脚的一个好机会，利用 Spring 完善的生态及 Kotlin 全面兼容 Java 等特性，可以让很多 Java 开发人员转移到 Kotlin 阵营。与此同时，我们还知道，Kotlin 在 Java 的基础上拥抱了很多函数式语言特性，比如高阶函数、Data Classes 等，可以让开发的效率变得更高，代码简洁而不失优雅。

流处理在响应式编程中占据着一个很重要的角色，而 Kotlin 无疑是一个非常好的选择，它原生提供的各种流操作，结合 Reactor 库来开发响应式应用将会非常便捷。基于 Spring 5 和 Kotlin 编写响应式 Web 应用未来可能是一个趋势。

同时 Spring 还支持 Kotlin DSL，让我们在开发应用的时候配置更加灵活。比如一开始在 Spring 中声明 bean 是用 XML，后来变成了用注解声明。比如下面这个例子：

```
@CONFIGURATION
CLASS USERBEAN {
    @BEAN   //注解声明一个BEAN
    VAL USERDAO = USERDAO()
    @BEAN
    VAL USERSERVICE = USERSERVICE(USERDAO)
}
```

而在 Spring 5 中，利用 Kotlin DSL 我们就可以这么做：

```
import org.springframework.context.support.beans

fun beans = beans {
    bean<UserDao>()
```

```
    bean<UserService>()
}
beans().initialize(GenericApplicationContext)  //将所有的bean进行初始化
```

我们发现，使用 Kotlin DSL 使代码变得非常简洁，格式非常统一，更具语义化，而且还便于统一管理。总的来看，Spring 并非只是简单地支持 Kotlin 而已，而是结合 Kotlin 的很多特性，给我们带来不一样的编程体验。

13.2.3　函数式路由

路由配置是一个 Web 框架的特色，Spring 从最早的 XML 配置到后来的注解配置，现在也支持了函数式路由。当然，现在大多数人还是使用注解来作为 Spring 的路由配置。我们不去探讨注解配置好还是函数式路由配置好，而是着重介绍一下函数式路由能实现以前用注解无法实现的功能。

我们知道，用注解来配置路由虽然很简单，也很直接，但是随着微服务及模块化程序开发趋势的发展，路由分模块化统一管理是一个需求，但用传统的注解方式却很难做到。而 Spring 5 最新支持的函数式路由却可以实现这个功能，而且结合 Kotlin DSL，语法也非常简洁。我们来看一个简单的例子。

假设现在有 2 个 handler，分别是 UserHandler 以及 CustomerHandler，里面都有 3 个方法。若是用注解的方式，我们会这么做：

```
@Component
class UserHandler {

    @RequestMapping(value = "user/getUser", method = [RequestMethod.GET],
        produces = [MediaType.APPLICATION_JSON_VALUE])    //注解配置路由
    fun getUser() {}

    @RequestMapping(value = "user/addUser", method = [RequestMethod.POST],
        produces = [MediaType.APPLICATION_JSON_VALUE])
    fun addUser() {}

    @RequestMapping(value = "user/updateUser", method = [RequestMethod.PUT],
        produces = [MediaType.APPLICATION_JSON_VALUE])
    fun updateUser() {}

}

@Component
class CustomerHandler {

    @RequestMapping(value = "customer/getCustomer", method = [RequestMethod.GET],
        produces = [MediaType.APPLICATION_JSON_VALUE])
    fun getCustomer() {}

    @RequestMapping(value = "customer/addCustomer", method = [RequestMethod.
        POST], produces = [MediaType.APPLICATION_JSON_VALUE])
```

```
    fun addCustomer() {}

    @RequestMapping(value = "customer/updateCustomer", method = [RequestMethod.
        PUT], produces = [MediaType.APPLICATION_JSON_VALUE])
    fun updateCustomer() {}
}
```

我们发现这种方式虽然直接方便，但是如果 Handler 里面方法一多，路由信息与方法掺杂在一起，会导致整个类变得臃肿，不易维护。所以我们希望有一种方式既能保持声明路由的简洁性和功能性，比如支持 REST 请求、指定请求及返回的数据类型等，同时又方便统一管理。Spring 5 中的函数式路由能帮我们解决这个问题。下面我们就来看一下改造后的代码：

```
import org.springframework.http.MediaType

@Component
class UserHandler {    //类中没有路由信息
    fun getUser() {}
    fun addUser() {}
    fun updateUser() {}
}

@Component
class CustomerHandler {
    fun getCustomer() {}
    fun addCustomer() {}
    fun updateCustomer() {}
}

@Configuration
class Routes(userHandler: UserHandler, customerHandler: CustomerHandler) {
    //定义路由类统一管理
    @Bean
    fun userRouter() = router {        //不同类的路由分开管理
        "user".nest {
            GET("/getUser").nest {   //支持REST请求
                accept(APPLICATION_JSON, userHandler::getUser)
            }
            POST("/addUser").nest {
                accept(APPLICATION_JSON, userHandler::addUser)
            }
            PUT("/updateUser").nest {
                accept(APPLICATION_JSON, userHandler::updateUser)
            }
        }
    }
    @Bean
    fun customerRouter() = router {
        "customer".nest {
            GET("/getCustomer").nest {
```

```
            accept(APPLICATION_JSON, userHandler::getCustomer)
        }
        POST("/addCustomer").nest {
            accept(APPLICATION_JSON, userHandler::addCustomer)
        }
        PUT("/updateCustomer").nest {
            accept(APPLICATION_JSON, userHandler::updateCustomer)
        }
    }
  }
}
```

乍一看这种方式似乎并没有简单多少，甚至感觉代码更多了。但仔细思考一下，其实这是一个更合理的方式，它帮助我们将配置与业务逻辑分离，而且统一管理，功能点上也没有很大的缺失。同时这种方式也更符合函数式编程的风格，结合 Kotlin DSL 使代码变得更加精简优雅，可读性也更好。

13.2.4　异步数据库驱动

如果一个请求在执行过程中有一部分是同步阻塞的，那么整个应用就不能算异步非阻塞。而我们知道，在实际的业务场景中与数据库打交道是无法避免的，也就是说如果想要实现整个系统保证异步非阻塞的架构，那么数据库操作也必须是异步非阻塞的，程序与数据库通信的驱动需要支持异步非阻塞，比如现在 Spring 支持的 MongoDB、Redis 等。但我们在很多场景用的是 MySQL，由于我们使用的 JDBC 驱动是同步阻塞的，所以我们将无法达到全异步非阻塞的架构。那么如果我们需要使用 MySQL，并且还要保证整个系统是异步非阻塞的架构，就需要一个支持异步非阻塞操作的数据库驱动。

其实在 Scala 上已经有了这么一个驱动：postgresql-async（项目地址：https://github.com/mauricio/postgresql-async），全异步，基于 Netty 实现，同时支持 MySQL 和 Postgresql。一些开源项目和公司也已经在实际中使用它了，比如 Quill（官网地址：http://getquill.io/），该项目的 github 地址：https://github.com/mauricio/postgresql-async。有兴趣的读者可以去看看。但是不幸的是，这个项目的作者声明已经不再维护了。

因为受限于这个项目实现使用了很多 Scala 才有的数据类型，比如 Future（与 Java 中的 Future 不一样），所以我们无法在 Java 以及 Kotlin 的环境中使用它。但幸运的是有个 Kotlin 的社区人员将这个项目用 Kotlin 重写了一遍，项目叫作 jasync-sql，基于 Java8 的 CompletableFuture，完全适配 Java 及 Kotlin，与 Spring 5 最新的 webflux 也可以结合得很好。当然这只是一个小众项目，没有经历过大量的测试以及实践的考验，仅供学习，不推荐大家在一些大型项目中使用。这个项目的 github 地址：https://github.com/jasync-sql/jasync-sql。

这里给大家简单演示一下，如何使用 jasync-sql 与 Spring Webflux 相结合：

```java
//创建一个数据库连接
Connection connection = new MySQLConnection(
    new Configuration(
        "root",
        "localhost",
        3306,
        "123456",
        "test"
    )
);
//执行连接
CompletableFuture<Connection> connectFuture = connection.connect()

//执行数据库操作
CompletableFuture<QueryResult> queryResult = connection.sendPreparedStatement
    ("select * from user");

val result: Mono<QueryResult> = Mono.fromFuture(queryResult)
```

其实书写方式跟我们以前用 JDBC 写数据库操作很类似，也是先创建连接，然后执行数据库操作。不同的在于返回的数据类型，不是简单的 QueryResult，而是一个 CompletableFuture<T> 类型。它不同于 Future，不仅仅是异步执行的，而且获取值的时候也是非阻塞的，同时 CompletableFuture<T> 类型的值转化为 Webflux 所要求的数据类型很容易，比如使用 Mono.fromFuture 就可以将一个 CompletableFuture 类型的值转换为 Mono 或者 Flux，所以，我们可以使用 jasync-sql 来构建基于 MySQL 和 Spring Webflux 响应式应用。

13.3　Spring 5 响应式编程实战

本节将会带大家基于 Spring WebFlux + Kotlin+ MySQL，实现一个简化的股票行情实时推送功能。本示例需要对 Spring 以及 gradle 有基本的了解。

实现这种需求有很多方式，比如 Ajax 轮询、长轮询、WebSocket 等。但这个例子中我们将使用另外一种方式，那就是 Server Sent Event。它虽然不能像 WebSocket 一样实现双工通信，只能由服务器不断地向客户端发送消息，但它也有自己的优势，比如基于 Http 协议，会自动断开重连等。所以这里我们就通过这种方式来模拟实现股票行情的实时推送，因为查看股票行情实时行情，往往只需要服务端向客户端不断推送消息即可。

这里我们使用 gradle 来构建我们的项目，同时我们将加入 13.2 节所讲的 MySQL 异步数据库驱动，来保证我们在使用 MySQL 作为存储 DB 进行数据库操时也是异步非阻塞的。最终这个项目的目录结构大致如下：

```
|____main
| |____kotlin
```

```
| | |_____Application.kt
| | |_____handler
| | | |_____StockHandler.kt
| | |_____JasyncPool.kt
| | |_____models
| | | |_____StockQuotation.kt
| | |_____Routes.kt
| | |_____service
| | | |_____StockService.kt
| |_____resources
| | |_____application.properties
| | |_____static
| | | |_____index.js
| | |_____templates
| | | |_____index.mustache
```

build.gradle.kts 配置文件：

```kotlin
import org.jetbrains.kotlin.gradle.tasks.KotlinCompile
import org.jetbrains.kotlin.gradle.plugin.KotlinPluginWrapper

group = "spring-kotlin-jasync-sql"
version = "1.0-SNAPSHOT"

val springBootVersion: String by extra

plugins {
    application
    kotlin("jvm") version "1.2.70"
    kotlin("plugin.spring").version("1.2.70")
    id("org.springframework.boot").version("1.5.9.RELEASE")
    id("io.spring.dependency-management") version "1.0.5.RELEASE"
}


buildscript {

    val springBootVersion: String by extra { "2.0.0.M7" }

    dependencies {
        classpath("org.springframework.boot:spring-boot-gradle-plugin:$springBoot
            Version")
    }

    repositories {
        mavenCentral()
        jcenter()
        maven {
            url = uri("https://repo.spring.io/milestone")
        }
    }
```

```kotlin
}

extra["kotlin.version"] = plugins.getPlugin(KotlinPluginWrapper::class.java).kotlin
    PluginVersion

repositories {
    mavenCentral()
    jcenter()
    maven {
        url = uri("https://repo.spring.io/snapshot")
    }
    maven {
        url = uri("https://repo.spring.io/milestone")
    }
}

dependencies {
    compile(kotlin("stdlib-jdk8"))
    compile("org.jetbrains.kotlin:kotlin-reflect")
    compile("org.jetbrains.kotlin:kotlin-stdlib-jdk8")
    compile("com.github.jasync-sql:jasync-mysql:0.8.32")   //添加jasync-mysql依赖
    compile("com.samskivert:jmustache")
    compile("org.springframework.boot:spring-boot-starter-actuator:$springBoot
        Version")
    compile("org.springframework.boot:spring-boot-starter-webflux:$springBoot
        Version")
    compile("org.springframework.boot:spring-boot-starter-thymeleaf:$springBoot
        Version")
}

configure<JavaPluginConvention> {
    sourceCompatibility = JavaVersion.VERSION_1_8
}
tasks.withType<KotlinCompile> {
    kotlinOptions.jvmTarget = "1.8"   //指定编译版本
}
```

接下来，我们先来定义一下 model，这里我们使用 data class：

```kotlin
data class StockQuotation(
    val id: Long,
    val stock_id: Long, //股票代码
    val stock_name: String, //股票名称
    val price: Int,   //股票价格
    val time: String //当前时间
)

data class StockQuotationResult(
    val queryTime: String,   //时间
    val stockQuotation: StockQuotation //当前股票信息
)
```

因为我们这里需要使用 Jasync-sql，所以我们需要配置相应的数据库连接池：

```
@Component
class DB {
    private val configuration = Configuration(  //数据库配置
            "test",
            "localhost",
            3306,
            "123456",
            "test")
    private val poolConfiguration = PoolConfiguration( //连接池配置
            maxObjects = 100,
            maxIdle = TimeUnit.MINUTES.toMillis(15),
            maxQueueSize = 10_000,
            validationInterval = TimeUnit.SECONDS.toMillis(30)
    )
    val connectionPool = ConnectionPool(factory = MySQLConnectionFactory(configu
        ration), configuration = poolConfiguration) //创建数据库连接池
}
```

接下来，是整个项目中比较重要的一部分，那就是如何以响应式编程的方式获取我们所需的数据：

```
@Component
class StockService(val db: DB) {

    val repeat = Flux.interval(Duration.ofMillis(1000)) // (1)

    fun getStockQuotation(): Flux<StockQuotationResult> {
        val query = "select * from stock_quotation order by id desc limit 1;"
        fun stockQuotation(time: DateTime) = Mono.fromFuture(db.connectionPool.
            sendPreparedStatement(query)).map {// (2)
            StockQuotationResult(time.toString("YYYY-MM-dd hh:mm:ss"), transRowData
                ToStockQuotation(it.rows.orEmpty().first())) // (3)
        } // (5)
        return repeat.flatMap {
            insertStockQuotation()
            stockQuotation(DateTime.now()) }
    }

    private fun transRowDataToStockQuotation(rowData: RowData): StockQuotation { // (4)
        return StockQuotation(
                rowData.get("id").toString().toLong(),
                rowData.get("stock_id").toString().toLong(),
                rowData.get("stock_name").toString(),
                rowData.get("price").toString().toInt(),
                (rowData.get("time") as LocalDateTime).toString("YYYY-MM-dd
                    hh:mm:ss"))
    }

    private fun insertStockQuotation() {  (6)
```

```
        val max = 74000
        val min = 72000
        val price = Random().nextInt(max - min) + min
        val query = "insert into stock_quotation (stock_id, stock_name, price,
            time) values (600519, '贵州茅台', ${price}, '${DateTime.now().
            toString("YYYY-MM-dd hh:mm:ss")}')"
        db.connectionPool.sendPreparedStatement(query)
    }
}
```

我们一步一步来看着代码：

1）我们创建了一个定时循环的 Flux，用来控制模拟定时循环查询数据库；

2）利用创建的数据库连接池从数据库中查询数据，返回的数据类型是：Completable-Future<QueryResult>；

3）因为我们只需要第 1 列数据，所以这里使用 it.rows.orEmpty().first() 来获取第 1 列数据；

4）将 RowData 类型数据转化为我们定义的 data class 对象，这里我们没有使用第三方 ORM 框架，需要自己手动转换；

5）使用 Mono.fromFuture 将一个 CompletableFuture<T> 类型数据转换为 Mono<T> 类型；

6）模拟定时生成股票价格。

以上是这段代码的一个大致逻辑，其实重点是第 2 步和第 5 步。我们知道，CompletableFuture 相比 Future 一个很大的优势就是它获取值的时候不必阻塞等待，这便保证了整个查询过程是异步非阻塞的。同时 Reactor 提供了将 CompletableFuture 转化为 Mono 的方法，这样就可以完全适配 Spring Webflux 所要求的返回数据的类型格式。当然，前面我们说过，这个例子我们使用的是 Server Sent Event，所以我们需要指定返回数据的形式：

```
ok().bodyToServerSentEvents(stockService.getStockQuotation())
```

在写完业务逻辑后，还有一块比较重要的就是 Router，这里我们将会使用 Spring 5 最新的函数式 Router。当然你也可以使用传统的、基于 Spring MVC 的注解方式。所以最终我们的 Router 如下：

```
@Configuration
class Routes(val userHandler: StockHandler) {
    @Bean
    fun Router() = router {
        accept(MediaType.TEXT_HTML).nest {
            GET("/") { ok().render("index") }
        }
        "/api".nest {   //api开头的请求
            GET("/getStockQuotation").nest {
                accept(TEXT_EVENT_STREAM, userHandler::getStockQuotation)
            }
        }
        resources("/**", ClassPathResource("static/"))   //静态文件访问路径
```

```
    }.filter { request, next ->
        next.handle(request).flatMap {
            if (it is RenderingResponse) RenderingResponse.from(it).build() else
                it.toMono()
        }
    }
}
```

用这种方式定义 router 相对传统方式来说，更加语义化也更容易管理，而且还支持对 Response 进行不同处理。

至此，整个项目的后台开发已经完成，下面我们来看一下前端部分应该怎么做。

虽然目前很多项目多是采用前后端分离的架构，但是这里为了更方便演示示例，以便让大家更容易搭建这个项目，这里前端页面渲染采用了 Mustache 模板引擎。另外，需要注意的一点是浏览器是否支持 Server Sent Event 这种传输格式，当前 IE 及 Edge 的所有版本都不支持，所以要测试这个例子最好使用其他浏览器。最终我们的前端代码包括以下两个部分。

模板如下：

```
<!DOCTYPE html>
<html lang="en">
<head>
    <meta charset="UTF-8">
    <title>股票行情</title>
    <script src="index.js"></script>
    <style>
    #stockQuotations{
        margin: 0 auto;
        text-align: center;
    }
    #stockQuotations li {
        list-style-type:none;
        margin-bottom: 5px;
    }
    </style>
</head>
<body>

<div id="stockQuotations">
</div>
</body>
</html>
```

js 文件如下：

```
var eventSource = new EventSource("/api/getStockQuotation");
eventSource.onmessage = function(e) {
    var li = document.createElement("li");
    var data = JSON.parse(e.data);
    li.innerText = "股票代码：" + data.stockQuotation.stock_id + " 股票名称:" +
        data.stockQuotation.stock_name + " 当前价格：" + (data.stockQuotation.
```

```
        price / 100.0).toFixed(2);
    document.getElementById("stockQuotations").appendChild(li);
}
```

这里我们需要使用 EventSource，而不是我们常见的 Ajax 方式请求，同时用 eventSource. onmessage 来监听返回的数据来进行处理。

最后我们运行程序。通过浏览器打开页面：http://localhost:8282/，我们会看到图 13-1 所示界面。

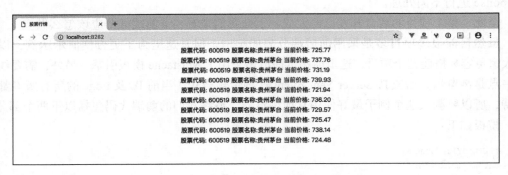

图 13-1　浏览器中打开的界面

源码已经上传到 github 上面，有兴趣的读者可以去看看：https://github.com/godpan/ reactive-spring-kotlin-app。

本节主要是带大家将之前所讲的知识点进行一个总结串联。自己动手去写一个 Demo，能帮助大家更好地理解相关知识点，加深印象。

13.4　本章小结

（1）响应式编程

了解什么是响应式编程的关键，响应式编程相对于传统编程范式的优势，同时如何利用一些第三方类库来帮助我们在程序中进行响应式开发。

（2）Spring 5 支持响应式编程

简单了解 Spring 5 支持响应式编程的背景，同时介绍了它的一些新特性，比如函数式路由以及适配 Kotlin 等。

（3）异步非阻塞 MySQL 数据库驱动

介绍了一个基于 Netty 且用 Kotlin 实现的全异步非阻塞的 MySQL 数据库驱动：Jasync-sql，以及如何在 Spring Webflux 中使用它。

（4）Spring Webflux + Kotlin 示例

了解如何 Kotlin 如何使用 Spring Webflux 来进行响应式 Web 应用开发。